たのしい 2Dゲームの作り方 第2版

Unityではじめる ゲーム開発入門

STUDIO SHIN 著

JN073554

SE
SHOEISHA

はじめに

皆さんは何かしらのゲームを遊んで楽しんだことはあるでしょうか？

またはゲームを見て楽しんだことはあるでしょうか？

この本を手に取っていただいた皆さんであれば、答えは「はい」のはずです。それでは皆さんは、ゲームを作ったことはあるでしょうか？

ゲーム作りで大切なことは何でしょう。私は以下の2つではないかと思います。

① 作り始めること
② 作り上げること

まず「作り始めること」ですが、ゲームを作りたいと思っていても、そのスタートラインに立つにはどうしたらいいのかわからないという人もいるはずです。

インターネットで「ゲーム 作る」というキーワードで検索してみると、「Unity」という言葉が必ず出てくることでしょう。Unityとはアメリカのユニティー・テクノロジー社が開発している「ゲームを作るためのソフトウェア」です。これらのソフトウェアは、「ゲームエンジン」と呼ばれ、高度なゲームを簡単に作る手助けをしてくれます。現在多くのゲームはこのUnityを使って作られています。Unityのおかげでゲーム作りのスタートラインに立つことは簡単になり、誰でも始められるようになりました。本書でもこのUnityを使ってゲーム作りを行っていきます。

次は「作り上げること」です。Unityは便利なツールではありますが、それを使ってゲームを作り完成させるということはまた別問題です。作り始めてからも、「Unityをどう使えばゲームが作れるの？」「プログラミングは難しくない？」「ゲームを作ったけど面白いのかな？」などなど、いろいろな壁があります。「ゲームを作り始めたけど、途中で挫折してしまった」という人も少なくありません。

この本は、そのようなゲーム作りが初めての人にとって、最初の一冊となれるよう、一つ一つ丁寧に説明しています。まずは簡単でいいのでゲームを1つ完成させることが大切です。この本では、ゲームのタイトル表示から、ステージやキャラクター、ゲームの仕掛け作成まで、一本の完成形のゲーム作りについて部分的に、そして全体的に解説していきます。

それでは、一緒にゲーム作りの第一歩を踏み出しましょう。

STUDIO SHIN

本書を読む前に

　本書は「ゲーム作りに興味がある」「ゲームを作ってみたいがその方法がわからない」「プログラムはやったことがない」という、中学生〜大学／専門学校生以上の方に向けた、ゲーム作りの最初の一冊です。

　本書を読み進めるにあたっては、「ゲームが好きで、ゲームを作ってみたい」という以外、特に深い知識は必要ありません。強いていえば、中学校で習う簡単な英単語と数学を少しだけ知っていれば理解しやすいことでしょう。

本書の構成

　本書は以下のような3部構成になっています。

- 第1部　ゲームを作る準備
  - ゲーム作りの基本的な考え方
  - Unityとは何か
- 第2部　サイドビューゲームの作り方
  - ゲーム作りの基礎
  - Unity操作の基本
  - カメラの操作
  - キャラクターの移動と操作
  - キャラクターアニメーション作り方
  - ボタンなどのUIシステム
- 第3部　トップビューゲームの作り方
  - タイルマップの作り方
  - シューティングの要素
  - データの保存と読み込み

　第1部ではまず、「ゲームを作るとはどのようなことなのか」を考えていきます。皆さんが普段楽しく遊んでいるゲームはどのような考えで作られているのでしょうか。コンピューターゲームというものができてから数十年がたっていますが、その中でゲームクリエイターと呼ばれる人たちが考え作ってきた、ゲーム作りの基本的な考え方を書いています。また、Unityというゲームを作るためのパソコンソフトの説明もしています。

第2部以降は具体的なゲーム作りです。Unityを使って実際にゲームを作っていきましょう。ゲーム全体を作りながら、ゲーム画面の作り方からキャラクターの動かし方を、順を追って説明していきます。現在人気のゲームはポリゴンモデルを使った3Dゲームですが、本書で作るゲームは2Dゲーム、つまり平面の画像を使ったゲームに限定しています。これには以下のような意図があります。

◆ ゲーム作りをシンプルに学ぶ

「3Dゲームを作るのは難しそうだ」ということは、ゲームを作ったことがない人でもなんとなく想像できますね。実際そうなんです。本書はゲーム作りが初めての人への入門書ですから、極力シンプルにわかりやすくゲーム作りを学んでもらえるように2Dゲームを扱います。

◆ オリジナルゲームの土台にする

「ゲーム作りの経験はなくても、絵は描ける」という人はそれなりにいるのではないでしょうか。そもそもうまい／へたの差はあるでしょうが、絵がまったくもって描けないという人はいないはずです。本書ではオーソドックスなサイドビュー（画面を横から見たゲーム）とトップビュー（上から見下ろした画面のゲーム）を作っていきます。ゲームのキャラクターや背景といった画像を自分が描いた絵に入れ替えるだけでオリジナルっぽさが出ます。自分の絵のゲームが動くというだけでモチベーションが上がりませんか？ ゲーム作りにモチベーションの維持は大事です。

サンプルゲームとしては、サイドビューとトップビューの2種類のゲームを作ります。2Dゲームとしては王道的なゲームシステムです。これを段階的に完成形ゲームに仕上げていくことで、ゲーム作りの段取りがわかるはずです。

サンプルファイルについて

本書で利用しているサンプルファイル（付属データ）は、以下のサイトからダウンロードして入手いただけます。

- https://www.shoeisha.co.jp/book/download/9784798179353

サンプルファイルはZIP形式で圧縮されています。ダウンロードしたファイルをダブルクリックすると、ファイルが解凍され、ご利用いただけます。付属データに関する権利は、著者および株式会社 翔泳社が所有しており、再配布および商用利用することはできません。

付録 PDF（会員特典データ）について

会員特典データとして、「実機ビルドとインストール」についての PDF を以下のサイトから
ダウンロードして入手いただけます。

- https://www.shoeisha.co.jp/book/present/9784798179353

会員特典データのダウンロードには SHOEISHA iD（翔泳社が運営する無料の会員制度）
への会員登録が必要です。詳しくは、上記 Web サイトをご覧ください。会員特典データに関
する権利は、著者および株式会社 翔泳社が所有しており、許可なく配布したり、Web サイト
に転載したりすることはできません。

付属データや会員特典データの提供は予告なく終了することがあります。あらかじめご了
承ください。また。付属データや会員特典データの提供にあたっては正確な記述につとめま
したが、著者や出版社などのいずれも、その内容に対して何ら補償をするものではなく、内
容やサンプルにもとづくいかなる運用結果に関しても一切の責任を負いません。

目次

第 1 部

ゲームを作る準備

ゲームを作っていく前にまず、「ゲームって何だろう？」ということについて考えてみましょう。

今、ゲームといえば、「コンピューターを使って遊ぶ」コンピューターゲームが思い浮かびますね？　例えばパソコンやスマートフォン、専用ゲーム機などを使って遊ぶゲームです。他にも、将棋やチェス、麻雀、トランプのようなボードゲームやテーブルゲームなどもゲームですね。

この本ではまず、そんな「ゲームとは何か？」を考えていきます。

Chapter 01

ゲーム開発と
Unity について知ろう

　何ごとも、まずはもとになるアイデア、つまり原案・企画がなければ始まりません。皆さんは「ゲームを作りたい！」と思ったときに、自分の好きなゲームが頭の中に浮かんだでしょうか？

　人にはそれぞれいろんな「好きなもの」がありますし、そういった「好きなもの」を作って表現したい、というのはものづくりの基本です。最初はそれでかまいませんし、自分が好きなゲームをマネして作っていくのは楽しいはずです。

　マネして作るのは決して悪いことでありません。むしろ作り方を早く理解でき、先に進める近道になります。そして自分のオリジナリティーをどのように盛り込んでいくか、それが創作の最初の一歩です。マネしたものに、自分の知っている知識をどのように組み合わせ、オリジナルのアイデアとして変化させるかが大切なんです。

1.1　ゲーム開発は知識とアイデアから

　ゲームとは何でしょうか？
　「楽しく遊べるものがゲームだ」という声も聞こえてきそうですが、なぜゲームは楽しく遊べるのでしょうか？　最初はそのことについて考えてみましょう。

ゲームに大切な 4 つの要素を学ぼう

　まず、ゲームがゲームである要素とは何でしょうか？　それは、次の 4 つの要素です。

◆ ①ルール

まず、どんなゲームにも必ずルールがあります。大きなものから小さなものまで、ゲームというものはすべてこのルール上に成り立っています。また、決められたルールを破ることは基本的に許されません。

ゲームを作るということは「ルールを考える」ということです。ルールをしっかりと決めることで、ゲームに形ができ上がり、どう面白くすればいいかが見えてきます。

また、ゲームのルールはメチャクチャなものであってはダメです。プレイヤーが対応できる範囲内にルールを定めないと、ゲームの面白さを台なしにしてしまいます。

◆ ②敵と障害

ゲームには必ず「敵」という存在が必要です。チームスポーツや格闘技には必ず対戦チームや対戦者がいますよね。もしはっきりした敵がいない場合も「障害」が敵だと考えればいいでしょう。例えば謎解きゲームや推理ゲームなどの場合、プレイヤーが解くべき「謎」や「仕掛け」が障害、つまり敵とだといえます。

敵や障害はゲームを面白くする最大の要素です。映画やマンガでも主人公のライバルが強くて魅力的なほど面白いはずです。

◆ ③干渉と変化

映画やマンガ、小説などは作られたものを一方通行的に楽しむエンターテインメントですが、ゲームは遊ぶ側の行動が結果に反映される「双方向」なエンターテインメントです。

プレイヤーが何か行動を起こすことでゲームの状況が変化します。こうしたプレイヤーの「干渉」による「変化」が、「ゲームをもっと続けて遊びたい」というプレイヤーのやる気を引き起こします。

④報酬

ゲームは娯楽である以上、プレイヤーにとって面白いかどうかが非常に重要ですね。ゲームが面白いかどうかは、先ほど挙げた「ルール」「敵と障害」「干渉と変化」をどう組み合わせて作るかによって決まります。

ここでさらにゲームの面白さのポイントになるのが「報酬」、つまりプレイヤーへのご褒美です。プレイヤーは報酬をもらうためにゲームを遊んでいるといってもいいでしょう。

つまり、「ルール」「敵と障害」「干渉と変化」をうまく組み合わせて、プレイヤーに報酬を与えるような仕掛けを考えることがゲームを面白くするコツなのです。例えば「新しいアイテム」「新しいマップやステージへの到達」「気持ちのいい音楽やエフェクト」「キレイな画面や画像」など、プレイヤーが「いいね！」と感じるものは何でも報酬になると考えていいでしょう。

プレイヤーは意識的に、時には無意識的に報酬を求めてゲームを遊びます。そして報酬は、ゲーム内でいろいろと形を変えて登場します。それでは「ゲーム内で最大の報酬」は何でしょうか？　これはゲームのクリア、つまりゲームを攻略してすべて終わらせることでしょう。ゲームの得点もわかりやすい報酬だといえますね。

ここで、目の前に「越えられそうにない大きな落とし穴」があったとしましょう。そして「この大穴を越える」というのがゲームのルールだとします。先ほど、「ルールはプレイヤーが対応可能な範囲でなければダメ」といいましたね。そのため、「落とし穴を越える」というルールがある以上、プレイヤーはこう考えるはずです。「どこかにこの穴を越えられるアイテムや仕掛け、または回り道があるはずだ」と。

もちろん、作り手側は必ずその手段を用意してあげましょう。ルールは裏切らない、必ず突破できる方法があるはず、なのです。

ルールはプレイヤーを縛るものでもありますが、「裏切らない」という大前提のもとに、ルールに従わせることで「プレイヤーに安心感と達成感と満足感を与えるもの」にもなります。また敵や障害が強く大きいほど達成感や満足感は大きくなります。これは現実世界でもそうですね。

この本ではこのあとゲームを作っていきますが、この「ルール」「敵と障害」「干渉と変化」「報酬」の積み重ねを考えながら進めていきましょう。

1.2 ゲーム開発に必要なものを考えてみよう

次は、もう少し具体的に「ゲーム作り」について考えてみましょう。ゲームを作るために必要なものって何だと思いますか？

パソコン

まずはパソコンです。コンピューターゲームを作るわけですから、それにはコンピューターが必要ですね。ビルを建てるのにトラックやブルドーザー、クレーンを使うようなものです。

パソコンを用意する場合、大きく2種類から選ぶことになります。MacとWindows PCです。

MacはアメリカのアップルApple社が作って販売しているパソコンです。パソコン本体も、その中で動いているOSという基本ソフトもApple社1社で作っています。一方のWindows PCですが、基本ソフトのOSはアメリカのマイクロソフトMicrosoft社が作っていますが、パソコン本体は世界各国のいろいろな会社が作っています。

MacとWindows PCは、どちらを用意してもらっても大丈夫です。というのもこの本でゲーム作りに使う**Unity**ユニティはどちらでも使うことができるからです。ただし、「スマートフォン（スマホ）向けにゲームアプリを作りたい！」という場合は少し注意が必要です。

スマートフォンには、Apple社のiPhoneアイフォーンとGoogleグーグル社のAndroidアンドロイドの2つがあります。iPhone向けのアプリを作る場合、必ずMacが必要になります。最終的にコンピューターソフトは**ビルド**という作業をして完成するのですが、iPhone用のビルドができるのはMacだけです。iPhoneはApple社だけで作っている製品なので、当然といえば当然ですね。

一方、AndroidはMacとWindowsの両方でビルドすることができます。なので、iPhoneとAndroid両方のゲームアプリを作りたいなら、Macを使ったほうがパソコンは1台で済むというわけです。

▶ ビルド
人間が書いたプログラムを、コンピューターが理解できるような「0」と「1」だけの、俗に「機械語」きかいごと呼ばれる状態にする作業です。

この本では・・・・・

この本ではMac版のUnityを使って解説しています。

材料

次はゲームを作る「材料」について見てみましょう。大きく分けると以下の3つです。

◆ グラフィックス（画像）

まず、**グラフィックス**です。ゲームの見た目はとても重要です。できればキレイに、かっこよく作りたいですね。

> **▶ グラフィックス**
>
> ゲームキャラクターや背景、そしてボタンやその他画面の表示、つまりゲーム内で目に見えているすべてを表すものです。画像編集ソフトで作ったり、手描きしたものをパソコンに取り込んだりして用意します。有料の画像編集ソフトとしては、Adobe社のPhotoshopやIllustrator、CRIP STUDIOなどがよく利用されています。

◆ プログラム

ゲームキャラクターを動かしたり、プレイヤーの操作に反応させたりするために**プログラム言語**を使ってコンピューターへの命令を書いていきます（プログラミング）。この本では、Unityを使ってゲームを作っていきますが、UnityではC#というプログラム言語を使っています。

ゲーム作りの1番の難関はこのプログラミングかもしれません。でも大丈夫、ちゃんと順序よく学習していけば、誰にでも覚えられます。

> **▶ プログラム言語**
>
> アルファベットや数字で書かれた命令文のことです。一般的には「ソースコード」などと呼ばれています。
> コンピューターは人間の言葉を理解できません、プログラム言語という、英語をベースにした文でプログラムを書いて、先ほど出てきたビルドという作業を経て、コンピューターが理解できる「機械語」に変換されてゲームが動くわけです。

◆ サウンド

サウンドは、音楽や効果音のことですね。音がなくてもゲームは成立しますが、音のない
ゲームは味気ないものです。逆にゲームでかっこいいBGMが流れるとそれだけで楽しくな
りますね。とはいえ、音楽を自分で作曲して作れる人は少ないと思います。多くの人はフリー
素材の音楽を利用しています。素材集やフリー素材として音楽を公開してくれているサイト
などがあるので、それを利用してみるのもよいでしょう。

1.3 Unityの基礎を知ろう

それではここからは、ゲーム作りに利用する**Unity**についてお話ししましょう。

ゲーム開発に Unity を使う理由って？

Unityは、「ゲームエンジン」などと呼ばれる「ゲームを作るためのソフトウェア」の1つ
です。通常、ゲームは複雑で長いプログラムを書いて作るのですが、Unity ではそれらを、
ある程度でき上がった形で提供しています。ゲームエンジンはUnityの他にもいくつかあり
ますが、Unityは今最も利用されているゲームエンジンであり、例えばスマホゲームの半数
以上はUnityを使って作られているといわれています。

Unityがそれほど多く利用されているのは以下のような理由があります。

◆ マルチプラットフォーム

Unityは、とにかく数多くのゲーム機に対応しています。スマートフォンや家庭用ゲーム
機用のゲームも作ることができます。このように、さまざまな環境で動くアプリを作ること
を**マルチプラットフォーム**といいます。

◆ Asset Store

Unityには、本体の他にAsset Storeというオンラインストアが提供されています。Asset
Store ではゲームを作るために必要な、グラフィックス、プログラムのソースコード、サウ
ンドや3Dゲームのためのモデリングデータなど、ありとあらゆるデータが有料、もしくは
無料でダウンロードできます。

◆ 情報が豊富

Unityは現在、最も使われているゲームの開発環境であり、困ったときもWebサイトや書
籍などで、豊富な情報を得ることができます。

1.4 Unityをインストールしよう

では、さっそくUnityをインストールしてみましょう。パソコンで以下のURLにアクセスしてください。

　　　https://unity.com/ja/download

　Unityのダウンロードページが表示されます。Windows PCの場合は［Windows用のダウンロード］ボタンを、macOSの場合は［Mac用ダウンロード］をクリックしてください。

Unity Hub

　Unityを使うにはまず、**Unity Hub**（ユニティ　ハブ）というソフトウェアをインストールします。Unityはかなり頻繁にバージョンアップされるのですが、Unity HubはいくつものバージョンのUnityを同時にインストールして使い分けることができたり、作ったゲームの管理なども行ってくれたりする便利なソフトウェアです。先ほどのページからはこのUnity Hubがダウンロードされます。ダウンロードできたら、お使いの環境それぞれに合わせてインストールを

していきましょう。

Unity Hub をインストールしよう（Mac の場合）

　ディスクイメージをダウンロードしたらダブルクリックして開き、Unity Hub.appをアプリケーションフォルダーにドラッグ&ドロップしてコピーしましょう。

　コピーできたら、アプリケーションフォルダーのUnity Hub.appをダブルクリックすることでUnity Hubが起動できます。

Unity Hub をインストールしよう（Windows の場合）

　ダウンロードしたファイルをダブルクリックすると、ライセンス契約書への同意を尋ねる画面が表示されます。契約書の内容に問題がなければ[同意する]ボタンをクリックしましょう。

　「インストール先を選んでください」というウィンドウが表示されます。Unity Hubをインストールしたいフォルダーを選択して、[インストール] ボタンをクリックしましょう。

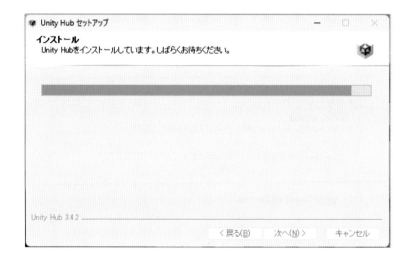

すると、Unity Hubのインストールが開始されます。

インストールが完了すると、ダイアログが表示されます。[Unity Hubを実行]のチェック
ボックスをオンにして[完了]ボタンをクリックし、Unity Hubを起動しましょう。

Unity Hub を操作して Unity を使えるようにしよう

Unity Hubを起動すると、次の図のようなウィンドウが開きます。

　Unityを使うためにはまず、ライセンスの登録をする必要があります。ユーザー名とメールアドレスを入力しパスワードを決めて、ライセンス登録を行います。

　Unity Hubウィンドウの左上のアイコンをクリックし、表示されるメニューから［アカウントを作成］を選択します。

　Webブラウザでサインインページが表示されます。ここで新しくUnity IDを作る場合は、[IDを作成]をクリックします。

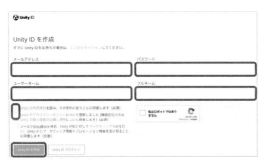

　メールアドレス、パスワード、登録名（ユーザーネーム・フルネーム）を入力し、[Unityの利用規約とプライバシーポリシーに同意します]のチェックボックスをオンにします。そして、[Unity IDを作成]ボタンをクリックしてアカウントを作成しましょう。

　登録したメールアドレスに確認メールが届くので、そのメールの[Link to confirm email]というリンクをクリックしてください。

　Webブラウザで検証ページが開きます。[私はロボットではありません]をチェックして[検証]ボタンをクリックするとアカウント登録は終了です。

　Unity Hubに戻ってログインしてください。

Unity 本体をインストールしよう

　それでは、Unity Hub から Unity をインストールしましょう。左のタブから［インストール］
を選択し、右上の［インストール］ボタンをクリックしてください。ただし、Unity のインストー
ルにはかなりのディスク容量が消費されます、パソコンの空き容量には十分に注意しておき
ましょう。最低でも13GBくらいは空けておきましょう。

モジュールは自動的に追加されない

　［リストに追加］ボタンは、パソコンに「ある特定」のバージョンの Unity を追加するも
のです。ただし、その場合追加されるのは Unity 本体だけで、あとで説明する「モジュール」
の追加は行われません。注意しましょう。

　インストール可能なバージョンのリストが表示されます。本書では Unity 2022.3.2.f1 とい
うバージョンを使用します。［アーカイブ］タブを選択し、［ダウンロードアーカイブにアクセ
スする］というリンクをクリックしましょう。

　すると、Webブラウザでアーカイブ一覧が表示されるので、上にある［Unity 2022.X］タブを選択し、「Unity 2022.3.2」の［Unity Hub］ボタンをクリックしましょう。

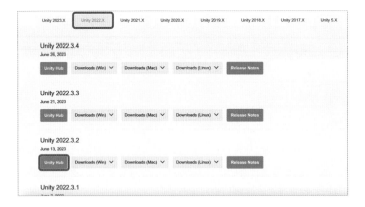

　Unity Hubを開くかどうかの確認ダイアログが表示される場合は、表示に従ってUnity Hubを開きましょう。

　次にUnityと一緒にインストールする**モジュール**を選択します。
　特に［Visual Studio］というプログラムを書くためのエディターには、必ずチェックを付けておいてください。その下にある［Platforms］というのはゲームを開発するにあたっ

て対象となる機種です。スマホアプリを作りたい場合、[Android Build Support]（iPhone
やiPadの場合は[iOS Build Support]に、Mac用アプリを作りたい場合は[Mac Build
Support]にも）にチェックを付けておきましょう。このリストは上下にスクロールするこ
とができます。他にも、リストをスクロールさせてWebアプリを作るための[WebGL Build
Support]と、[Language packs(Preview)]の[日本語]にもチェックを付けておいてくだ
さい。Web GLはWebブラウザーでゲームを遊べるようにするためのモジュールです。
　これらのゲームの書き出しについては後ほど詳しく説明します。

　[次へ]をクリックすると、Visual StudioとAndroid SDK（ゲームをAndroid向けに書き
出すプログラム）のライセンス確認が表示されます。[上記の利用規約を理解し、同意します]
というチェックボックスにチェックを付け、[実行]ボタンをクリックすればダウンロードと
インストールが開始されます。

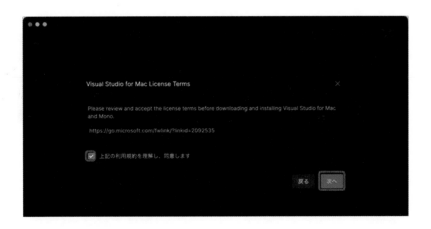

モジュール

モジュールとは個別に切り替え可能な機能や仕組みの集まりです。Unityのインストール時に選択するモジュールは、いろいろなゲーム機向けのゲームを作るための機能のことです。

　ダウンロードとインストールが完了すれば、インストールタブにインストールされたバージョンのUnityが表示されます。

　Unityはバージョンごとにすべてのモジュールを丸ごと含めたセットとしてパソコンにインストールされます。そのため、古いバージョンをそのまま置いておくとハードディスクの容量を消費してしまいます。ハードディスクの容量が少ない場合は「最新のもの」と「1つ前のバージョン」の2つくらいを残しておいて、あとはアンインストールしておくようにしましょう。

　古いバージョンのUnityもダウンロード・インストールすることができます。インストール後、特定のバージョンに対してモジュールの追加やアンインストールを行いたい場合、パネル右上にある歯車マークのボタンから行うことができます。

1.5 Unityで作るゲームの構成を知ろう

Unityでゲームを作り始める前に、Unityではどのような仕組みでゲームが作られているのかを簡単に説明しておきましょう。Unityで作るゲームは主に、「シーン」「ゲームオブジェクト」「コンポーネント」「アセット」という4つでできています。

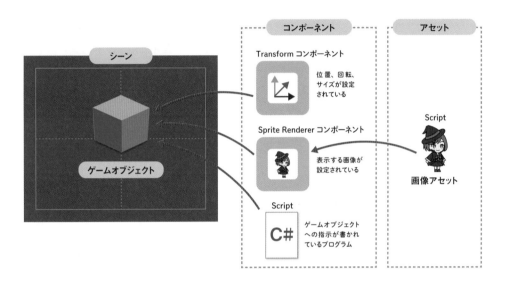

Tips しっかり覚えておこう

この構成は今後ゲームを作っていくうえで重要になってきます。しっかりと覚えてイメージしておいてください。

シーン (Scene)

シーンはゲームの画面1つを表します。ゲームではメインのゲーム画面の他に、タイトル画面やスコア画面など、いろいろな画面を使います。それぞれの画面はこのシーンという単位で保存されます。

ゲームオブジェクト (GameObject)

ゲームの画面、つまりシーンの中にあるものはすべて**ゲームオブジェクト**と呼ばれる存在になります。プレイヤーキャラや敵キャラ、背景や表示されている文字や画像などは、すべ

てゲームオブジェクトです。そのゲームオブジェクトに、このあと紹介するコンポーネントを付けることでいろいろなものに変化させていきます。

コンポーネント（Component）

　コンポーネントはシーンやゲームオブジェクトと違い、少しイメージするのが難しいのですが、簡単にいえば「ゲームオブジェクトをいろいろなものに変化させるためにくっつけるデータ」だと考えておけばわかりやすいかもしれません。変化させるためにくっつけるデータなので、コンポーネントにはいろいろな種類があります。

　いろいろなコンポーネントをくっつけることで、ゲームオブジェクトの見た目や働き方が変わっていきます。例えば、プレイヤーキャラも敵キャラも元は同じ「ゲームオブジェクト」という状態です。そこに、「主人公キャラ」には「主人公用の画像」「プレイヤーが操作して動かすためのプログラム」といったさまざまなコンポーネントをくっつけて段々とプレイヤーキャラに仕上げていくのです。

アセット（Asset）

　アセットとは英語で「資源」という意味です。Unityではゲームを作る素材のことをアセットといいよ♩。

　画像や音楽データなどのアセットにいろいろなコンポーネントをくっつけることで、ゲームオブジェクトを作っていきます。

Chapter 02

Unityで「はじめての」ゲームを作ろう

2.1 プロジェクトを作ろう

それでは、さっそくUnityでゲームの**プロジェクト**を作ってみましょう。

▶ **プロジェクト**
プロジェクトとは、ゲーム全体がまとめられ1つのフォルダーに入れられた状態のものです。ゲームに必要な全部のデータがプロジェクトのフォルダーに入っています。

プロジェクトを新規作成しよう

Unity Hubを起動して、左側のタブで［プロジェクト］が選択されているのを確認してください。

ウィンドウ右上の［新しいプロジェクト］ボタンをクリックします。

［新しいプレオジェクト］ボタンをクリックすると、図のようなウィンドウが開きます。ここでは作成するゲームの形式とプロジェクト名，保存場所を決めます。この本では2Dゲームを作っていくので、［2Dコア］を選択してください。

Unityのバージョンが複数インストールされている場合にはウィンドウ上部のプルダウンボタンから利用するバージョンを選択できます。

次にプロジェクト名を入力します。これから作るプロジェクトはこのあと作っていく「サイドビューゲーム」のベースになります。ここではプロジェクト名を「UniSideGame」としていますが、プロジェクト名は自由に付けてかまいません。

続いて、保存先の設定を行います。特に変更しなくてもよいのですが、［保存場所］の右側にあるボタンから自分の好きなフォルダーを選ぶこともできます。

［プロジェクトを作成］ボタンをクリックするとプロジェクトが作られます。この際、プロジェクトフォルダーは保存先として指定した場所になります。

Unity の画面を覚えよう

プロジェクトを作ってUnityが起動するとウィンドウが開きます。そこでまずこのウィンドウについて説明しておきましょう。Unityのウィンドウは図のような6つのエリアに分かれています。

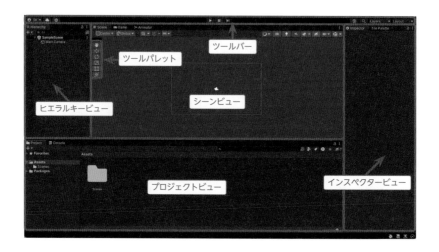

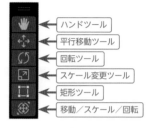
Tips エリアの名前と役割は重要！

Unityでゲームを作る場合、いくつものエリアに行ったり来たりしながら作業を行います。それぞれのエリアの名前と役割をよく覚えておきましょう。

◆ ツールパレット

ここにはUnityを操作する基本的な機能がまとまっています。上から順に説明していきましょう。ツールバーの左側には、図のような6つのボタンが並んでいます。これはUnityのエディター画面やゲーム内に配置されたキャラクターなど、ゲームオブジェクトを操作するためのものです。

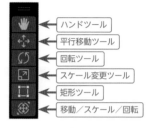

ツールパレットはドラッグ＆ドロップでウインドウ上部に埋め込むことができます。このようにしておけば編集エリアを広く使うことができます。

◆ ツールバー

ウィンドウの上のほうにあるのが**ツールバー**です。ここにはUnityを操作する基本的な機能がまとまっています。左から順に説明していきましょう。

ツールバーの左側には、図のような7つのボタンが並んでいます。そのうち、主に使うのは左の6つです。これはUnityのエディター画面やゲーム内に配置されたキャラクターなど、ゲームオブジェクトを操作するためのものです。

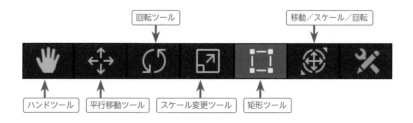

- ハンドツール：画面をドラッグして移動させることができます
- 平行移動ツール：選択しているものの位置を上下左右に移動することができます
- 回転ツール：選択しているものを回転させることができます
- スケール変更ツール：選択しているものを拡大縮小することができます
- 矩形ツール：選択しているものの位置の変更と縦横のサイズ変更を自由に行えます
- 移動／スケール／回転ツール：移動、スケール変更、回転をまとめて行えます

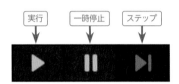

ツールバーの中央付近にあるのは**実行ボタン**です。ゲームの実行と停止を制御します。

- 実行：ゲームを開始します。もう一度押すとゲームが終了します
- 一時停止：ゲーム実行中に押すとゲームを一時停止します
- ステップ：ゲームの一時停止中に押すと1**フレーム**ずつゲームを進めます

▶フレーム
ゲームは1秒間に数十回、画面の表示を描き換えていて、この描き換えが多いほど動きがなめらかに見えます。この1回の画面描き換えを**フレーム**といいます。
Unityでは、標準で1秒間に50回画面の描き換えを行います。

◆ シーンビュー／ゲームビュー／ Asset Store

　ウィンドウの真ん中にある広い領域が**シーンビュー**です。その上のタブで**ゲームビュー**（ゲームの実行画面）に切り替えることができます。ここはUnityのメイン画面といえるでしょう。
　シーンビューはゲームの編集画面です。ここにゲームの背景やキャラクターなどを配置してゲーム画面を作っていきます。シーンビューの中に白い長方形枠線がありますが、これがゲーム画面の外枠になります。

◆ ヒエラルキービュー

　ヒエラルキービューには、シーンビューの中に
表示されているものがリスト形式で表示されま
す。

◆ インスペクタービュー

　インスペクタービューには、シーンビュー
で選択されているものの情報が表示され
ます。

◆ プロジェクトビュー

　ゲームに使う素材が表示されています。ゲームで使う素材（**アセット**といいます）はここに
ドラッグ＆ドロップして追加します。上にある [Console] タブでコンソール表示に切り替わ
り、ゲーム実行中にその詳しい情報が表示されます。

　各ビューの配置はカスタマイズすること
ができます。ツールバー右端の [Layout]
プルダウンメニューか、メニューの
[Window] → [Layouts] から5種類の
レイアウトを選択できます。[Default] が
初期状態のレイアウトです。この本では
Defaultを使って解説を進めますが、皆さ
んは自分にあったレイアウトで試してみて
ください。

初期配置に戻したいとき

カスタマイズがうまくできなかったときなど、初期配置に戻したい場合は［Default］を選択すれば戻すことができます。

◆ **サンプルゲームとサンプルアセット（ゲームの素材）のダウンロード**

ゲームを作るには、まずその部品がなければ始まりません。各自で用意してもいいのですが、事前にひと通りの素材を用意しました。

- https://www.shoeisha.co.jp/book/download/4591/read

横スクロールゲームの画像、サウンドなどの**アセット**（ゲームを作る素材／部品）が入っています。これがChapter 2 〜 Chapter 7で作成するゲームの素材になるので、ここでダウンロードしておきましょう。

参照 「アセット（Asset）」 18 ページ

また、Chapter 2で作成するプロジェクトの完成データを以下のアドレスからダウンロードできるようにしています。ぜひ参考にしてください。

- https://www.shoeisha.co.jp/book/download/4592/read

ダウンロードしたプロジェクトをUnityで開く方法はこちらを確認してください。

参照 「4.2 まずはサンプルゲームを実行してみよう」 88 ページ

2.2 ゲーム画面を作ろう

画像アセットをプロジェクトに登録しよう

サイドビューゲーム用の画像をUnityに登録します。ダウンロードされた圧縮ファイルを解凍すると、UniSideGame_Assetsというフォルダーがあります。その中で画像の入ったImagesフォルダーを選択し、プロジェクトビューのAssetsフォルダーにドラッグ＆ドロッ

プしてください。画像が、Unityで使用可能な**画像アセット**として登録されます。

参照 「アセット（Asset）」　18 ページ

　Unityでは、パソコンと同じように、プロジェクトビューの中にいくつもフォルダーを作ってデータを整理することができます。これからいろいろなデータを増やしていくことになりますが、全部を同じフォルダーに入れてしまうとどこに何があるかわかりづらくなります。ゲームを作るうえではそれでも特に問題はないのですが、ここではサブフォルダーを作ってデータを整理していくことにしましょう。

　Assetsフォルダーの下に、データを整理するためのフォルダーを作ってデータを分類していきましょう。Assetsフォルダーを選択して、［＋］ボタンを押して、一番上の［Folder］を選択してください。すると、Assetsの下にフォルダーができます。フォルダー名は適当なものに変更しておきましょう。作ったフォルダーに各データをドラッグ＆ドロップすることで移動できます。

　それでは、他にもフォルダーをいくつか作って、整理できるようにしていきましょう。もちろん「このようにしなければならない」ということではありませんので、自分のわかりやすいようにしてみてください。

　まずPlayerフォルダーを作ります。プレイヤーキャラクターに関するデータをここに格納していきます。手始めに

プレイヤーの画像を移動させておきましょう。今後プレイヤーに関連するデータはPlayerフォルダーに追加するようにしていきます。

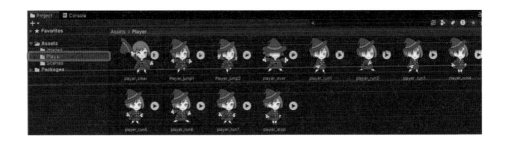

　Scenesフォルダーは最初からあったフォルダーでしたね。ここにはこれから追加するシーンデータを入れていきます。なお、シーンについてはこのあと説明します。

　ここまでで、Assetsフォルダーの下に以下のようなフォルダーができました。それぞれの使い方とあわせてまとめておきましょう。

- Images：ゲームで使用する画像（画像アセット）を入れるフォルダー
- Player：プレイヤーに関するファイルやデータを入れるフォルダー
- Scenes：シーンファイルを入れるフォルダー

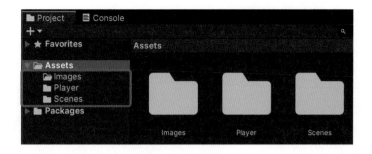

画像アセットを使ってゲーム画面を作ろう

　では、さっそくゲーム画面を作ってみましょう。まずはプロジェクトビューにある背景画像「back」、地面画像「ground」をシーンビューにドラッグ＆ドロップしましょう。これでゲーム画面に地面の絵が配置されます。

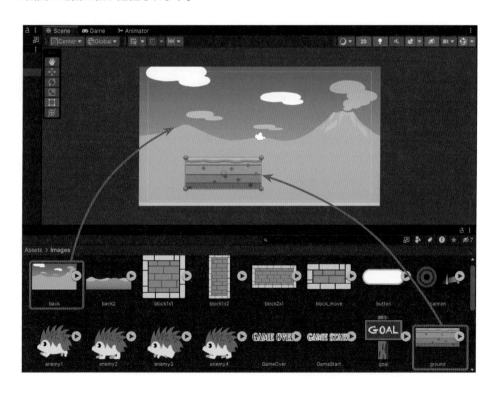

　次にプレイヤーキャラクターを配置します。「player_stop」をシーンビューにドラッグ＆ドロップしましょう。その際、それぞれの位置は適当に調整してみてください。

　すると、図のように画像がシーンビューに配置されます。またヒエラルキービューにも同じ名前の項目が追加されていますね。シーンビューとヒエラルキービューには常に同じものが存在していることになります。

［Scene］を選択するのを忘れないように

　ゲームビューが選択されていると配置できません。ドラッグ＆ドロップする前にシーンビューのタブが［Scene］になっているかを確認してください。

　またもし、このときに地面やプレイヤーキャラが見えなくなってしまった場合、それは地面やプレイヤーキャラが背景よりも後ろに表示されてしまっているからです。

　その場合は、後ほど説明するように、インスペクタービューの［Sprite Renderer］にある［Order in Layer］の値を0以上に設定してください。

参照　「表示の優先順位を知ろう」　32ページ

シーンビューにゲームオブジェクトを配置して選択すると、インスペクタービューの表示が変わります。これがゲームオブジェクトにくっついているコンポーネントです。画像を配置した直後のゲームオブジェクトにはTransform（トランスフォーム）とSprite Renderer（スプライトレンダラー）という2つのコンポーネントがあります。

Transform

　Transform（トランスフォーム）は、位置、回転、拡大率を決めるコンポーネントです。以下のようなパラメーターがあります。いずれもよく使うパラメーターです。覚えておいてください。

◆ Position

　シーン上でのゲームオブジェクトの位置をX（横方向）、Y（縦方向）、Z（奥行き）の座標で表しています。ここを書き換えることでゲームオブジェクトの位置を変更することができます。

◆ Rotation

　ゲームオブジェクトのXYZの各軸の方向を中心にした回転を表しています。2Dゲームの場合Z軸（手前から奥に向かう軸）方向を中心にした回転だけを意識すればいいでしょう。ここを書き換えることでゲームオブジェクトの回転角度を変更することができます。

◆ Scale

ゲームオブジェクトのX（横方向）、Y（縦方向）、Z（奥行き）の表示倍率を小数で表しています。ここを書き換えることでゲームオブジェクトの大きさを変更することができます。

Sprite Renderer

Sprite Renderer（スプライトレンダラー）は、画像を表示するコンポーネントです。以下のようなパラメーターがあります。よく使うパラメーターについて説明しておきましょう。

◆ Sprite

Unityでは画像のことを**スプライト**（Sprite）と呼びます。つまりこのパラメーターは、ゲームオブジェクトに表示される画像アセットです。ここを変更することでゲームオブジェクトに表示される画像アセットを変更することができます。

◆ Color

描画する場合に利用される色です。基本となる色は白ですが、他の色に変更することで画像の色味を変えることができます。

◆ Flip

左右、上下に反転させることができます。

◆ Sorting Layer

ゲームオブジェクトを**レイヤー**というグループに分け、表示の優先をグループごとに決めます。

◆ Order in Layer

Sorting Layerで分けたレイヤーの中で、ゲームオブジェクトがシーンに表示される順番を決めます。数が大きいほど手前に表示されます。

ゲームオブジェクトの画像を変えてみよう

Sprite Rendererに［Sprite］という項目があります。ここには画像のファイル名が入っているのがわかるでしょうか？

さっそくここをクリックしてみてください。プロジェクトビューで対応している画像アセットがハイライト表示されましたね。これでどのアセットが使われているのかがわかります。

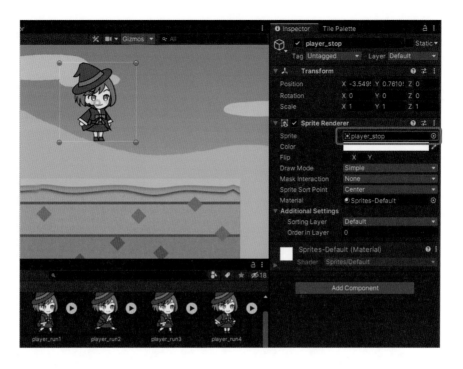

　次に、画像を選択後、[Delete] キーを押して削除してみてください。[None(Sprite)] (「ス
プライト（画像）がない」という意味です) と表示され、シーンビューでの表示も消えます。
しかし、ヒエラルキービューを見るとゲームオブジェクトは存在しています。つまり、「表示
されている画像だけが消えた」というわけです。

　それでは、再び画像を設定してみましょう。ゲームオブジェクトを選択してください。画
像が消えているので、ヒエラルキービューから選択するのがいいかもしれません。

　その状態でプロジェクトビューの画像を選択して、[Sprite] の右のテキストボックスにド
ラッグ＆ドロップしてください。

　このとき、気を付けてほしいのは、一度選択したら画像を離さないことです。離してしまうとゲームオブジェクトではなく、その画像が選択されてしまい、インスペクタービューの表示が変わってしまうからです。慣れると簡単なのですが、最初のうちはなかなかうまくいかないかもしれません、この操作はUnityでは非常によく行う操作なので、確実にできるようにしておきましょう。

　他にも、テキストボックス右端にある小さな丸いボタンを押せば画像アセットの選択リストが表示されるので、そこから選ぶこともできます。

表示の優先順位を知ろう

　地面やキャラクターなどは必ず背景の上に表示されてほしいので、優先順位を意図的に変更する必要があります。それにはSprite Rendererコンポーネントの［Order in Layer］を大きい値に変更します。

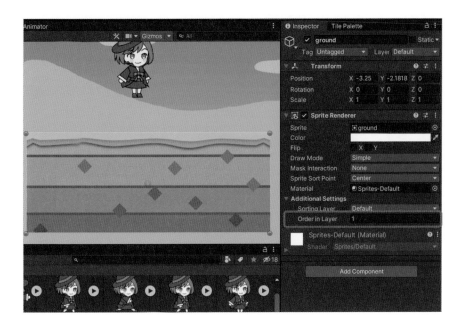

　地面とプレイヤーキャラクターの表示優先を背景よりも上にするために、Sprite Renderer
コンポーネントの［Order in Layer］に「0」よりも大きい値を設定しておいてください（こ
こではプレイヤーキャラクターは「3」に、地面は「1」に設定しておきます）。

　これで表示画面の優先度は、「キャラクター > 地面 > 背景」の順番になりました。

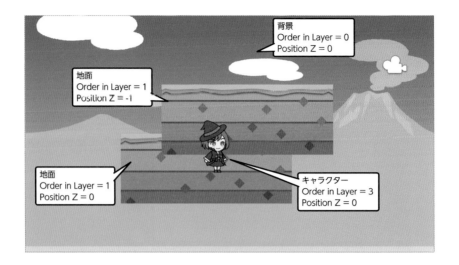

[Order in Layer] の値が同じ場合、表示優先は [Position Z] の値（小さいほど手前に表示）で決まります。

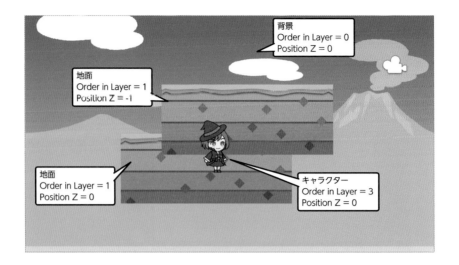

ゲーム画面の位置を表す座標

ゲーム画面上の位置はXとYの座標で表されます。画面中央がX=0、Y=0です。そこから右方向にいくとXがプラスに、左方向だとマイナスになります。Yは上方向がプラス、下方向がマイナスです。

これはゲーム画面の位置と向きを表す座標とベクトルが関わっています。詳しくは以下のコラムを見てください。

参照▶ 「座標とベクトル」 79 ページ

この状態で一度ゲームとして実行してみましょう。ツールバーの実行ボタンを押せば、シーンビューがゲームビューに切り替わり、ゲームが実行されます。

　もう一度実行ボタンを押せばゲーム実行は終了してシーンビューに戻ります。まだこの段階では画像を置いているだけなので、画面に動きは何もありませんが、「画像を表示する」だけのゲームができ上がりました。

Unity 画面の操作方法を覚えよう

　それではここで、シーン画面やゲームオブジェクトの操作方法を覚えておきましょう。

◆ ゲームオブジェクトを選択する

　シーンに配置したゲームオブジェクトを選択するには2つの方法があります。

　まず1つ目はシーンビューに見えている
ゲームオブジェクトを直接マウスで選択す
ることです。もう1つはヒエラルキービュー
のリストから選択するやり方です。シーン
に配置されているゲームオブジェクトが増
えてくるとシーンビューからは選択しにく
くなってきます。ヒエラルキービューなら
確実に選択することができます。状況に合
わせて使い分けましょう。

◆ ゲームオブジェクトの名前を変える

　シーンに配置したゲームオブジェクトには名前が付きま
す。画像をドラッグ＆ドロップしてゲームオブジェクトを
作った場合、名前は画像ファイル名になっています。
　シーン上でゲームオブジェクトは名前で区別されるため、
名前はとても重要です。名前を変更する方法を覚えておきま
しょう。名前を変更するには2つのやり方があります。

　ヒエラルキービューのリストから選択し
た状態で［Return］キーを押します。名前
のテキストが選択されて編集状態になるの
で、名前を書き換えて［Return］キーを押
すことで変更が終了します。

もう1つの方法も紹介しておきましょう。インスペクタービューを見ると、一番上に名前が表示されています。ここを書き換えることでも名前を変更することができます。

ここではプレイヤーキャラクターの名前を「Player」に変更しておいてください。

アルファベットの大文字と小文字

アルファベットの大文字と小文字は区別されます。ここでは最初の「P」は大文字で付けています。間違えずに「Player」と設定しておいてください。

画面を自由に移動しよう

ゲーム画面を編集していると、画面の一部を拡大したり表示する位置を変えたりする必要が出てきます。そのやり方を説明しましょう。

画面を拡大縮小して表示するにはマウスホイール（またはタッチパッド）を操作します。マウスホイールやタッチパッドを上に操作すると画面が縮小され、下に操作すると拡大されます（Macの場合はトラックパッドやマウスの設定で拡大と縮小が逆になることがあります）。

拡大操作

縮小操作

ツールパレットアイコンでの操作を覚えよう

◆ ハンドツール

シーン画面をスクロールするには
ツールパレットの**ハンドツール**を選
択します。画面をドラッグすればシーン画面をスクロールすることができます。

他のツールを選択している場合でも、[Option] キー（Windowsでは [Alt] キー）を押せ
ばその間はハンドツールに切り替わります。

◆ 平行移動ツール

選択されたゲームオブジェクトに
緑と赤の矢印が表示されます。緑の
矢印をつかむと縦方向（Y軸方向）に、赤の矢印をつかむと横方向（X軸方向）に平行移動さ
せることができます。また中央にマウスカーソルを持っていけば黄色い四角形が表示され、
それをつかめば縦横に移動させることができます。

◆ 回転ツール

選択されたゲームオブジェクトに
緑（Y軸）、赤（X軸）、青（Z軸）の三
重の球体が表示されます。この球をつかむことで各軸に対して回転させることができます。

この本ではシーンを2D表示しているので、縦横のラインと円のように見えますが、シー
ンビュー上部にある [2D] をオフにしてみてください。シーンが3D表示されます。これで
3D軸と球体が確認できると思います。

回転と軸は慣れるまではわかりに
くいかもしれませんね。ただ、2Dゲー
ムの場合はZ軸以外の回転を気にす
る必要はあまりありません。

◆ スケール変更ツール

選択されたゲームオブジェクトの先端に四角形が付いた緑と赤のラインが表示されます。緑のラインをつかんで縦方向に動かすと縦方向（Y軸）に、赤のラインをつかんで横方向（X軸）に動かすとそれぞれの方向に拡大縮小させることができます。

また中央に黄色い四角形が表示されており、それをつかめば縦横比を固定したまま拡大縮小させることができます。

◆ 矩形ツール

選択されたゲームオブジェクトに白い枠と、四隅に丸いハンドルが表示されます。枠内をつかむことで、ゲームオブジェクトを縦横に自由に移動させることができます（平行移動の黄色い四角形と同じです）。

四隅のハンドルをつかんでドラッグすることで、ゲームオブジェクトの矩形サイズを自由に変えることができます。

◆ 移動／スケール／回転ツール

移動、回転、スケール変更を一度に行うことができます。3つのツールで使用した操作UIが表示されるので、それぞれを使ってゲームオブジェクトを操作することができます。

ゲームオブジェクトの無効化と非表示を使おう

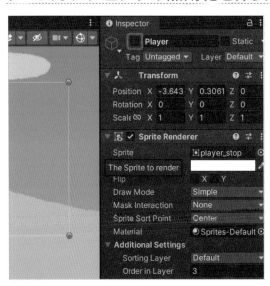

インスペクタービューの名前の前にチェックボックスがありますが、ここのチェックを外しておくとそのゲームオブジェクトが無効になり、ゲーム中にも存在しなくなります。

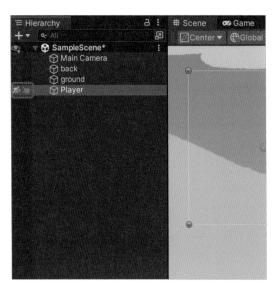

ヒエラルキービューの左端にマウスカーソルを合わせると目のマークが表示されます。ここをクリックするとそのゲームオブジェクトがシーンから非表示になり、もう一度クリックすると表示されます。ここで隠したゲームオブジェクトはゲーム実行中には表示されるので、あくまで編集中に一時的に隠すときに使える機能です。

ヒエラルキービューの左の、目のマークの右どなりにある指先マークをクリックするとそのゲームオブジェクトがシーン上で選択不可になります。表示されたまま選択不可になるので、重なり合ったゲームオブジェクトを操作するときに便利です。

ゲーム画面（シーン）を保存しよう

シーンを編集したあとは保存するようにしましょう。意識的に保存しないと、もし途中でUnityがクラッシュしてしまったときに、そこまでの作業が無駄になってしまいます。定期的に保存する癖を付けておきましょう。Macはキーボードの［コマンド + S］、Windowsは［Ctrl + S］で上書き保存できます。

最初に作られたシーンは
SampleSceneという名前で、Assets
フォルダーの中にある、Scenesフォ
ルダーに保存されています。[File]
メニューから [Save] を選択すれば
現在編集中のシーンが上書き保存さ
れます。

ここではゲームの最初のステージ
を作る想定なので、[Save As…]（別名で保存）を選択して、「Stage1」という名前でScenesフォ
ルダーに保存しておきましょう。

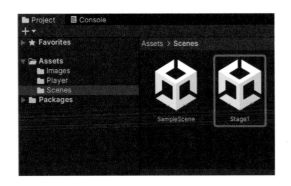

シーンを保存すると、図のように
アイコンが表示されて、ファイル化
されます。

シーンを Scenes In Build に登録しよう

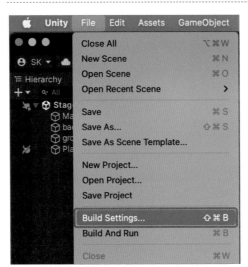

シーンはファイルとして追加しただけで
はまだ使うことができません。Unityで読
み込むシーンはビルドに登録しておく必
要があります。

[File] メニューから [Build Settings…]
を選択してください。

「Build Settings」というウィンドウが開くので、保存したシーンファイルを [Scenes In Build] という枠内にドラッグ＆ドロップして追加してください。これで新しいシーンが使えるようになります。

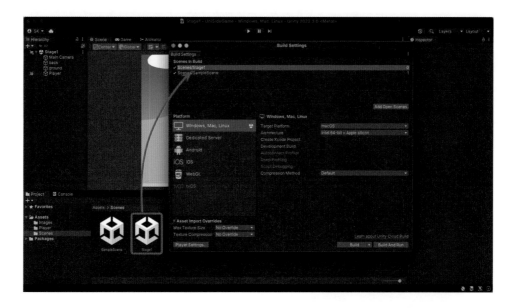

このBuild Settingsウィンドウは、Unityで作ったゲームをさまざまな環境に書き出す設定を行うためのウィンドウです。

ゲームの書き出しについては後ほど説明します。

参照▶「実機ビルドとインストール」 付録 PDF（v ページ参照）

Build Settings への追加を忘れないように！

シーンを作ったらBuild Settingsに追加するようにしましょう。これを忘れるとゲームの中でシーンが読み込めません。

2.3 プレイヤーキャラクターを作ろう

次に、シーンに配置したキャラクターの画像を「ゲームで操作できるプレイヤーキャラクター」にしていきましょう。

画像アセットからゲームキャラクターを作ろう

まずプレイヤーキャラクターを作っていきましょう。プレイヤーキャラクターとして以下のようなアニメーションパターンを用意しています。

◆ 待機

停止状態のパターンです。移動していないときはこの画像を表示します。先ほどはこの画像アセットを使ってキャラクターを配置しましたね。

◆ 移動

移動中にループで動くアニメーションパターンです。今回は7コマでアニメーションするようにサンプルのパターンを作っています。

◆ ジャンプ中

Player_jump1　　　Player_jump2

ジャンプしているときの
パターンです。2コマのアニ
メーションとして作ります。

◆ ゴール

player_clear

　ゴールに到達したときのパターンです。1コマだけのア
ニメーションとして作ります。

◆ ゲームオーバー

player_over

　ゲームオーバー時のパターンです。アニメーションとし
ては1コマだけで作りますが、ステージから消えていく動
きをスクリプトで付けることにしましょう。

画像にピボットを設定しよう

最初に、キャラクター画像に**ピボット**（Pivot）を設定しましょう。ピボットとは画像の基準になる点で、通常は画像の中心が基準点になっています。画像をゲームオブジェクトとしてシーンに配置した場合、配置位置や拡大縮小、回転などの変形をさせた場合にピボットがその原点になります。

今回は画像の中央下をピボットにします。「キャラクターの足元を基準点にする」ということですね。これはジャンプさせるときの基準点を足元にしたいからです。詳しくは後ほど説明します。

プロジェクトビューの画像を選択するとインスペクタービューに情報が表示されるので、[Pivot] のプルダウンメニューから [Bottom]（中央下）を選択してください。右下の [Apply] ボタンを押せば、変更が反映されます。

ピボットは、キャラクター画像すべてに設定しておきましょう。

ピボットの設定と位置

ゲームオブジェクトの原点、つまりピボットは通常その中央にあります。ゲームオブジェクトはこの点を基準にして移動や変形が行われます。

ここで例として、次のように配置されたゲームオブジェクトがあったとします。

ピボットは［Center］（中央）なので、このゲームオブジェクトを2倍に拡大するとこのようになります。画像の中央から大きくなっているので、地面にめり込んで見えますね。

そこでピボットを［Bottom］（中央下）にしてゲームオブジェクトを2倍に拡大すると、このようになります。

地面に立っているキャラが巨大化するような場合はピボットは［Bottom］のほうが適切に見えます。回転する場合ピボットは［Center］のほうが適切に見えるかもしれません。ゲームオブジェクトの状況に合わせてピボットを設定しましょう。

コンポーネントを追加しよう

シーンに配置したゲームキャラクターにコンポーネントを付けて機能を追加してみましょう。この操作のことを**アタッチ**といいます。

コンポーネントとは、ゲームオブジェクトにいろいろな機能を追加するものでしたね。画像をシーンに追加したときにはすでに、TransformとSprite Rendererというコンポーネントが付いていました。これらはUnityが自動的にアタッチしてくれたものです。

ゲームオブジェクトに重力 (Rigidbody 2D) を付けよう

　ここでは、まず第2部で作るサイドビューゲームの基礎を作っていきます。サイドビューゲームとは、ゲームの世界を真横から見たアングルのゲームのことです。キャラクターが左右に走るランゲームやジャンプアクションゲームなどがおなじみのジャンルですね。

　先ほど、キャラクター用の画像をシーンに配置してゲームキャラの元を作りました。今のままではただ画面に絵が貼られているだけです。これをサイドビューゲームのキャラクターにするために、まずは下方向に重力が働くようにしましょう。

　重力を働かせるためにはどうすればいいのでしょうか。実はUnityには、重力を発生させるコンポーネントがあるのです。

　それでは、そのコンポーネントを追加してみましょう。キャラクターを選択したら、インスペクタービューの下にある [Add Component] ボタンをクリックしてください。

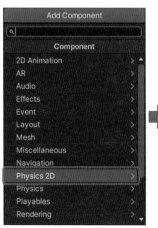 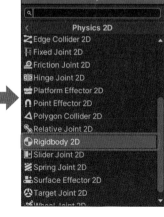

　プルダウンメニューが開きます。そこから [Physics 2D] という項目を探してください。

　選択するとさらにメニューが開きます。次に [Rigidbody 2D] という項目を探して選択してください。

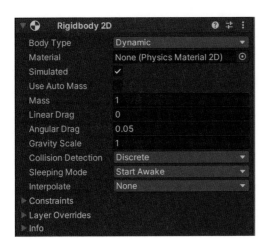

インスペクタービューに ［Rigidbody 2D ］が追加されましたね。これがゲームオブジェクトに重力を働かせるようにするための、**Rigidbody 2Dコンポーネント**です。Rigidbody 2Dコンポーネントが付けられたゲームオブジェクトはゲーム内で物理法則に従って動くようになります。

なお、コンポーネントの左上にある三角ボタンで項目をタイトルだけ残して、展開／収縮させることができます。覚えておきましょう。

Rigidbody 2Dコンポーネントには以下のようなパラメーターがあります。よく使うものを解説しておきましょう。

Body Type

以下の3つがあります。この選択によりこれ以下の設定が変わってきます。

- Dynamic：**物理シミュレーション**の影響を受けて動作するようになります
- Kinematic：重力や外的な力の影響を受けません
- Static：一切の物理シミュレーションの影響を受けなくなります

▶物理シミュレーション
コンピューターが計算により、ゲームの中のものを現実世界のもののように動かすことです。落下や衝突したあとの動きなどをコンピューターが計算してリアルに動かします。

Material

物体の材質を決定するコンポーネントを設定するパラメーターです。他のものにぶつかったときの跳ね返り具合や滑り具合を設定することができます。

参照 「ジャンプ動作を調整しよう（Physics Material 2D の追加）」 **113 ページ**

Simulated

チェックボックスをオンにすることで物理シミュレーションを有効にします。

◆ Use Auto Mass

　チェックボックスをオンにすることで設定されたコライダー（このあとで説明する「当たり」の設定）の大きさから物体の質量を自動計算します。

◆ Mass

　物体の質量を設定します。[Use Auto Mass] を選択している場合は設定できません。

◆ Linear Drag

　動いているものがどれくらいの時間で止まるのかを決める数値です。数値が大きいほど移動しにくく、止まりやすくなります。

◆ Angular Drag

　回転しているものがどれくらいの時間で回るのかを決める数値です。数値が大きいほど回転しにくくなります。

◆ Gravity Scale

　重力を設定できます。1を設定すると、「1G」つまり地球表面と同じ重力となります。

◆ Collision Detection

　衝突を検知する方法を設定します。

- Discrete：物体が速く動いた場合、重なったり、すり抜けたりすることができます
- Continuous：重なったりすり抜けたりせず、最初に衝突を検知した物体と接触します

◆ Sleeping Mode

　コンピューターの計算を軽くするため、一定時間動かない物体は休止状態となり、接触判定などが行われなくなります。ここで休止状態を設定できます。

- Never Sleep：常に物理計算をしている状態で、大きな負荷がかかることがあります
- Start Awake：起動時に休止状態を解除します
- Start Asleep：初期状態で物理計算をしませんが、衝突により物理計算が開始されます

◆ Interpolate

物理計算の更新での動作補間を選択します。

- None：補完しません
- Interpolate：前のフレームにもとづいて動作補完をします
- Extrapolate：次のフレームにもとづいて動作補完をします

◆ Constraints

動きの制限を設定します。

- Freeze Position：X軸とY軸の動きを制限します。縦横に動かなくなります
- Freeze Rotation：Z軸で選択して停止します。回転しなくなります

動作を確認しよう

　この状態でツールバーの実行ボタンをクリックしてゲームを開始してみてください。

　キャラクターが画面下に落下していきましたね。これで今まで動きのなかった画面に何やら動きらしいものがつきました。

　キャラクターは画面下に落ちていってしまいましたが、消えてなくなってしまったわけではありません。ヒエラルキービューを見てください。まだPlayerは存在していますね。そのPlayerを選択して、インスペクタービューのTransformを見てください。

　PositionのYの値がマイナスにどんどん大きくなっていっているのがわかります。Yマイナスは下向きの方向ですね。つまりキャラクターは延々と下方向に落ち続けているのです。

参照▶ 「座標とベクトル」 79ページ

ゲームオブジェクトに当たりを付けよう

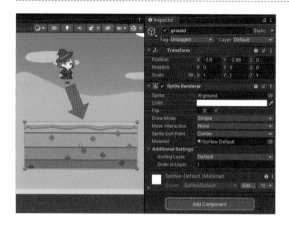

　このまま落ちっぱなしではゲームにはなりません。次はプレイヤーキャラクターが地面の上に乗れるように当たりを作りましょう。地面画像をキャラクターの真下に来るように調整してみてください。配置された地面のゲームオブジェクトを選択したら、先ほどと同じように、Add Componentボタンをクリックします。

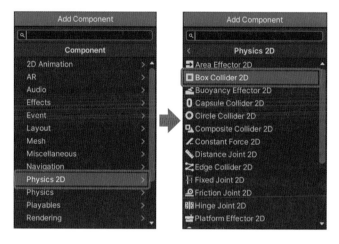

　[Physics 2D] → [Box Collider 2D] とメニューをたどって選択してください。

　インスペクタービューに **Box Collider 2D** が追加されました。**Collider**（コライダー）はゲームオブジェクトに物理的な接触や接触判定を発生させるコンポーネントです。Box Collider 2Dはその名前のとおり、四角形で箱型の当たりをゲームオブジェクトに付けてくれます。

Tips 当たり判定とCollider（コライダー）

　ゲーム内でゲームオブジェクトを他のゲームオブジェクトに接触させる場合は、このようなColliderというコンポーネントを付ける必要があります。後ほど紹介するように、Colliderは円や楕円、四角形などいろいろな形があります。これらColliderの外枠どうしがぶつかることで当たり判定が行われます。

　負荷なども考慮に入れつつ、ゲームオブジェクトをどう使うかによって適切な形を設定しましょう。

　当たりの範囲は［Edit Collider］ボタンで変更できます。ボタンを押すと当たりを表す緑色の枠に四角いハンドルが表示されます。それが当たりの範囲です。このハンドルを操作することで当たりの範囲を変更することができます。

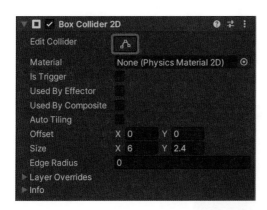

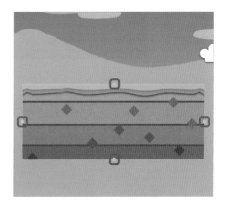

　落下するキャラクターをこのブロックに乗せるには、キャラクター側にも当たりを付ける必要があります。同じようにしてキャラクターにもColliderを付けてみましょう。シーンビュー、またはヒエラルキービューで［Player］を選択して［Add Component］ボタンを押してください。

[Physics 2D]→[Capsule Collider 2D]とメニューをたどって選択してください。すると、インスペクタービューに**Capsule Collider 2D**が追加されます。

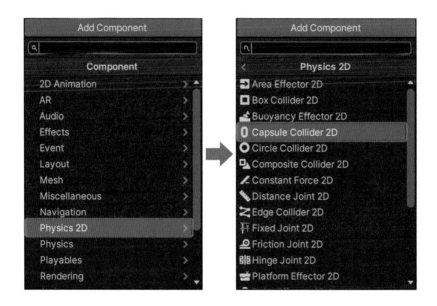

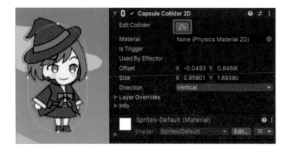

Edit Colliderボタンで当たりの範囲を調整して、キャラクター周囲に当たりが来るようにしてください。Capsule Collider 2Dは四角形の角が丸くなったカプセル型の当たりです。角がないので引っかかりにくく、移動するキャラクターの当たりに向いています。

ところで、他にもいくつか「○○ Collider 2D」というものがあったのに気がつきましたか？ここで、Box CustomやCapsule Collider以外のColliderについても紹介しておきましょう。ちなみに「2D」と付いていないColliderは3Dゲーム用です。2Dゲームには使えません。

◆ Circle Collider 2D

　円形の当たりを付けます。ゲームオブジェクトの中心からの半径で描かれる真円が当たりの範囲となります。比較的軽量な当たりなので、弾丸やたくさん出現する敵キャラなどに向いています。

◆ Edge Collider 2D

　ラインを伸ばして引いていくようにして付けられる当たりです。斜めの坂道や階段、デコボコの地形など、ある程度複雑な形の当たりを作るのに向いています。負荷がそれなりにかかるので、あまり多用はしないほうがいいでしょう。

◆ Polygon Collider 2D

　画像の不透明部分を囲むように多角形の当たりが作られます。かなり正確に画像を囲む当たりが作れますが、その分負荷も大きくなります。

ゲームを実行しよう

　ツールバーの実行ボタンを押してゲームを実行してみましょう。落下したキャラクターがその下にある地面に乗って停止しましたね。これでキャラクターと足元のブロックに当たりが付きました。

アタッチしたコンポーネントの削除

　アタッチされたコンポーネントを削除するには、各コンポーネントパネルの右上にあるアイコンから、[Remove Component] を選択します。

Chapter 03

スクリプトを書こう

完成データのダウンロード

この章で作成するプロジェクトの完成データは、以下のアドレスからダウンロードできます。

- https://www.shoeisha.co.jp/book/download/4593/read

3.1 スクリプトでゲームオブジェクトを操作しよう

ここからは、スクリプトを書いてキャラクターを操作してみましょう。Unityではプログラムのことを**スクリプト**といい、スクリプトを書くために**C#**というプログラミング言語を使用します。

既存のコンポーネントはインスペクタービューの［Add Component］ボタンで追加できましたが、これから追加するスクリプトは自分で作るので、まだどこにも存在していません。ですから、まずスクリプトから作っていきましょう。

そして作ったスクリプトもコンポーネントの1つとして、ゲームオブジェクトにアタッチしていきます。

スクリプトファイル（PlayerController）を作ろう

　それでは、プレイヤーキャラクターを動かす機能を持つスクリプトを作りましょう。

　プロジェクトビューの左のリストからPlayerフォルダーを選択してください。この中に新しくスクリプトを作ります。

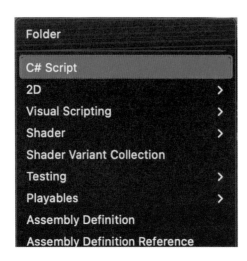

　プロジェクトビューの左上にある、［＋］ボタンをクリックしてください。プルダウンメニューが開きます。ここから［C# Script］を選択します。

　プロジェクトビューに「NewBehaviourScript」というC#のスクリプトファイルができます。ファイル名が編集状態になっているので、名前を「PlayerController」に変更してください。これがこのスクリプトのファイル名になります。

　スクリプトには、この最初の時点で適切な名前を付けるようにしましょう。あとからスクリプトの名前を変えてしまうと、ファイル名と内部の名前が食い違って少し面倒なことになります。

　今回はプレイヤーを操作するためのスクリプトなので、「PlayerController」としました。このようにスクリプトはその機能に合った名前を付けるようにしましょう。

接頭語と接尾語

　スクリプト名は機能がわかるようするために、「接頭語」と「接尾語」というものが使われることがあります。例えばゲームで操作できるプレイヤーキャラクターには頭に「Player」という単語を付けておく、さらに場合によっては省略して「PLY」や「PL」のように3文字や2文字で書いたりします。名前の頭を見れば何のデータかわかるというわけですね。これが接頭語です。

接尾語は名前の後ろに付ける決まった単語ですね。何かを操作するから「Controller」と付ける、何かを管理するから「Manager」と付けるなどです。

「接頭語」「接尾語」に決まったルールがあるわけではありません。適当な名前を付けてしまうとあとで自分でもわけがわからなくなってしまいます。自分で命名規則を決めておけば、あとから見てもわかりやすくなります。

スクリプトをアタッチする

スクリプトもコンポーネントの1つです。ですから先ほどゲームオブジェクトにRigidbody 2DやCollider 2Dを付けたのと同じように、ゲームオブジェクトにアタッチして使います。

ゲームオブジェクトにスクリプトをアタッチする方法は主に2つあります。

◆ Add Component ボタンからアタッチする

スクリプトをアタッチしたいゲームオブジェクトを選択して、インスペクタービューの[Add Component]ボタンを押してから、[Scripts]を選択してください。[Scripts]はメニューを少しスクロールした下のほうにあります。

すると、作ったスクリプトファイルが見えるはずです。左端にアイコンが付いているのが自分で作ったスクリプトですね。それを選択するとアタッチできます。

◆ ドラッグ＆ドロップでアタッチする

プロジェクトビューにある、スクリプトアイコンをヒエラルキービューやシーンビューの
ゲームオブジェクトにドラッグ＆ドロップするとアタッチできます。

またはゲームオブジェクトを選択した状態で、インスペクタービューの各コンポーネント
の隙間にドラッグ＆ドロップすることでもアタッチできます。

Tips

目的のゲームオブジェクトに確実にアタッチするには

ゲームオブジェクトが増えたり重なり合ったりしてくると、意図しないゲームオブジェ
クトにアタッチしてしまうことがあります。そういった状況の場合はヒエラルキービュー
かインスペクタービューへのドラッグ＆ドロップ、または［Add Component］ボタン
からアタッチするのが確実でしょう。

スクリプトがアタッチされたゲームオブジェクトを選択すると、インスペクタービューにスクリプト情報が表示されます。

ところで「Player Controller」と単語の間にスペースが入っているのに気がついたでしょうか。これはUnityのエディターが読みやすくするために自動的に入れてくれているものです。単語の頭を大文字で書き、それ以降を小文字で書くと、このようにUnityが自動的にスペースを入れてくれます。

スクリプトの中身を見てみよう

それでは、作ったスクリプトファイルの中身を見てみましょう。プロジェクトビューにある、「PlayerController」のC#アイコンをダブルクリックしてください。スクリプトを編集するエディターである、Visual Studio が起動してC#のプログラムコードが表示されます。

```csharp
using System.Collections;
using System.Collections.Generic;
using UnityEngine;

public class PlayerController : MonoBehaviour
{
    // Start is called before the first frame update
    void Start()
    {

    }

    // Update is called once per frame
    void Update()
    {

    }
}
```

新しく作られたスクリプトには以下のような18行のプログラムコードが書かれています。しかし中身はまだ空っぽです。

```
using System.Collections;
using System.Collections.Generic;
using UnityEngine;

public class PlayerController : MonoBehaviour
{
    // Start is called before the first frame update
    void Start()
    {

    }

    // Update is called once per frame
    void Update()
    {

    }
}
```

External Tools を設定しよう

　もし、ダブルクリックでVisual Studioが起動しなかったり、スクリプトファイルが開かなかったりした場合は、メニューから［Settings…］を選択して、「Preferences」ウィンドウを開いてください。

　その中の［External Tools］タブにある、［External Script Editor］に［Visual Studio］が設定されているかを確認してください。ここはスクリプトを編集するエディターの設定です。新しいバージョンのUnityをインストールした場合など、設定が外れてしまうことがあるため、そのような場合はここを確認しましょう。

ゲームオブジェクトをキー入力で操作するスクリプトを書こう

PlayerControllerにスクリプトを書いていきましょう。これから作るのはサイドビューのゲームキャラクターなので、まずはパソコンの左右矢印キーを押すことでキャラクターを左右に移動できるようにしてみましょう。スクリプトが、ゲームキャラクターを動かす指示書になります。

　以下が更新したスクリプトです。更新部分はハイライトしています。「// Rigidbody2D型の変数」などの「//」から始まって改行までの箇所は書き込まなくても大丈夫です。これが何なのかは後ほど説明します。

```
using System.Collections;
using System.Collections.Generic;
using UnityEngine;

public class PlayerController : MonoBehaviour
{
    Rigidbody2D rbody;              // Rigidbody2D 型の変数
    float axisH = 0.0f;            // 入力

    // Start is called before the first frame update
    void Start()
    {
        // Rigidbody2D を取ってくる
        rbody = this.GetComponent<Rigidbody2D>();
    }

    // Update is called once per frame
    void Update()
    {
        // 水平方向の入力をチェックする
        axisH = Input.GetAxisRaw("Horizontal");
    }

    void FixedUpdate()
    {
        // 速度を更新する
        rbody.velocity = new Vector2(axisH * 3.0f, rbody.velocity.y);
    }
}
```

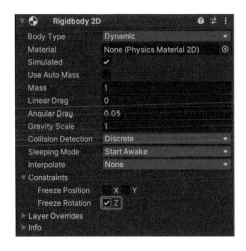

ここまでできたら、キャラクターにアタッチしている Rigidbody 2D の［Freeze Rotation Z］のチェックボックスをオンにしておいてください。

ゲームオブジェクトの左右に物理的な力が加わった場合、Collider（当たり）として底辺が丸い Capsule Collider 2D を使っているので転がってしまうのですが、このチェックボックスをオンにすることでそれが防止されます。

この状態で一度スクリプトを保存（［ファイル］メニューから［保存］を選択）して、Unity ウィンドウに戻ってゲームを実行してみましょう。

ゲームを実行しよう

ステータスバーの実行ボタンを押して、ゲームを実行してください。

キーボードの左右キーを押してみてください。キーボードの右キーを押すと右方向に進み、左キーを押すと左方向に移動するようになりました。

正しく動かない場合は

正しく動かない場合は、もう一度打ち込んだスクリプトを確認してみましょう。大文字や小文字の入力間違い、行の最後にセミコロンの抜け、不必要なスペースなどを確認してみましょう。

3.2 C#プログラムの基礎を覚えよう

先ほど書いたスクリプトを説明する前に、理解しておいてほしいC#プログラムの基礎を少しだけ解説しておきます。

型と変数を知ろう

変数は数字や文字などの値を入れることのできる「箱」のようなものです。箱の中身、つまり変数の中身は自由に入れ替えることができます。

変数は、プログラムでの計算や判断に使う最も基礎的なものです。実際に変数の書き方を見てみましょう。

```
int num1;
int num2;
num1 = 3;
num2 = 2;
int num3 = num1 + num2;
```

上記のプログラムコードの1行目、intというのが**型名**、num1というのが**変数名**です。変数名は自由に決めることができますが、変数を表す肩書といえる**型**は決まっています。

それから、「=」(イコール)の記号です。算数や数学では「右の値と左の値は同じ」という意味で使われますが、ほとんどのプログラム言語では「右の値を左に入れる」という意味で使います。結果的には右と左は同じ値になるわけですが、意味合い的には少し違うということを覚えておいてください。また行の最後には必ず「;」(セミコロン)が必要です。

ここではひとまず、変数を用意するためには、

```
int      num1;
(型名) (変数名)
```

というように書く、ということを覚えておいてください。

変数の命名ルール

「変数名は自由に決めることができる」と書いていますが、実は少しだけ制限があります。変数名の先頭に数字を使うことはできません。また「@」「#」「$」「%」「&」「*」「<」「>」「:」「;」「(」「)」「/」「+」「-」などのような記号文字も使うことができません。変数名に使える記号は、「_」（アンダースコア）だけです。

そしてプログラム初心者がハマるポイントとして、アルファベットの大文字と小文字は別の文字として区別される、ということが挙げられます。つまり、num1（Nが小文字）とNum1（Nが大文字）は別の名前として扱われるということです。

◆ **主な型**

主な型には以下のようなものがあります。

- **int（整数型）**：整数を表す型名です。整数とは 1、2、3、4 のようなものの数として数えられる数字のことです
- **float（小数点型）**：3.14 や 1.4142 のように、小数点が付く数字を表す型名です。プログラムの中で書くときは 3.14f のように最後に「f」を書き足します
- **string（文字列型）**：文字を表す型名です。C# での文字は「"」（ダブルクォーテーション）ではさんで表現します。例えば「こんにちは」をプログラムで文字列にするならば、" こんにちは " と書きます
- **bool（論理値型）**：true（はい）と false（いいえ）で表される型名です。プログラムで分岐を判断する条件判断などで使われます

演算子で計算をしよう

プログラムの中では計算を行います。そこでは「足し算」「引き算」「掛け算」「割り算」などの計算を行います。足し算をするときはキーボードの「+」、引き算をするときは「-」を使うということはわかりますが、掛け算や割り算の記号はキーボードにはありませんね。掛け算は「*（アスタリスク）」、割り算は「/（スラッシュ）」を計算記号（**演算子**）として使います。

- 足し算：6 + 2
- 引き算：6 - 2
- 掛け算：6 * 2
- 割り算：6 / 2

実際の使い方は、このあとスクリプトを書きながら覚えていきましょう。

プログラムにコメントを付けよう

先頭に「//」が書かれている行は「コメント」です。コメントはプログラムに影響を与えない、このプログラムを読む人への注意書きのようなものです。

例えば、63ページのプログラムの10行目には、

```
// Start is called before the first frame update
```

と書かれています。日本語に訳すと「Startは最初のフレーム更新の前に呼ばれる」というStartメソッドの説明が書かれています。

このように、コメントはメソッドやメソッド内のプログラムの説明に多用されます。コメントにはこのような英語だけでなく、日本語も書くことができます。プログラムの行数が少なければ、プログラムの内容も比較的わかりやすいのですが、行数が増えてプログラムが複雑になってくると、ぱっと見では何が書かれているのかわからなくなってくるものです。

また自分が書いたプログラムであっても、時間がたてば書いた本人でも判別できないということは多々あります。ですから、他の人のため、未来の自分のためにコメントはできるだけ多く、わかりやすく書きましょう。

メソッド（関数）で処理を行おう

メソッドとは「何かの値を受け取って、作業（処理）を行い、結果を値として返す」という仕事をします。関数やファンクションなどとも呼ばれますが、この本ではメソッドという呼び方で統一します。

メソッドにも決まった書き方があります。メソッドに必要なものは、「戻り値」「メソッド名」「引数」「本体」です。先ほど作ったPlayerControllerに書いてあったStartというメソッドを見てみます。

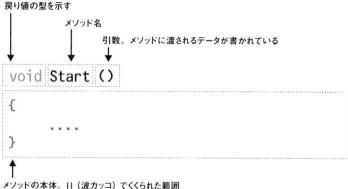

戻り値の型を示す

メソッド名

引数。メソッドに渡されるデータが書かれている

```
void Start ()
{
    ....
}
```

メソッドの本体。{}（波カッコ）でくくられた範囲

◆ 戻り値の型

　メソッドが仕事を終えたあと、その結果を返すときの「型名」を指定します。

　Start メソッドの戻り値を見ると void となっています。void というのは何も値を返さないという意味で、Start メソッドは結果として何も値を返しません。

　なお、Start メソッドには後ほど紹介する引数もないので、丸カッコ「（ ）」の中は空っぽです。このように何も受け取らず、値も返さないメソッドもあります。

◆ メソッド名

　変数に名前を付けたように、メソッドにも名前を付けます。ここはそのメソッドの名前を指定します。

◆ 引数

　引数とはこのメソッドが仕事をするために受け取る値です。引数はメソッド名のあとに、「（ ）」丸カッコでくくられて書かれます。Start メソッドでは引数を受け取らないので、丸カッコの中は空ですが、引数がある場合は、以下のように書きます。

```
( 型 値 )
```

　この書き方は変数の宣言と同じですね。引数が2つ以上ある場合は、

```
( 型 値 , 型 値 )
```

　というように「,」（カンマ）で区切ってつなげて書きます。引数は必要な数だけ書くことができます。

◆ ステートメント

引数のあと、「{ }」(波カッコ) に囲まれている範囲がメソッドの範囲です。この波カッコに囲まれた範囲を「ステートメント」といいます。このステートメントがプログラム内での1つの区切りになります。この中に必要なプログラムを書いていきます。

Tips カッコの閉じ忘れに注意!

スクリプトを書くとき、「{ }」(波カッコ) の閉じ忘れに注意してください。「{」で始めたら必ず「}」で終わらなければいけません。同じく「( )」(丸カッコ) も「(」で始めたら必ず「)」で終わらなければいけません。

◆ 戻り値

メソッドは、その結果を返すことができます。これを「戻り値」と呼びます。

例として、数字を2つ引数に受け取って、数字を1つ返すメソッドを書いてみましょう。以下のようになります。

```
int AddCal(int num1, int num2)
{
    return num1 + num2;
}
```

これは「2つの数字を足し算して、その答えを返す」という仕事をするAddCalという名前のメソッドです。AddCalというメソッド名はaddition (足し算) とcalculator (計算機) それぞれの頭3文字を取った略字です。引数でnum1とnum2という整数型の値を2つ受け取って、それを足し算して返しています。

AddCalメソッドの3行目にある、

```
return 値;
```

というのが「戻り値を返す」という記述です。戻り値がvoidになっている場合returnを書く必要はありませんが、途中でreturn;を書くことで、そこで処理を終了してメソッドを中断することができます。メソッドを使う場合は以下のように書きます。この場合、answerというint型の変数に、5が入ることになります。

```
int answer = AddCal(2, 3);
```

ちなみに、メソッドを使うことを「メソッドを呼ぶ」などといいます。この言い方はこれから頻繁に使います。ぜひ覚えておいてください。

クラスで変数やメソッドをまとめよう

　クラスとは「特定の仕事を行う変数やメソッドの集まり」と考えてください。Unityのスクリプトは1ファイルごとに1つのクラスとして作られます。**PlayerController**を例にクラスの構成を見てみましょう。

全体に公開することを示す

これ以降の {} までの範囲がクラスであることを示す

クラスの名前。自分の名前と親クラスの名前をコロンをはさんで書く

```
public class PlayerController : MonoBehaviour
{
    ....
}
```

クラスの本体。{} （波カッコ）でくくられた範囲

◆ public

　行頭に**public**と書いてある場合は「このクラスをプロジェクトに新しく作成されたスクリプト全体で使えるようにする」という意味になります。**public**が付けられたクラス内の記述は全体に公開され、他のスクリプトからでも使うことができるようになります。ひとまず「Unityでプログラムを書くときは、必ずクラスの先頭に**public**を書く」と覚えておくとよいでしょう。

　先ほど説明したメソッドや、クラス内に変数を書いた場合も、先頭に**public**と付けることで外部から参照できるようになります。Unityで**public**はかなり重要なキーワードです。**public**を付けたものはプロジェクト全体に公開して使えるようになるというのは、今後いろいろなところで出てくるので覚えておいてください。

◆ class

　次の**class**という記述は、「これ以降がクラスである」という宣言です。クラス宣言から最後まで、「{ }」（波カッコ）に囲まれている範囲がクラスの範囲です。

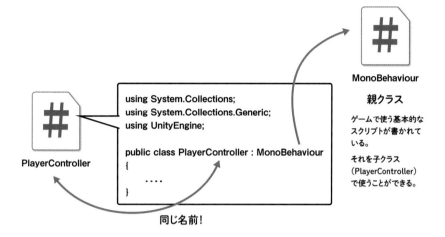

using System.Collections;
using System.Collections.Generic;
using UnityEngine;

public class PlayerController : MonoBehaviour
{
    ....
}

同じ名前！

MonoBehaviour

親クラス

ゲームで使う基本的な
スクリプトが書かれて
いる。

それを子クラス
（PlayerController）
で使うことができる。

classの次の、PlayerControllerというのはスクリプトを作るときに付けた名前ですね。同時にこのスクリプトのクラス名でもあります。クラス名とスクリプト名は同じになるということを覚えておいてください。

「:」（コロン）をはさんで次に書かれたMonoBehaviourとは、このクラスの「親クラス」の名前です。クラスには親子関係があり、親クラスで書いたスクリプトを子クラスでそのまま使うことができます。MonoBehaviourクラスにはUnityでゲームを作るための基本的なスクリプトが書かれています。

3.3 PlayerControllerスクリプトを見ていこう

それでは、63ページで書いたPlayerControllerスクリプトを見てみましょう。このような構成になっています。

```
using System.Collections;
using System.Collections.Generic;
using UnityEngine;
                                                    ┌── クラス
public class PlayerController : MonoBehaviour
{
    Rigidbody2D rbody;              //Rigidbody2D 型の変数      ── 変数
    float axisH = 0.0f;            // 入力
```

```
// Start is called before the first frame update
void Start()
{
    //Rigidbody2D を取ってくる
    rbody = this.GetComponent<Rigidbody2D>();
}

// Update is called once per frame
void Update()
{
    // 水平方向の入力をチェックする
    axisH = Input.GetAxisRaw("Horizontal");
}

void FixedUpdate()
{
    // 速度を更新する
    rbody.velocity = new Vector2(axisH * 3.0f, rbody.velocity.y);
}
}
```

メソッド

それぞれが何を意味するのか順番に説明していきましょう。

まず、先頭3行は「usingのあとに書いてあるプログラムの機能を使えるようにする」という宣言です。

```
using System.Collections;
using System.Collections.Generic;
using UnityEngine;
```

これから書いていくプログラム以外にもすでにたくさんのプログラムが事前に用意されています。「using ○○○○」と、このスクリプトで使うということを最初に宣言しておくことで利用可能になります。この行をあとから書き換えることは、ほぼありません。

これ以降はクラスに関する記述です。順番に見ていきましょう。

クラスに関する記述を見よう

◆ 変数定義

まず書かれている**Rigidbody2D**というのは、ゲームオブジェクトを物理法則に従って動かすようにするコンポーネントでしたね。**Rigidbody2D**というのは**Rigidbody2D**クラスとして定義されています。そして、クラスも型として扱います。ここでは、

```
Rigidbody2D    rbody;
（ 型名 ）      （ 変数名 ）
```

というように、宣言されていることになります。コンポーネントのほぼすべてはクラスと
して作られていて、これと同じように型として使用することができます。同じように、float
型のaxisH変数はUpdateメソッドの中で入力されたキーの値を保存しておくための変数
です。

変数定義以降に書かれているものがメソッドです。PlayerControllerクラスには以下の
2つのメソッドが最初から書かれていましたね。この2つはUnityのスクリプトには必ずある
特殊なメソッドで、以下のような役割があります。

◆ Start メソッド

このクラスがシーンに読み込まれたときに1回だけ呼ばれるメソッドです。クラスのプロ
グラムを動かす前に、何か準備が必要なときはこのStartメソッドで行います。

Startメソッドでは、先ほど定義したrbody変数にRigidbody2Dの値を入れていま
す。これはプログラムの中でRigidbody2Dの持つ機能を使うために、あらかじめ変数に
Rigidbody2Dを入れて用意しておくためです。

ここでthis.という記述がありますが、これは自分自身、つまりPlayerControllerクラ
スを指します。「.」（ドット）のあとにはGetComponentメソッドが書かれています。これは「自
分が持っているGetComponentメソッドを呼んでいる」ことを表します。C#ではこのように、
何かの中にあるものを指し示すときには「.」を使います。しかし、自分（PlayerController
スクリプト）の中にはどこにも、GetComponentメソッドはありません。これは3行目に書か
れている、using UnityEngine;によって使えるようになっているのです。

なお、this.という記述は省略することができます。ここは説明のためにthis.を書きまし
たが、今後この本では必要ない限り、this.を省いた書き方をします。

Tips

ゲームオブジェクトのコンポーネントを取得する GetComponent メソッド

「=」（イコール）の右側にあるのはGetComponentメソッドの呼び出しです。GetComponent
メソッドは山カッコでくくって<型名>と指定することで、その型のコンポーネントを取っ
てきてくれるメソッドです。ここでは「Rigidbody 2Dコンポーネントを取ってこい」と
指示しているわけです。この結果、rbody変数にはRigidbody2Dコンポーネントが入ります。

```
GameObject obj = ( ゲームオブジェクト ).GetComponent< 型名 >();
```

　ここの(ゲームオブジェクト)はゲームオブジェクトであれば何でもかまいません。そのゲームオブジェクトにアタッチされているコンポーネントを何でも取ってくることができます。ここでは「this.」と書いているので「自分自身から」取ってきているわけですが、他のゲームオブジェクトを指定することもできます。

　GetComponentメソッドはかなり多用するメソッドです。ぜひ覚えておきましょう。

◆ Update メソッド

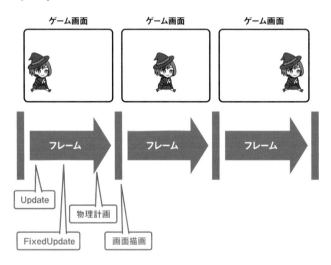

　ゲームは、定期的に画面を少しずつ書き換えることにより、画面の映像を動いているように見せています。これが**フレーム**です。

　Unityでは、1フレームに1回Updateメソッドが呼ばれます。画面更新やゲームの操作に必要なことがあれば、このUpdateメソッドで行うことで、それが反映されます。

Tips Updateメソッドは同じ間隔で呼ばれるわけではない

　1つ注意しておきたいのは、Updateメソッドは必ずしも同じ間隔で呼ばれるわけではない、ということです。ゲーム中の処理によっては間隔がずれる可能性があります。このあとに説明するFixedUpdateメソッドが一定間隔で呼ばれるメソッドです。

　今はとにかく、「1フレームに1回呼ばれるメソッドがあり、そこでゲームに必要なことを処理する」ということを覚えておいてください。

Updateメソッドに追加した1行では、キーボードの左右キーが押されたかどうかをチェックしています。Inputというのはいろいろな入力系を管理するクラスで、Inputクラスも「using UnityEngine;」によって使えるようになっています。

Inputクラスが持つGetAxisRawメソッドを使うと、入力がチェックできます。ここでは引数に文字列で"Horizontal"と指定しています。Horizontalは英語で「水平」という意味ですが、これが「左と右」という指定を表しています。

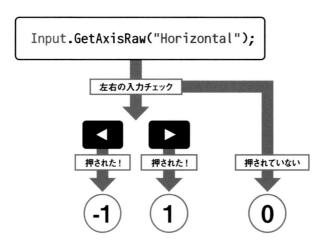

GetAxisRawメソッドは右キーが押されていれば、1.0fを、左キーが押されていれば-1.0fを返します。何も押されていなければ0.0fが返されます。

いろいろな装置からの入力をサポートするInputクラスとInput Manager

Unityではさまざまな機種向けのゲームが作れます。そして各ゲーム機にはいろいろな入力装置が付いています。パソコンならばマウスやキーボード、専用ゲーム機ならコントローラー、スマホならタッチパネルなどです。Inputクラスは、それらさまざまな入力装置からの入力をまとめて扱ってくれる便利なクラスです。

例えばここで使っているGetAxisRawメソッドですが、引数に"Horizontal"という文字列を指定することでキーボードの左右キーの他にも［A］キーを左、［D］キーを右というように対応させてくれます。

これらInputクラスのメソッドからの入力と対応キーはInput Managerというものが処理してくれています。[Edit] メニューから、[Project Settings…] を選択すると「Project Settings」ウィンドウが開きます。

　Project Settingsウィンドウの [Input Manager] タブを選択すると、入力設定のリストが表示されます。30個の設定が並んでいますね。一番上の [Horizontal] の左側にある三角ボタンをクリックして、開いてみてください。

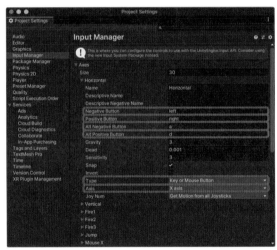

　[Negative Button] の欄に「left」、[Positive Button] の欄に「right」と書かれています。また [Alt Negative Button] には「a」、[Alt Positive Button] には「d」とあります。Positiveがプラスで右方向、Negativeがマイナスで左方向を表していて、つまり、パソコンの左右キーと [A] キー、[D] キーに対応するという意味です。

　[Type] に [Key or Mouse Button]、[Axis] に [X axis] とありますが、これは「キーボードとマウスからの入力をX軸の入力として受け付ける」という設定を行う項目です。

下のほうにもう1つ[Horizontal]という設定があります。開いてみると、[Type]に[Joystick Axis]、[Axis]に[X axis]とあります。

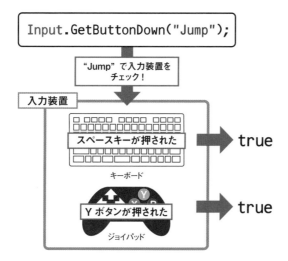

これはゲームコントローラーのアナログスティックをX軸の入力として受け付けるという設定です。つまり、"Horizontal"という名前を引数としてInputクラスのGetAxisRawを呼べば、パソコンのキーボードとゲームコントローラーに対応してくれるということです。

　その他にも［Fire1］（攻撃）、［Jump］（ジャンプ）などのようにゲーム中の抽象的な動作名で入力の設定が作られています。この入力はこのあとで説明する、GetButtonDownメソッドで受け取ることができます。

　この名前を使うことでスクリプトからは具体的なキーなどを意識せず操作の設定ができます。また、このInput Managerの設定を書き換えて対応キーを変更することも可能です。Inputクラスのメソッドについては別のTipsで説明していますので、そちらを参考にしてください。

参照 「Inputクラスのいろいろな入力メソッド」 109ページ

◆ FixedUpdate メソッド

　次に、新しく追加したFixedUpdateメソッドを解説しておきましょう。FixedUpdateメソッドは毎フレーム、必ず一定の間隔で（Unityの初期設定では0.02秒ごと、1秒間に50回）呼ばれるメソッドです。

　物理シミュレーションの処理はFixedUpdateメソッドのあとに行われます。これは物理挙動の計算は一定間隔で行わないと動きにズレが出るからです。ですから物理系の処理はFixedUpdateメソッドを追加して、そこに書くようにします。

　Rigidbody2Dクラス（body変数）の持つvelocity変数はそのゲームオブジェクトの現在の移動速度を表すVector2型の変数です。この変数に値を入れて、Rigidbody2Dコンポーネントに速度を操作する処理をしています。Vector2についてはこのあとの「座標とベクトル」を参照してください。xには3を掛け算（「*」は掛け算）しており、結果として

- 右:3.0f
- 左:-3,0f
- 押されてない:0.0f

となり、右の場合は右に「3」の速度で移動、左の場合は左に「3」の速度で移動、押されていない場合は速度「0」、つまり停止する、という結果になります。

> **Tips**
>
> ## UpdateメソッドとFixedUpdateメソッドの使い分け
>
> 　入力系の処理はUpdateメソッドで行い、物理を使った移動などの処理はFixedUpdateメソッドで行うようにしましょう。

座標とベクトル

Vector2は2次元座標（X軸とY軸）の値を決める型です。そしてこのVector2型は
Vector2メソッドを使って変数として作ることができます。なお、ここで出てきたnewと
いうキーワードはその右側にあるクラスなどの値を新しく作るためのものです。

Vector2メソッドは以下のような定義になっています。

```
Vector2 Vector2(float x, float y);
戻り値　メソッド名（引数1、引数2）
```

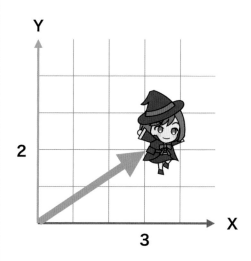

引数にfloat型でxとyの2つの値
を取り、戻り値としてVector2型の値
を返すメソッドになっています。こ
のVector2型は「ベクトル」という形
でX軸とY軸を表しています。

例として、Xが3、Yが2というベク
トルがあったとします。それをグラ
フにすると図のようになります。こ
のときの矢印の向きが物体が動く方
向です。この場合だと右斜め上に向
かっているということですね。

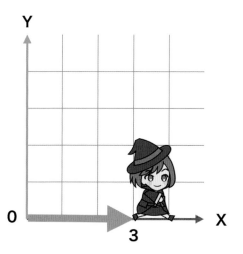

矢印の長さは速さを表します。Xと
Yの値が大きくなればなるほど矢印の
長さは伸びます。つまり「速度が上が
る」ということです。

Yの値が0になった場合、矢印は
まっすぐ右方向に伸びることになり
ます。つまり右真横に3の速度で進む
ということになります。また、Xがマ
イナスだと左方向に、Yがマイナスだ
と下方向に向かうというわけです。

先ほどの移動速度を作るスクリプトでは、X値は3が掛け算されており、Y値は「rbody.
velocity.y」と指定しているように、現在の速度をそのまま使っています。これはつまり
縦方向には物理シミュレーションによって、重力で下に引っ張られる力だけがかかるとい
うことになります。

Unity エディターからパラメーター変更をしよう

　それではスクリプトをもう少し書き換えてみましょう。以下のようにスクリプトを追記し
てみてください。変更箇所はハイライトしています。

```csharp
using System.Collections;
using System.Collections.Generic;
using UnityEngine;

public class PlayerController : MonoBehaviour
{
    Rigidbody2D rbody;              // Rigidbody2D 型の変数
    float axisH = 0.0f;            // 入力
    public float speed = 3.0f;     // 移動速度

    // Start is called before the first frame update
    void Start()
    {
        // Rigidbody2D を取ってくる
        rbody = this.GetComponent<Rigidbody2D>();
    }

    // Update is called once per frame
    void Update()
    {
        // 水平方向の入力をチェックする
        axisH = Input.GetAxisRaw("Horizontal");
        // 向きの調整
        if (axisH > 0.0f)
        {
            // 右移動
            Debug.Log(" 右移動 ");
            transform.localScale = new Vector2(1, 1);
        }
        else if (axisH < 0.0f)
        {
            // 左移動
            Debug.Log(" 左移動 ");
            transform.localScale = new Vector2(-1, 1); // 左右反転させる
```

```
        }
    }

    void FixedUpdate()
    {
        // 速度を更新する
        rbody.velocity = new Vector2(axisH * speed, rbody.velocity.y);
    }
}
```

移動速度の値3.0fをspeedという変数で定義し、変数の先頭にはpublicを付けています。publicキーワードを付けたものは全体に公開されるのでしたね。

ここでUnityに戻って、キャラクターのゲームオブジェクトを選択し、インスペクタービューの［Player Controller (Script)］を見てください。戻る前に、書いたスクリプトを保存するのを忘れないようにしましょう。

上の図のようにSpeedというテキストボックスが増えています。ここにはスクリプトで設定した数値が入っています。

この値を編集することでスクリプトを触らなくても速度が更新可能になります。つまり、publicを付けたクラスの変数はUnityエディターから変更可能になるのです。

キャラクターを反転させよう

Updateメソッドの中で、キャラクターを左方向に移動させた場合に、向きの反転を行うようにしました。入力されたキーが「左」であればキャラクターを左右反転させています。

入力が「左」だった場合（axisH変数は0.0より小さくなる）に、Transformコンポーネントのl localScaleのXを-1、Yを1に、右だった場合（axisH変数は0.0より大きくなる）にはXを1に、Yを1にしています。

localScaleは拡大縮小率を設定するパラメーターなのですが、マイナスの値にすることで表示を反転させられるというわけです。

if文で条件分岐をしよう

ここで出てくる、「if { … }」という書き方はif文という「プログラムの条件分岐」です。

if文は以下のように書きます。「条件」の値がtrue（はい／正しい）かfalse（いいえ／正しくない）で処理が分岐します。

```
if ( 条件 )
{
    条件が成立した場合
}
else
{
    条件が成立しなかった場合
}
```

if (条件) が成立した場合は、if (条件) { … } の波カッコの中の処理を、成立しなかった場合は、else { … } の中の処理を行います。

また、以下のように書くことで、いくつかの条件を連続してチェックすることができます。

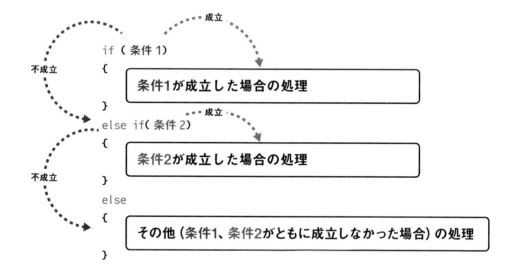

ここでは、axisH変数が0より大きいか小さいかで判断をしています。このaxisH変数と0.0fの間にある「>」は、「比較演算子」といいます。左右の値を判断して、true（はい）かfalse（いいえ）で判断をします。

比較演算子には他にも以下のようなものがあります。

- 値1 == 値2：値1と値2が同じであれば true（はい）
- 値1 != 値2：値1と値2が違えば true（はい）
- 値1 > 値2：値1が値2よりも大きければ true（はい）
- 値1 >= 値2：値1が値2よりも同じか大きければ true（はい）
- 値1 < 値2：値1が値2よりも小さければ true（はい）
- 値1 <= 値2：値1が値2よりも同じか小さければ true（はい）

ゲームを実行しよう

それでは、この状態でゲームを開始してみましょう。プレイヤーキャラクターを左に移動させると、キャラクターの向きも左を向くようになります。

Tips デバッグログを表示する

メソッド内にあるDebug.Logという記述ですが、これは引数の文字列をコンソールに表示するためのメソッドです。

```
Debug.Log(" 左移動 ");
```

プロジェクトビューの上に［Console］というタブがあります。表示をこちらに切り替えてみてください。Debug.Logから出力されたログが表示されています。

このログ表示をうまく使うことで、現在プログラムがどこまで進んで、どこが実行されているのかを知ることができます。

また、この `Debug.Log` には文字列だけでなく、変数も表示することができます。

```
int   a = 5;
Debug.Log(" 変数 a の中身 =" + a);
```

このログ表示の結果は図のようになります。

楽するプログラムは正義

「若いときの苦労は買ってでもせよ」などという「ことわざ」があります。しかしプログラムを作るうえでは、うまい具合に手を抜いて楽をするのがいいプログラマーだと思います。

この場合の「手を抜く」というのは「適当なプログラムを書いてもいいよ」ということではなく、「行数を少なく、短いプログラムを書いていきましょう」ということです。ながーいプログラムを書くよりも少ない行数で同じことができれば、楽ですよね。

プログラムを書いていると、ほとんど同じようなことをいくつもの箇所に書くことがよくあります。プログラム初心者のうちはコードをコピーして、同じプログラムコードをあちこちに量産しがちです。これは一見楽なように感じますが、プログラムが大きく長くなって、バグが発生した場合、間違った箇所を見つけるのに非常に苦労します。

同じようなプログラムがある場合は、その仕事をさせるクラスやメソッドを作って、それに仕事をまとめて任せてしまいます。そうしておけば、何かあってもその1カ所を見れば不具合を特定しやすくなるのです。

サイドビューゲームを
作ろう

第2部では第1部で作ったプロジェクトをもとにして、サイドビューゲームの作り方を解説します。第2部前半でサイドビューゲームに必要なシステムを作り、後半にゲームを楽しくする仕掛けを作っていきます。

Chapter 04

サイドビューゲームの
基本システムを作ろう

　ここからは、「プレイヤーを表示し、キーボード操作で移動させ、ゴールに到達する」というサイドビューゲームシステムを順を追って作っていきます。そのために、第1部で作ったプロジェクトを更新していきます。

　簡単に、ここから作っていくゲームの要素をまとめておきましょう。

- ルール：右端のゴールにたどり着くとゴール
- 敵と障害：穴に落ちるとゲームオーバー
- 干渉と変化：ジャンプで穴を飛び越える
- 報酬：穴を乗り越えてゴールにたどり着く

4.1 サイドビューゲームってどんなゲーム？

　サイドビューはゲームの世界を真横からのアングルで見たゲームシステムのことです。真横から見たアングルなので、移動は「右」と「左」の2方向になります。また縦方向は高さを表すため「ジャンプする」というアクションが可能ですね。移動が横だけなので判断がシンプルにでき、比較的アクションゲームに向いているシステムです。

　最初に、サイドビューゲームとしてこの章でどのようなものを作っていくのか確認しておきましょう。プレイヤーキャラを左右に動かし、画面左から右にあるゴールを目指すサイドビューの「ラン＆ジャンプ」ゲームです。またゴールすると、画面にゴールのUIを表示します。

使うゲームオブジェクトとスクリプトを考えてみよう

　サイドビューゲームを作るために、以下のような機能を持ったゲームオブジェクトとそれに関するスクリプトを書いていきます。

◆ プレイヤーキャラ

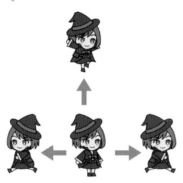

　プレイヤーが操作するゲームキャラクターです。左右への移動とジャンプができるようにします。そして移動中やジャンプなどのとき、キャラクターにアニメーションを付けてみましょう。

◆ 地面とブロック

　プレイヤーが乗ってその上を移動することができる地面とジャンプで飛び乗れる足場のブロックです。前章では地面を作成しましたが、ここではその他の形のブロックを作りましょう。

◆ ゴールとゲームオーバー

　ゲームステージの右端にゴールとなるゲームオブジェクトを設置して、そこに触れるとステージクリアとなる仕組みを作りましょう。さらに、地面下に落下することでゲームオーバーになる仕組みも作ります。これらができればゲームらしくなりますね。

◆ ステータス表示とリスタート

ゲームの開始、ゲームオーバー、ゲームクリアのときに画像を表示させましょう。またゲームオーバーになったときにゲームをリスタートさせて、最初からプレイできるようにしていきます。

4.2 まずはサンプルゲームを実行してみよう

プロジェクトを Unity Hub に追加しよう

以下のURLが、サイドビューゲーム「JEWELRY HUNTER」のサンプルプロジェクトです。ダウンロードして、圧縮ファイルを解凍しましょう。

- https://www.shoeisha.co.jp/book/download/4603/read

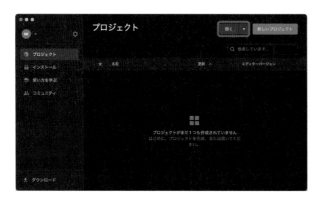

ダウンロードしたら、サンプルプロジェクトをUnityで開いてみましょう。すでにあるプロジェクトをUnityで開くには、Unity Hubのプロジェクトタブにある［開く］ボタンをクリックしてください。

プロジェクトフォルダー「JewelryHunter」を選択して、右下の［開く］ボタンをクリックします。これで、Unity Hubのプロジェクトリストに追加されます。

追加できたら、以降はこの
リストをクリックすることで
プロジェクトが開きます。リス
ト追加後にプロジェクトフォ
ルダーを移動してしまうと開
けなくなってしまいます。注
意しましょう。

サンプルゲームを確認しよう

　プロジェクトを開いたら、まず、この章で作る横スクロールゲームのサンプルを確認して
みましょう。Scenesフォルダーにある「Title」というシーンを開いて、ツールバーの実行ボ
タンでゲームを実行します。

　実行を開始すると、まずゲー
ムのタイトル画面が表示されま
す。

　ここで、[START] ボタンを
押すと、ゲームが開始されま
す。「JEWELRY HUNTER」は宝
石を集めてスコアを競うサイ
ドビューのジャンプアクション
ゲームです。
　ゲームを開始すると、「GAME
START」という画像が1秒間、
画面中央に表示されます。

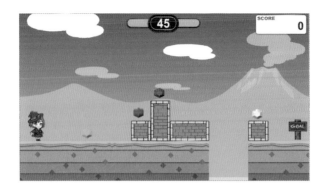

ゲーム中は、画面中央上に「カウントダウンタイマー」が、右上に「スコア表示」が表示されます。カウントダウンタイマーは60秒からカウントダウンしていきます。

ステージに配置された宝石を取ると、それがスコアになって右上の数字が増えていきます。

画面右端のゴールにたどり着くとステージクリアです。[NEXT]ボタンを押すことで次のステージに進めます。

画面外に落ちるか、カウントダウンタイマーが「0」になるとゲームオーバーになります。[RESTART] ボタンを押すと、ステージをもう一度最初からやり直せます。

いくつかゲームステージをクリアすると結果画面が表示され、トータルスコアが表示されてゲーム終了となります。

[タイトルに戻る] ボタンを押すと、最初のタイトル画面に戻ります。

　それでは、このサンプルと同じゲームシステムのサイドビューゲームを作っていきましょう。第1部の続きから進めていきます。ダウンロードしたサンプルプロジェクトを開いている場合は一度閉じて、第1部で途中まで作成したプロジェクトを開いてください。

完成データのダウンロード

　この章で作成するプロジェクトの完成データは、以下のアドレスからダウンロードできます。

- https://www.shoeisha.co.jp/book/download/4594/read

4.3 ゲームステージを作ろう

それでは、いよいよ実際にサイドビューのゲーム画面を作っていきます。

Chapter 3までの作業で、以下のような状態になっているはずです。もし、以下のようになっていなければChapter 2と3に戻って確認してみてください。

Chapter 3までを振り返ろう

◆ シーン

「Stage1」という名前でゲーム画面のシーンがAssets/Scenesフォルダーに保存されています。

◆ 背景

背景として「back」という画像がシーンの中央に配置されています。

◆ 地面

地面として「ground」という画像がシーンに配置されています。また、Sprite Renderer コンポーネントの [Order in Layer] が「2」に設定されています。Box Collider 2D コンポーネントがアタッチされていることも確認しておきましょう。

◆ プレイヤーキャラクター

キャラクター画像として「player_stop」がシーンに配置されています。Rigidbody 2D コンポーネントがアタッチされ、[Freeze Rotation Z] がチェックされていることを確認してください。

さらに、Sprite Renderer コンポーネントの [Order in Layer] が「3」に設定されていて、Capsule Collider 2D コンポーネントがアタッチされていることと、Player Controller (Script) がアタッチされていることも確認しておきましょう。

地面ブロックを作ろう

地面はできているので、次はジャンプで飛び乗れる「足場」の地面ブロックを作りましょう。

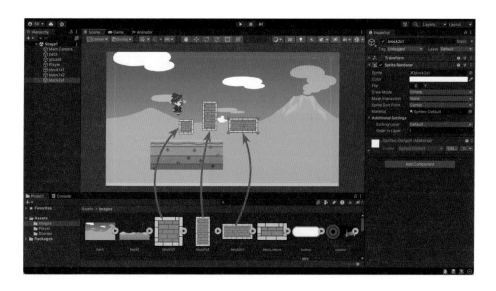

　地面ブロック用の画像は形が違う3種類を用意してあります。3種類をドラッグ＆ドロップで、シーンビューに配置してください。今のところはシーンビューのどこでもかまいません。

　作り方は地面とまったく一緒です。それぞれ次の設定とコンポーネントのアタッチを行ってください。

◆ **Sprite Renderer コンポーネント**

[Order in Layer] を「2」に設定します。

参照 **「表示の優先順位を知ろう」 32 ページ**

◆ **当たり**

Box Collider 2D コンポーネントをアタッチします。

参照 **「ゲームオブジェクトに当たりを付けよう」 52 ページ**

ゲームオブジェクトをグループ分けする仕組み（レイヤー）

Unityには、ゲームオブジェクトを区別するための仕組みがいくつかあります。ここでは地面とブロックをグループ分けして「プレイヤーが乗れる足場」として区別できるようにしましょう。

ところでなぜ区別が必要かというと、プレイヤーがジャンプするときに「地面の上にいるからジャンプできる」という条件を付けたいからです。

ここでは、区別を付けるために**レイヤー**（Layer）という「ゲームオブジェクトをグループ化して扱う」ための仕組みを使います。地面とブロックを「Ground」という名前でグループ化し、プレイヤーキャラクターがGroundレイヤーに接触しているときにだけジャンプができるようにしていきます。

まず、地面（またはブロック）を選択して、インスペクタービューの右上にある［Layers］というプルダウンメニューを見てみましょう。すると、すでに用意されているいくつかのLayerが見えます。これからここに「Ground」という新しいレイヤーを追加します。［Add Layer…］を選択してください。

94 第2部 サイドビューゲームを作ろう

するとインスペクタービューの表示が切り替わり、現在登録されているLayerのリストが表示されます。Layer 0からLayer 5まではすでにUnityにより使用されているので、Layer 6以降に「Ground」と入力してください。

もう一度ゲームオブジェクトを選択し、追加された［Ground］をプルダウンメニューから選択します。

ここまでできたら、地面とすべてのブロックを同じようにGroundレイヤーに設定しておいてください。

ゴールを配置しよう

次はゴールの配置です。ゴール用の画像をシーンビューにドラッグ＆ドロップして配置しましょう。

Sprite Renderer の［Order in Layer］を「2」、つまり地面と同じ優先順位にしておきます。
プレイヤーキャラクターは［Order in Layer］を「3」にしたので、地面とゴールは常にプレイヤーキャラクターの下（背面）に表示されることになります。

ゴールの判定を設定しよう

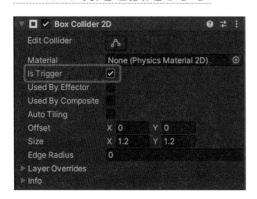

ゴールに接触したことを判定するために、Box Collider 2Dを付けて［Is Trigger］にチェックを付けておきましょう。

これまで、コライダーは「ゲームオブジェクトどうしを物理的に接触させる」ために付けていましたが、［Is Trigger］にチェックを付けることで物理的な当たりが発生しなくなり、すり抜けるようになります。しかし「当たった」というイベントはスクリプトで受け取ることができるため、これを使ってゴールの判定を行います。

実際のゴール判定処理はこのあと、スクリプトで作っていきます。

◆ ゲームオブジェクトを区別する仕組み（タグ）

　ゴールに接触したということを知るために、**タグ**（Tag）という機能を使います。先ほど使ったLayerは「ゲームオブジェクトをグループ化する」というものでしたが、タグは「ゲームオブジェクトに文字を付けて区別する」仕組みです。

　まずはシーンビューの「goal」を選択してインスペクタービューを見ると、［Tag］というプルダウンメニューがあります。プルダウンメニューを選択してみると、［Respawn］や［Finish］など、いくつかのタグがすでにあることがわかりますね。

　今回はこれらのタグは使わず、新しくタグを追加します。タグは、一番下の［Add Tag…］を選択することで自由に追加することができます。

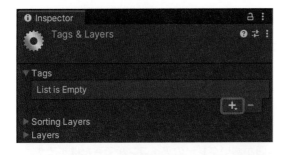

　インスペクタービューの表示が切り替わり、一番上に［Tags］というメニューが表示されています。その下にある［＋］ボタンをクリックすることでタグの追加ビューが開きます。

　追加したいタグ名を入力して、［Save］ボタンをクリックすれば保存されます。ここではゴール用のタグとして「Goal」を追加しました。

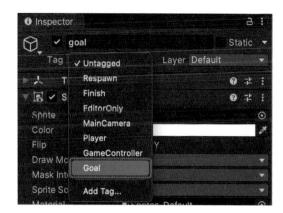

最後に、作ったGoalタグをゴール用のゲームオブジェクトに設定しましょう。

ゲームオブジェクトを再利用しよう

これで、地面となるゲームオブジェクトができました。

ここからはこの地面をたくさん作って並べ、ゲームの「地形」を作っていきます。しかし、1つ地面を作るたびに、いちいち「画像を配置して、コライダーを付けて……」としていてはとても手間がかかりますね。

Unityには、**プレハブ**（Prefab）という「ゲームオブジェクトを複製する」ための便利な仕組みがあるので、それを使うことにしましょう。

プレハブの作成

プレハブを作るのは簡単です。プレハブ化したいゲームオブジェクトをヒエラルキービューで選択して、プロジェクトビューにドラッグ＆ドロップするだけです。

すると、プロジェクトビューに、周囲が濃いグレーのアイコンができたはずです。これがプレハブです。同時にヒエラルキービューのゲームオブジェクトは青いアイコンに変化しましたね。プレハブから作られたゲームオブジェクトのアイコンは、ヒエラルキービュー上で青くなります。

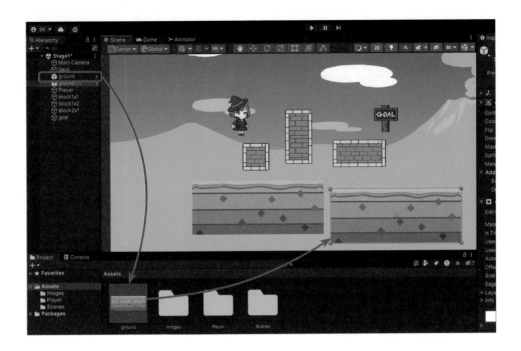

　ここまでできたら、地面とすべてのブロック、ゴールを同様にプレハブ化しておいてください。

　それでは、プロジェクトビューにできたプレハブアイコンをシーンビューにドラッグ＆ドロップして配置してみましょう。配置されたゲームオブジェクトのインスペクタービューを見ると、すでにBox Collider 2Dが付いた状態になっていますね。今後はプロジェクトビューにあるプレハブアイコンを配置することで、簡単に同じゲームオブジェクトが作れるというわけです。

◆ プレハブと「コピーしたゲームオブジェクト」の違い

　ところで、プレハブと「コピーしたゲームオブジェクト」は何が違うのでしょうか？

　例として、ブロックを数十個シーンに配置したあとで、画像や当たりの範囲、サイズなど、コンポーネントを変更したくなった場合を考えてみましょう。

　コピーしたゲームオブジェクトが10個あった場合は、10個それぞれを同じように変更しなければいけません。しかしこれがプレハブなら、プロジェクトビューにあるデータを1個変更するだけでシーンに配置されているゲームオブジェクトをすべて同じように変更することができます。

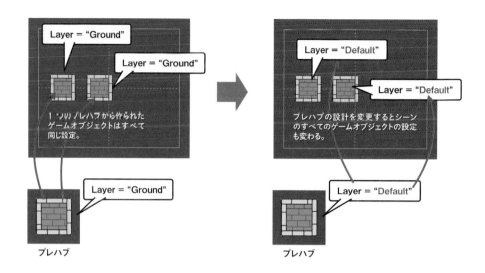

　ただし、シーン上に配置されたゲームオブジェクトのコンポーネントを変更した場合、元
のプレハブを変更してもそのコンポーネントの値は変わりません。つまり、プレハブの初期
値はすべての配置オブジェクトに反映されますが、個別に変更したものは変化しないので、
全変更したり、個別にカスタムが簡単にできるというわけです。

プレハブを編集しよう

　ヒエラルキービューからドラッグ＆ドロップして作ったプレハブを編集するには、プロジェ
クトビューのプレハブアイコンをダブルクリックしてください。またはヒエラルキービュー
で表示されているゲームオブジェクトの右端にある［＞］ボタンをクリックします。すると、
シーンビューがプレハブの編集画面に変わります。

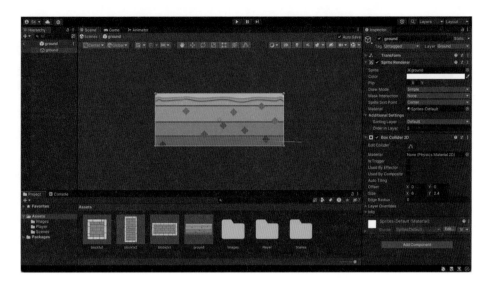

　インスペクタービューにはそのプレハブのコンポーネントが表示されており、自由に編集することができます。編集が終わったら、ヒエラルキービューの左上にある戻る（［＜］）ボタンをクリックすることで、元の画面に戻ります。

　プレハブを整理するために、Prefab フォルダーを作って、その中に作成したプレハブデータを入れておくようにしましょう。今後、作成したプレハブはこのフォルダーの中に入れるようにします。

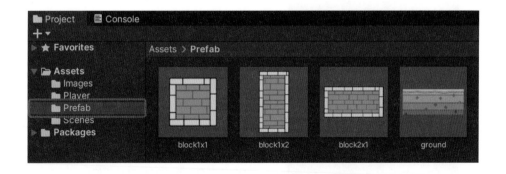

サイドビューゲームの基本システムを作ろう

プレハブを配置して地面を作ろう

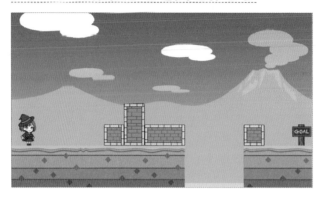

それでは、地面とブロックのプレハブを使って地面の配置を作ります。

次の図のように、ゲーム画面の左端から右端まで平らな地面を作りましょう。さらに真ん中あたりに1カ所、段差からの地面のない穴を作っておきましょう。この穴がプレイヤーへの障害になります。

それから、キャラクターは画面の左端に配置しておきましょう。

◆ ゲームオブジェクトをそろえて並べる

ところで、今回作った地面のように、「ゲームオブジェクトをきっちりそろえて並べたい」ときに便利な機能があるので紹介しておきましょう。

まず、ゲームオブジェクトを1つ左端下に置いてください。

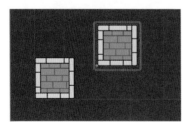

置けたら、その右側にもう1つゲームオブジェクトを置きましょう。位置は適当でかまいません。そして新しく置いたゲームオブジェクトを選択状態にして、マウスカーソルをそのブロックの上に持ってきます。

マウスボタンをクリックせずに、キーボードの［V］キーを押してみましょう。その状態でマウスカーソルを動かすと、カーソルの動きと合わせて、選択されているゲームオブジェクトの四隅と中央に青いポイントが1カ所だけ表示されます。

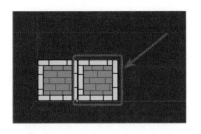

その状態でゲームオブジェクトをつかんで動かしてみてください。青いポイントが近くのゲームオブジェクトの角に吸い付くように移動しましたね。この方法でゲームオブジェクトを配置すれば、キレイに並べて配置することができます。

見えない当たりを作ろう

画面の両端からプレイヤーキャラクターが落ちないように、透明な壁、つまりコライダーを作っておきましょう。まずはコライダーをアタッチするための空のゲームオブジェクトを作ります。そして、ヒエラルキービュー左上の［＋］ボタンから［Create Empty］を選択します。

ゲームオブジェクトがシーンビューに追加されます。ここでは名前を「WallObject」としています。壁の当たりを設置するためのゲームオブジェクトなので、わかりやすければ名前は何でもかまいません。

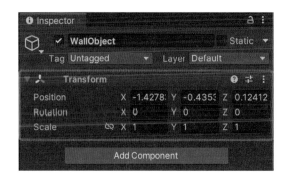

このゲームオブジェクトのインスペクタービューを見てください。位置や回転、スケールを設定するTransformコンポーネントだけがアタッチされた状態のゲームオブジェクトになっています。

　このように、「Transformだけがアタッチされた空のゲームオブジェクト」は今後いろいろな場面で利用します。作り方をぜひ覚えておきましょう。

　このゲームオブジェクトにBox Collider 2Dを2つアタッチしましょう。アタッチしたら、それぞれこのような形に調整してください。

ゲームを実行しよう

　ここまでできたら、ゲームを実行して動作を確認してみましょう。キャラクターは画面の両端の先に進めず、落ちなくなっているはずです。

ゲームオーバーの当たりを作ろう

　次は、ゲームオーバーにする仕組みを作っていきましょう。現在は穴に落ちたら復帰できずにゲームを進められなくなります。「Dead」というタグが付いたゲームオブジェクトを作り、それに接触したらゲームオーバーになるようにしていきます。

　先ほどと同じように、[Create] メニューから [Create Empty] を選択して空のゲームオブジェクトを作り、名前を「DeadObject」に変更しておきましょう。

　DeadObjectに Box Collider 2Dをアタッチし、このような形に調整します。

　ゴール同様にイベント当たりにするので、Box Collider 2D コンポーネントの [Is Trigger] にチェックを付けておいてください。

サイドビューゲームの基本システムを作ろう

◆ ゲームオーバー用のタグ設定

　それでは、「Dead」タグを追加しましょう。[＋] ボタンを押して「Dead」タグを追加し、DeadObjectにDeadタグを設定します。

参照 「ゲームオブジェクトを区別する仕組み（タグ）」　97ページ

　ここではひとまず判定までの仕組みを作りました。ゴール後、ゲームオーバー時のゲームの流れはこのあと作っていきます。

4.5　プレイヤーキャラクターを作ろう

　以上でゲームステージができました。次はプレイヤーキャラクターを作り込んでいきましょう。第1部までの作業で、パソコンの左右矢印キーで移動できる状態になっていますね。

「Player」タグを設定しよう

　まずは、プレイヤーキャラクターをシーン上で区別できるように「Player」タグを設定しておきましょう。「Player」タグは最初から用意されているので、ヒエラルキービューでPlayerゲームオブジェクトを選択して、「Player」タグを設定しておきましょう。

ジャンプできるようにしよう

　次にプレイヤーキャラクターがジャンプできるようにしていきましょう。ここでは、パソコンの［スペース］キーを押すことでジャンプできるようにします。

　それでは、プレイヤーキャラクターをジャンプさせるスクリプトをPlayerControllerに追記しましょう。以下がスクリプトの内容です。変更する箇所をハイライトしています。

```csharp
using System.Collections;
using System.Collections.Generic;
using UnityEngine;

public class PlayerController : MonoBehaviour
{
    Rigidbody2D rbody;              // Rigidbody2D 型の変数
    float axisH = 0.0f;            // 入力
    public float speed = 3.0f;     // 移動速度

    public float jump = 9.0f;      // ジャンプ力
    public LayerMask groundLayer;  // 着地できるレイヤー
    bool goJump = false;           // ジャンプ開始フラグ

    // Start is called before the first frame update
    void Start()
    {
        rbody = this.GetComponent<Rigidbody2D>();   // Rigidbody2D を取ってくる
    }

    // Update is called once per frame
    void Update()
    {
        axisH = Input.GetAxisRaw("Horizontal");      // 水平方向の入力をチェックする
        if (axisH > 0.0f)                            // 向きの調整
        {
            transform.localScale = new Vector2(1,1);    // 右移動

        }
        else if (axisH < 0.0f)
        {
            transform.localScale = new Vector2(-1, 1);   // 左右反転させる
        }

        // キャラクターをジャンプさせる
        if (Input.GetButtonDown("Jump"))
        {
            Jump();
        }
    }
}
```

```
void FixedUpdate()
{
    // 地上判定
    bool onGround = Physics2D.CircleCast(transform.position,   // 発射位置
                                         0.2f,                 // 円の半径
                                         Vector2.down,         // 発射方向
                                         0.0f,                 // 発射距離
                                         groundLayer);         // 検出するレイヤー
    if (onGround || axisH != 0)
    {
        // 地面の上 or 速度が 0 ではない
        // 速度を更新する
        rbody.velocity = new Vector2(speed * axisH, rbody.velocity.y);
    }
    if(onGround && goJump)
    {
        // 地面の上でジャンプキーが押された
        // ジャンプさせる
        Vector2 jumpPw = new Vector2(0, jump);          // ジャンプさせるベクトルを作る
        rbody.AddForce(jumpPw, ForceMode2D.Impulse);   // 瞬間的な力を加える
        goJump = false; // ジャンプフラグを下ろす
    }
}
// ジャンプ
public void Jump()
{
    goJump = true; // ジャンプフラグを立てる
}
}
```

それではこのスクリプトの中身を順番に見ていきましょう。

◆ 変数

まず、変数が3つ追加されています。float型のjump変数はジャンプ力を設定する変数です。あとでジャンプ処理を作るときに使います。なお、Unityエディターからこの変数を変更できるようにfloatの前にpublicを付けています。

groundLayerは先ほど地面用に追加したGroundレイヤーを設定しておくための変数です。レイヤーはLayerMaskという型で表されます。これもあとからUnityエディターで設定できるようにpublicを付けています。

参照 「ゲームオブジェクトをグループ分けする仕組み（レイヤー）」 94 ページ

goJumpはジャンプキー（［スペース］キー）が押されたことを保存しておくフラグです。

◆ Update メソッド

Updateメソッドにジャンプの条件を追記しています。ここでは「条件が成り立たない」こと（不成立）がありませんので、else ｛ … ｝は必要ありません。このようにelseは必要なければ省略できます。

それでは、if文の条件を見てみましょう。

```
// キャラクターをジャンプさせる
if (Input.GetButtonDown("Jump"))
```

ここにはInputクラスのGetButtonDownメソッドが入っています。Inputクラスは入力系を扱うクラスでしたね。GetButtonDownは指定したキーが押されたかどうかをbool型で返すメソッドです。

また、引数には文字列で"Jump"を渡しています。Unity標準ではキーボードのスペースキーがジャンプボタンに割り当てられており、ここでは「スペースキーが押されたら、Jumpメソッドを呼んで、その中でgoJump変数にtrueを入れる」という処理になっています。

参照 「いろいろな装置からの入力をサポートする Input クラスと Input Manager」
75 ページ

Inputクラスのいろいろな入力メソッド

Inputクラスにはこの他にもいろいろな入力を扱うメソッドがあります。それらをいくつか紹介しましょう。

● GetKeyDown ／ GetKey ／ GetKeyUp

```
bool down = Input.GetKeyDown(KeyCode.Space);
bool press = Input.GetKey(KeyCode.Space);
bool up = Input.GetKeyUp(KeyCode.Space);
```

GetKey系のメソッドは3つあります。それぞれKeyCode型の引数を取り、引数で指定したキーボードのキーが押されたとき／押されっぱなし／離されたときを検知します。今回は [スペース] キーが押されれば、trueが返されます。

● GetMouseButtonDown ／ GetMouseButton ／ GetMouseButtonUp

```
bool down = Input.GetMouseButtonDown(0);
bool press = Input.GetMouseButton(0);
```

サイドビューゲームの基本システムを作ろう

```
bool up = Input.GetMouseButtonUp(0);
```

GetMouseButton系のメソッドは3つあります。先ほどのGetKey系のメソッドと同様に、マウスのボタンが押されたとき／押されっぱなし／離されたときを検知します。引数には0／1／2の数値が入り、それぞれ左クリック／右クリック／中央（スクロールホイール）クリックを意味します。またGetMouseButton系のメソッドはスマートフォンのタッチパネルにも対応しています。

● GetButtonDown ／ GetButton ／ GetButtonUp

```
bool down = Input.GetButtonDown("Jump");
bool press = Input.GetButton("Jump");
bool up = Input.GetButtonUp("Jump");
```

GetButton系のメソッドは3つあります。このメソッドはいろいろな入力機器のボタンが押されたとき／押されっぱなし／離されたときを検知します。引数には文字列が入りますが、それはInput Managerで設定してあるものです。

具体的なボタンは、Input Managerで「"Jump"の場合はキーボード上で［スペース］キーとなる」というように指定します。そして"Jump"のように同じ名前の設定を複数作っておくことで、それら複数のボタンをゲーム中で「ジャンプのためのボタン」として割り当てられるようになります。

参照 「いろいろな装置からの入力をサポートする Input クラスと Input Manager」 75 ページ

● GetAxis ／ GetAxisRaw

```
float axisH = Input.GetAxis("Horizontal");
float axisV = Input.GetAxisRaw("Vertical");
```

GetAxis系メソッドは2つあります。このメソッドはいろいろな入力機器の仮想的な軸入力を取ってくれます。パソコンなら矢印キー、ゲームコントローラーならアナログスティックです。引数には文字列が入りますが、それはInput Managerで設定してあるものです。

GetAxisとGetAxisRawの違いは、戻り値に補完がかかるかどうかです。GetAxisRawメソッドは−1、0、1の3つの値だけが返りますが、GetAxisメソッドは−1〜0〜1の連続した値が返されます。これにより、ゲームコントローラーのアナログスティックで操作した場合、アナログスティックの傾きによって速度が変化するように操作できます。キーボードの場合は一定時間で徐々に値が変化します。

◆ Jump メソッド

Jumpメソッドは goJump フラグに true をセットするだけのメソッドです。また public を付けて外部からも呼べるようにしています。これは後ほどタッチスクリーンによる操作に対応させるためのものです。

◆ FixedUpdate メソッド

FixedUpdate メソッドでは、まず Physics2D コンポーネント（クラスでもあります）の CircleCast メソッドを使い、groundLayer 変数に設定したレイヤーに接触しているかを判断しています。

レイヤーとの接触を感知する CircleCast メソッド

CircleCast メソッドは、指定点から指定方向に「円」を発射して、その「円」がゲームオブジェクトに接触しているかを bool 型で返すメソッドです。

1番目の引数が始点、2番目の引数が円の半径、3番目の引数が発射する方向、4番目の引数が発射距離、5番目の引数が対象となるレイヤーの指定です。

ここでは、ゲームオブジェクト（プレイヤーキャラクター）の現在位置から半径0.2の円を真下に0飛ばす（結果的にはプレイヤーの足元に半径0.2の円が出現する）ことになっています。発射方向は Vector2.down という指定になっていますが Vector2.down というのは (x=0, y=-1 z=0) というベクトルです。これを方向と考えた場合「プレイヤーの位置から真下」ということになります。キャラクターのピボット（基準点）は足元にしてあるので、キャラクターの足元に半径0.2の円が出現することになります。この円が5番目の引数に指定したレイヤーが設定されたゲームオブジェクトに触れることで onGround が true になり、触れていなければ false になります。

また、そのあと if 文で速度を更新する条件を設定しています。これはどんな働きをしているのでしょうか。

ジャンプ中に左右キーを押すと空中で左右に移動させることができますが、空中にいるときに左右キーを離すとその位置から真下に落下してしまいます。というのも、左右移動のキー入力値が0になったために横向きの速度も0になってしまうのです。

これを防ぐために、入力による速度更新に「地面上にいる、または入力が0ではない」という条件を付けているというわけです。

速度更新に条件を付けない場合

キー入力(axisHが0ではない)があるので横向きの速度が更新される。

キー入力がない(axisHが0)場合、横向きの速度が0になるので真下に落下してしまう。

速度更新に条件を付ける場合

キー入力(axisHが0ではない)があるので横向きの速度が更新される。

キー入力がない(axisHが0)場合、横向きの速度が意図的に更新されず、物理シミュレーションに任せられるので、そのまま横向きに移動する。

　この条件付けにより、空中でキー入力がない場合、入力による速度の更新(未入力により0になる)は行われなくなり、真下に落下することはなくなります。

　if文では同時に複数の判断を行うことができます。「|」(縦棒)が2つ並んだ演算子は「この左右にある条件のどちらかがtrueなら、全体がtrueになる」という意味です。主な論理演算子には以下のようなものがあります。

- 　&&：&(アンド)を2つつなげます。条件すべてが true であれば、true になります
- 　||：|(縦棒)を2つつなげます。条件のいずれかが true であれば、true になります

　ここではジャンプさせる条件として、onGround と goJump という2つの変数をチェックして、両方がtrueならジャンプ処理を行っています。

　ジャンプさせるためには、Rigidbodyクラスの AddForce メソッドを呼んでいます。AddForceメソッドは Rigidbody 2Dがアタッチされているゲームオブジェクトに力を加えるためのメソッドです。力を加えられたゲームオブジェクトは物理法則に従って動くことになります。その際、力はベクトルで表されます。

　この場合は「上方向に9.0f(jump変数の値)の力を加える」、つまり真上にジャンプするということになります。さらに「どのような力を加えるのか」を、AddForceメソッドの2番目の引数で指定しています。ForceMode2D.Impulseというのは「瞬間的な力を加える」という指定です。

レイヤーを設定しよう

ここまでできたら、Unityエディターに戻ってパラメーターの設定をしましょう。groundLayer変数をpublicで定義したので、Player Controller(Script)で［Ground Layer］というプルダウンメニューが表示されています。ここから、［Ground］を選択してください。

ジャンプ動作を調整しよう（Physics Material 2D の追加）

これでプレイヤーキャラクターをジャンプさせることができるようになりました。しかし、このままでは1つ問題があります。ジャンプ中に左右キーを押した状態で壁やブロックに接触すると、プレイヤーが壁にくっついて落ちてこなくなるのです。

これはキャラクターとブロックの間に摩擦抵抗が発生しているために起こっています。つまり摩擦をゼロにすればくっつかなくなるというわけです。

そのためにはCapsule Collider 2Dコンポーネントにマテリアルを設定します。

プロジェクトビュー左上の［+］ボタンから、［2D］→［Physics Material 2D］を探して選択してください。これは物体の物理特性を調整するためのパラメーターです。

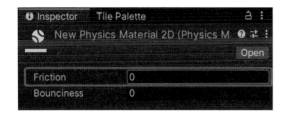

すると、プロジェクトビューにアイコンが追加されます。アイコンを選択して、インスペクタービューを見てください。[Friction] という項目があります、これは「0.0」～「1.0」の間で物体どうしの**摩擦係数**を表すものです。ここではこの値を0にしましょう。

▶ 摩擦係数
　物体の滑りにくさを0.0 ～ 1.0の小数で表す数値です。1.0では他の物体に接触したときにまったく滑らなくなり、0にすれば、他の物体に接触したときになめらかに滑るようにできます。

　[Friction]の値を「0」に設定したら、プレイヤーキャラクターを選択し、プロジェクトビューからCapsule Collider 2DのMaterialに、Physics Material 2Dをドラッグ＆ドロップすれば完了です。このマテリアルデータはPlayerフォルダーに保存しておきましょう。

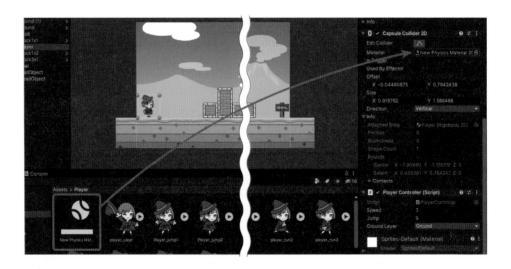

プレイヤーキャラクターのアニメーションを作ろう

次は、キャラクターにアニメーションを付けていきます。キャラクターは7枚の画像を順に切り替えて表示することで移動中にアニメーションするようにしましょう。

アニメーションはUnityの**メカニム**（Mecanim）という仕組みを使って作ります。まずはメカニムの仕組みを簡単に説明しておきましょう。

アニメーションをさせるためには、以下の4つのデータを作ってメカニムを使用します。

◆ スプライト（Sprite）

アニメーションさせるための画像データがスプライトです。Unityで画像を表示するSprite Rendererというコンポーネントがありましたね。Sprite Rendererコンポーネントはこのスプライトデータを使って画像を表示しているというわけです。

◆ アニメーションクリップ（Animation Clip）

アニメーションクリップは、複数のスプライトを使って画像を切り替えて、アニメーションさせるためのデータです。1アニメーションに対する再生時間や再生速度などの管理が行えます。

◆ アニメーターコントローラー（Animator Controller）

複数のアニメーションクリップを管理するデータです。ゲームキャラクターには立ち止まったり、走ったりジャンプしたり、いろいろなアニメーションを付けたいですよね。アニメーターコントローラーを使うと、それら個々のアニメーションをさせるアニメーションクリップをいつ、どこで切り替えるのかを管理できます。

◆ アニメーターコンポーネント（Animator Component）

アニメーターコンポーネントは、ゲームオブジェクトにアタッチしてアニメーションさせるコンポーネントです。アニメーターコンポーネントにアニメーターコントローラーを設定してアニメーションをさせるのです。データの名前が似ていて少しわかりにくいですね。アニメーションデータの関係を表したのが次の図になります。アニメーターコンポーネントが一番外側にある入れ子構造になっています。

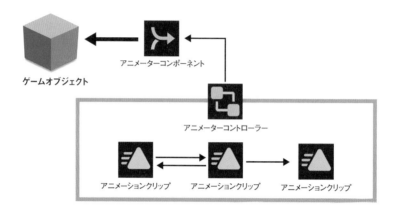

移動アニメーションを作ろう

それでは実際に、キャラクターの移動アニメーションを作ってみましょう。一番簡単なアニメーションの作り方は、「プロジェクトビューにある複数の画像アセットをシーンビューにドラッグ＆ドロップする」ことです。そうすればUnityが自動的に必要なアニメーションデータを作ってくれます。

まず、プロジェクトビューで移動の画像「player_run1」〜「player_run7」をすべて選択してシーンビューにドラッグ＆ドロップしてください。

このように複数の画像をシーンビューに配置すると、アニメーションクリップでファイルの名前と保存場所を指定するためのダイアログが開くので、ファイル名と場所を決めて保存しましょう。ここでは移動アニメーションを作るため「PlayerMove」というファイル名を付けてPlayerフォルダーに保存します。

Create New Animation

Create a new animation for the game object 'player_run1':

Save As: PlayerMove

Tags:

📁 Player

プロジェクトビューには2つの新しいアイコンができています。順に見ていきましょう。

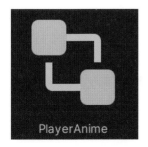

PlayerAnime

このアイコンはアニメーターコントローラーで、複数のアニメーションクリップを管理するデータです。アニメーターコントローラーの名前は画像ファイルの名前になっていますが、後々わかりやすいように「PlayerAnime」に変更しておきましょう。プロジェクトビューでアイコンを選択して、[Return] キーを押せば名前を編集することができます。

シーンビューに配置したプレイヤーキャラクターのゲームオブジェクトを選択して、インスペクタービューを見てください。Animatorというコンポーネントが付いていますね。このうち［Controller］という項目に入っているものがアニメーターコントローラーです。

このアイコンはアニメーションクリップで、複数のスプライトをまとめてアニメーションさせるデータです。先ほどPlayerMoveという名前で保存したデータがこれになります。

◆ Animation ウィンドウ

先ほど7枚の画像アセットをドラッグ＆ドロップして作ったゲームオブジェクトを選択して、［Window］メニューから［Animation］→［Animation］を選択してください。「Animation」（アニメーション）ウィンドウが開きます。

　「Animation」ウィンドウはAnimation Clipの内容を表示するウィンドウです。全体が見えにくい場合はウィンドウのサイズを調整するといいでしょう。

　また、「Animation」ウィンドウはタブ化してUnityウィンドウに組み込むこともできます。左上のタブをつかんで、シーンビューやプロジェクトビューなどにドラッグ＆ドロップしてみてください。個人的には、シーンビューのエリアにタブ化しておくと使いやすいです。

それでは、［Sprite］と書かれている箇所の左側にある、三角形のボタンをクリックしてください。右側のビューに登録されているスプライトが時間軸に沿って表示されます。時間の表示スケールはマウスのスクロールホイールを上下させたり、タッチパッドを上下させたりすることで変更できるので、ちょうどいい見え方に調整しましょう。

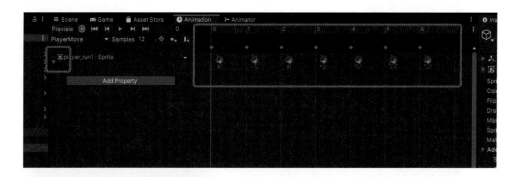

ここで、［Samples］という項目に注目してください。もし表示されていない場合は、ウィンドウ右上のボタンから［Show Sample Rate］を選択しましょう。

サイドビューゲームの基本システムを作ろう

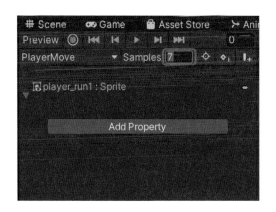

これは1秒間に何コマ表示するのかを決める値です。ここでは「12」になっています。これは「1秒間に12コマ表示する」という意味です。この走るアニメーションは7コマなので、1秒間に1.7回ループすることになります。少し速すぎるので、「Samples」の値を「7」に書き換えて、[Return]キーを押しましょう。7に変更されます。

　これで1秒間に7コマのアニメーションになり、1秒でちょうど1ループすることになります。ちょうどいいと思う速度になるよう調整してみてください。

　今回はアニメーションデータを作るためにゲームオブジェクトを作りました。シーンビューに配置されたゲームオブジェクトは必要ないので削除してください。

　最後に、プロジェクトビューに残されたアニメーターコントローラーをヒエラルキービューまたはシーンビューのPlayerにドラッグ＆ドロップしてアタッチしてください。これで元々配置されていたプレイヤーキャラクターのゲームオブジェクトに、このアニメーターコンポーネントがアタッチされます。

ジャンプアニメーションを作る

　続いて、ジャンプ中のアニメーションを作ってみましょう。移動アニメーションは複数の画像アセットをシーンにドラッグすることで自動的に作りましたが、今回は手動で作ってみましょう。

　プレイヤーキャラクターを選択して、「Animation」ウィンドウを開いてください。

参照 ▶ 「Animationウィンドウ」 118ページ

　すると、PlayerMoveの移動アニメーションが1つだけ設定されているはずです。左上のメニューから、[Create New Clip…]を選択してください。

　アニメーションクリップを保存するダイアログが表示されます。「PlayerJump」と名前を付けてPlayerフォルダーに保存しましょう。

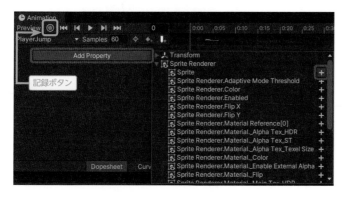

　プロジェクトビューに新しいアニメーションクリップが追加され、「Animation」ウィンドウが空の状態になります。[Add Property]ボタンをクリックすると追加メニューが開くので、そこから[Sprite Renderer]

→[Sprite]の右にある[＋]ボタンを押してください。これでスプライトを切り替えるコマアニメーションを作ることができるようになります。

現在、Sprite Rendererコンポーネントに使われている画像を使って1秒間のアニメーションが作られています。この画像をジャンプ用の画像に差し替えましょう。

　プロジェクトビューから「Player_jump1」を最初のフレームへ、「Player_jump2」を最後のフレームへドラッグ＆ドロップしましょう。これでアニメーションの画像が変更されます。

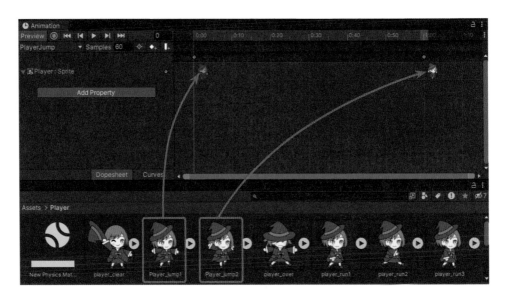

　ジャンプアニメーションは2コマで用意しているので、もう1コマ追加しましょう。「Player_jump2」を0.20秒の位置に追加します。これで0.2秒で2コマ目に切り替わるアニメーションができました。キーフレームはマウスでドラッグすることで移動させることもできます。好きなところにキーフレームを移動させてみてください。

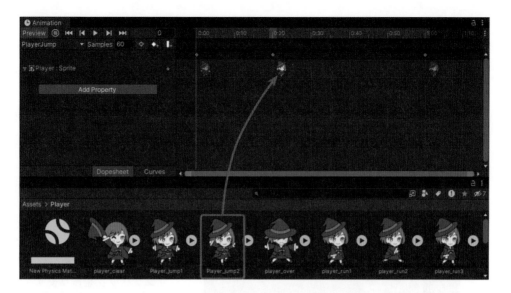

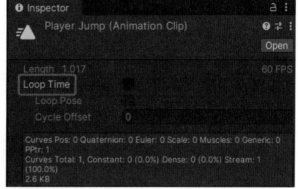

　プロジェクトビューでジャンプアニメーションのアニメーションクリップを選択してインスペクタービューを表示してください。

　インスペクタービューにジャンプアニメーションの設定が表示されたら、そこにある［Loop Time］のチェックボックスをオフにしてください。これはそのアニメーションをループで無限再生するかどうかの設定です。Loop Timeをオフにすることでジャンプアニメーションが再生された場合、次にアニメーションが切り替わるまで最後のフレームで停止します。

待機、ゴール、ゲームオーバーのアニメーションを作ろう

　さらに、「移動せずに停止している状態」である待機アニメーションと、ゴール時とゲームオーバー時にポーズを付けるアニメーションを作りましょう。これらはそれぞれ1コマだけのアニメーションとしてアニメーションクリップを作ります。

　まずは待機アニメーションクリップを作ります。キャラクターを選択して、「Animation」ウィンドウを開いてください。

参照▶「**Animation ウィンドウ**」 **118 ページ**

「Animation」ウィンドウ左上のプルダウンメニューから［Create New Clip…］を選択して新しいアニメーションクリップを作ります。名前は「PlayerStop」としておきましょう。

　それから［Add Property］ボタンをクリックして、Sprite Rendererから［Sprite］の右側にある［＋］ボタンをクリックしてスプライトアニメーションを作りましょう。

　プレイヤーキャラクターの画像は元々待機用の画像（player_stop）を使っています。そのため、ジャンプのように変更する必要はなく、これで完成です。

player_clear

ゴールのアニメーションクリップも待機と同じように作りましょう。使用する画像は「player_clear」です。アニメーションクリップの名前は「PlayerGoal」にしておきます。

プロジェクトビューから最初と最後のフレームへ「Player_clear」をドラッグ＆ドロップしましょう。これでアニメーションの画像が変更されます。

player_over

続いて、ゲームオーバーになったときのアニメーションも作りましょう。アニメーションクリップの作り方は「PlayerGoal」と同じです。アニメーションクリップの名前は「PlayerOver」としておきます。ゲームオーバーの画像は「player_over」を使ってください。

ゲームオーバーはスプライトアニメーションの他に、カラーの透明度をアニメーションさせてフェードアウトしていく演出を加えることにしましょう。

［Add Property］ボタンをクリックして、Sprite Rendererから［Color］の右側にある［＋］ボタンを押してカラーアニメーションを追加してください。これでアニメーションにカラーが

追加され、Sprite Renderer コンポーネントのカラーをアニメーションさせることができます。

　ここでは、カラーを以下の手順で設定してみてください。

① タイムをクリックして、最終のキーフレームを選択します
② ［Color.a］のテキストボックスを「0」に設定します

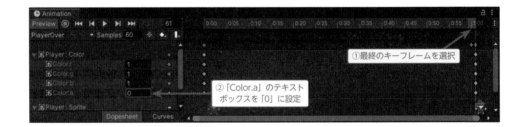

　［Color.a］は不透明度の設定です。ここを「0」に設定することで指定の時間（この場合なら1秒）かけてゲームオブジェクトが透明になっていきます。

プレイヤーのアニメーションを切り替えよう

　ここまでで、「移動」「ジャンプ」「待機」「ゴール」「ゲームオーバー」のアニメーションクリップができました。これらをアニメーターコントローラーで編集し、動作や操作に合わせて切り替えられるようにしましょう。

　アニメーターコントローラー（PlayerAnimeと名前を付けて保存したファイルです）をダブルクリックして開いてください。シーンビューの表示が切り替わり、アニメーターコントローラーが表示されます。

　今まで作ったアニメーションクリップが四角いアイコンとして表示されています。これがアニメーターコントローラーのデータをUI化したものです。

　「Entry」と「PlayerMove」が矢印でつながっていますね。そのうち「Entry」はアニメーションが始まったときの開始点です。この画面はつまり、「開始直後にPlayerMoveアニメーショ

ンクリップが再生される」ということを表しているわけです。

このように、アニメーターコントローラーはアニメーションクリップどうしを矢印でつなぐことでアニメーションの切り替えを行うことができるアニメーションエディターです。

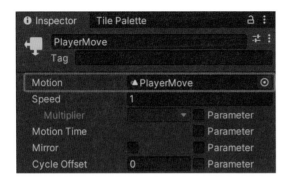

それでは、オレンジのアイコン（PlayerMove）を選択して、インスペクタービューを見てみましょう。[Motion] という箇所にアニメーションクリップが設定されています。これが再生されるアニメーションクリップです。

それでは、プレイヤーキャラクターのアニメーションを待機から開始されるようにしましょう。「PlayerStop」を選択してマウスを右クリックするとメニューが表示されるので、[Set as Layer Default State] を選択してください。

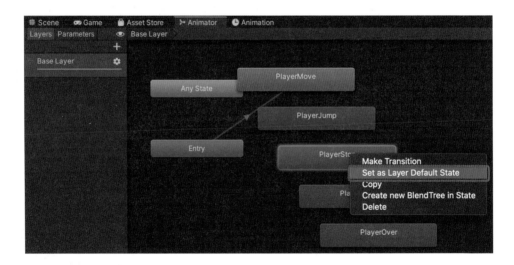

「Entry」からの矢印が「PlayerStop」に移動しオレンジ色に変わりました。これでプレイヤーキャラクターのアニメーションは「PlayerStop」（待機）から開始されるようになります。

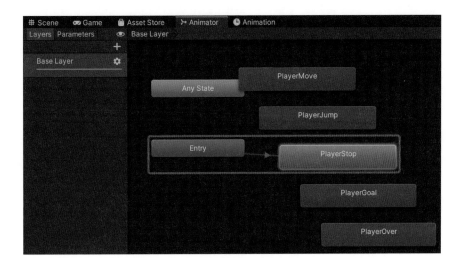

アニメーションを切り替えるためにスクリプトを変更しよう

　それでは、アニメーションを切り替えるためのスクリプトを書いていきます。PlayerControllerスクリプトを変更するのでPlayerControllerを開いてください。ハイライト部が、PlayerControllerの変更内容です。Updateメソッドに更新はありません。FixedUpdateメソッドの更新は先ほど書いたスクリプトのあとに追記してください。

```
using System.Collections;
using System.Collections.Generic;
using UnityEngine;

public class PlayerController : MonoBehaviour
{
    Rigidbody2D rbody;              // Rigidbody2D 型の変数
    float axisH = 0.0f;            // 入力
    public float speed = 3.0f;     // 移動速度

    public float jump = 9.0f;      // ジャンプ力
    public LayerMask groundLayer;  // 着地できるレイヤー
    bool goJump = false;           // ジャンプ開始フラグ

    // アニメーション対応
    Animator animator; // アニメーター
    public string stopAnime = "PlayerStop";
    public string moveAnime = "PlayerMove";
    public string jumpAnime = "PlayerJump";
    public string goalAnime = "PlayerGoal";
    public string deadAnime = "PlayerOver";
```

```csharp
    string nowAnime = "";
    string oldAnime = "";


// Start is called before the first frame update
    void Start()
    {
        rbody = this.GetComponent<Rigidbody2D>();      // Rigidbody2D を取ってくる
        animator = GetComponent<Animator>();           // Animator を取ってくる
        nowAnime = stopAnime;                          // 停止から開始する
        oldAnime = stopAnime;                          // 停止から開始する
    }


// Update is called once per frame
    void Update()
    {
        ～省略～
    }


    void FixedUpdate()
    {
        ～省略～

        // アニメーション更新
        if (onGround)
        {
            // 地面の上
            if (axisH == 0)
            {
                nowAnime = stopAnime;   // 停止中
            }
            else
            {
                nowAnime = moveAnime;   // 移動
            }
        }
        else
        {
            // 空中
            nowAnime = jumpAnime;
        }
        if (nowAnime != oldAnime)
        {
            oldAnime = nowAnime;
            animator.Play(nowAnime);    // アニメーション再生
        }
    }
    // ジャンプ
    void Jump()
    {
```

```
        goJump = true; // ジャンプフラグを立てる
    }


    // 接触開始
    void OnTriggerEnter2D(Collider2D collision)
    {
        if(collision.gameObject.tag == "Goal")
        {
            Goal();          // ゴール！！
        }
        else if (collision.gameObject.tag == "Dead")
        {
            GameOver();      // ゲームオーバー
        }
    }
    // ゴール
    public void Goal()
    {
        animator.Play(goalAnime);
    }
    // ゲームオーバー
    public  void GameOver()
    {
        animator.Play(deadAnime);
    }
}
```

◆ 変数

　まず、変数が8つ追加されています。animator変数は Animator コンポーネントを保持する変数です。それ以下のstring型の変数は、先ほど作ったアニメーションデータを切り替えるためのパラメーター名を定義したものです。作ったアニメーションクリップと同じ名前にしておいてください。いずれも、publicを付けておくことで、あとからUnityエディター上で変更ができるようにしています。

◆ FixedUpdate メソッド

　FixedUpdateメソッドでは、onGround（地上にいるフラグ）とaxisH（移動値）をif文でチェックして、地上と空中とでアニメーションを変更しています。
　その際、もし前のフレームとアニメーション名が違うなら、AnimatorコンポーネントのPlayメソッドでアニメーションを再生しています。Playメソッドは、引数としてアニメーションクリップ名を指定することで、そのアニメーションを再生してくれるメソッドです。

◆ Goal メソッド／ GameOver メソッド

ゴールとゲームオーバーのアニメーションを外部から更新できるように public を付けたメソッドにしてあります。Goal メソッドでは、ゴールのアニメーションに切り替えます。GameOver メソッドでは、ゲームオーバーのアニメーションに切り替えています。

ゲーム終了判定スクリプトを書こう

最後にゴール当たり（「Goal」タグの付いたゲームオブジェクト）とゲームオーバー当たり（「Dead」タグの付いたゲームオブジェクト）に接触したときに対応するように、PlayerController スクリプトを変更しましょう。ハイライト部が、PlayerController の変更内容です。更新は先ほど書いたスクリプトのあとに追記してください。

```
using System.Collections;
using System.Collections.Generic;
using UnityEngine;

public class PlayerController : MonoBehaviour
{
        ～ 省略 ～

    public static string gameState = "playing";    // ゲームの状態

    // Start is called before the first frame update
    void Start()
    {
        ～ 省略 ～

        gameState = "playing";   // ゲーム中にする
    }

    // Update is called once per frame
    void Update()
```

```
{
    if (gameState != "playing")
    {
        return;
    }

    ～  省略  ～

}

void FixedUpdate()
{
    if (gameState != "playing")
    {
        return;
    }

    ～  省略  ～
}
// ジャンプ
public void Jump()
{
    ～  省略  ～
}
// 接触開始
void OnTriggerEnter2D(Collider2D collision)
{
    ～  省略  ～
}
// ゴール
public void Goal()
{
    animator.Play(goalAnime);

    gameState = "gameclear";
    GameStop(); // ゲーム停止
}
// ゲームオーバー
public void GameOver()
{
    animator.Play(deadAnime);

    gameState = "gameover";
    GameStop(); // ゲーム停止
    // ====================
    // ゲームオーバー演出
    // ====================
    // プレイヤー当たりを消す
    GetComponent<CapsuleCollider2D>().enabled = false;
    // プレイヤーを上に少し跳ね上げる演出
```

```
            rbody.AddForce(new Vector2(0, 5), ForceMode2D.Impulse);
        }
        // ゲーム停止
        void GameStop()
        {
            // Rigidbody2D を取ってくる
            Rigidbody2D rbody = GetComponent<Rigidbody2D>();
            // 速度を 0 にして強制停止
            rbody.velocity = new Vector2(0, 0);
        }
    }
```

それでは、詳しく見ていきましょう。

◆ 変数

　gameStateはプレイヤーキャラクターの状態を表すstring型の変数です。gameStateの値が"playing"（ゲームプレイ中）でない場合に、「プレイヤーの操作」など一切の処理をできないようにします。この変数には、先頭にpublicとstaticを付けています。このうちpublicは外部から参照するために必要なキーワードでしたね。なおstaticについては、次ページのTipsで解説します。

　ゲームの状態は以下の4つの文字列で表すようにします。

- "playing"：ゲーム中。プレイヤーキャラクターを操作できる状態です
- "gameclear"：ゲームクリア。ゴールに接触した状態です
- "gameover"：ゲームオーバー。「Dead」タグのゲームオブジェクトに接触した状態です
- "gameend"：ゲーム終了。gameclear と gameover の次に来る状態として使います

終了するまで値が保持されるstatic変数

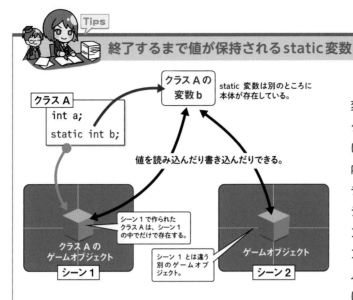

クラスAの
変数b

クラスA

int a;
static int b;

static 変数は別のところに
本体が存在している。

値を読み込んだり書き込んだりできる。

シーン1で作られた
クラスAは、シーン1
の中でだけで存在する。

クラスAの
ゲームオブジェクト

シーン1

シーン1とは違う
別のゲームオブ
ジェクト。

ゲームオブジェクト

シーン2

staticが付けられた
変数は「static変数（ス
タティック変数）」と呼
ばれます。通常のクラス
内にある変数はアタッ
チされたゲームオブ
ジェクトのコンポーネ
ントとして存在し、シー
ンが切り替わればゲー
ムオブジェクトと一緒
に消えてしまいますが、

static変数はクラスそのものに所属し、ゲーム全体を通して存在する変数となります。つ
まり、static変数に書き込まれた値はゲーム全体が終了されるまで消えないのです。

　gameState変数にはpublicを付けているので、外部からもアクセスできるようになっ
ています。このようなstatic変数に外部からアクセスするには、

PlayerController.gameState
（クラス名）.（変数名）

のように、クラス名と変数名をドットでつないで書きます。

◆ Start メソッド

　gameState変数は、Startメソッドで"playing"（ゲームプレイ中）で初期化しています。
gameState変数はstatic変数のため、ゲームの状況によって書き換わり、ゲームが終了す
るまでそのままになっているので、Startメソッドで初期化する必要があります。

◆ Update メソッド／ FixedUpdate メソッド

　ゲームクリア、ゲームオーバーになった場合、gameStateが"playing"以外になります。
ゲームが終了した場合、キャラクターを操作したり移動させたりする必要がなくなります（む
しろできないほうがいい）。

　そのため、UpdateメソッドとFixedUpdateメソッドの先頭でgameStateをチェックして、
"playing"でなければreturnで即座にメソッドを抜けて中断するようにしています。これで
キャラクターの操作移動ができなくなります。

サイドビューゲームの基本システムを作ろう

◆ Goal メソッド／ GameOver メソッド／ GameStop メソッド

　Goal メソッドと GameOver メソッドはゲーム終了時の処理をまとめたメソッドです。外部からも呼べるように public 指定にしています。共通処理として、GameStop メソッドを呼んで、移動速度を0にして停止させ、gameState を設定しています。

　ゲームオーバーの演出としては、キャラクターの速度を0にし、アタッチしている CapsuleCollider2D の enabled 変数（bool 型）を false にすることで当たり判定を無効にしています、つまり地面当たりをすり抜けるようにしているわけです。

　そして、RigidBody2D の AddForce メソッドを使い、上方向に5の力を加え少し跳ね上げています。これによりゲームオーバーになったプレイヤーキャラクターはポーズが切り替わり、少し上にジャンプしたあと、透明になりながら落下して消えていきます。

ゲームを実行しよう

　ここまでできたら、ゲームを実行してプレイヤーキャラクターを動かしてみましょう。

　待機ポーズで始まり、パソコンの左右キーで移動アニメーションしながら、左右に移動操作することができます。またスペースキーを押すとポーズがジャンプに切り替わりながらジャンプします。着地後、入力をなくすと待機ポーズに戻ります。

　画面右端に配置したゴールに接触すると操作できなくなり、キャラクターはゴールのポーズになります。

真ん中の穴に落ちると、操作でき
なくなり、キャラクターはゲームオー
バーのポーズになります。そのあと
は落下しながら消えていきます。

　ここまでで、プレイヤーキャラクターは完成です。ヒエラルキービューのPlayerをプロジェ
クトビューのPlayerフォルダーにドラッグ＆ドロップしてプレハブ化しておきましょう。

　これで他のゲームステージを追加した場合でも、このプレハブを配置することで同じプレ
イヤーキャラクターのゲームオブジェクトを作ることができるようになります。

サイドビューゲームの基本システムを作ろう

Chapter 05

ボタンや情報表示を作ろう

5.1 ゲームのUI（ユーザーインターフェイス）を作ろう

　ここまではゲームの背景やキャラクターなどを作ってきましたが、ゲームに必要なものはそれだけではありません。画面を進めたり、メニューを開いたりするボタン、ステータスを表示するアイコンやテキストなど、**ユーザーインターフェイス**（UI）といわれるパーツが必要です。ここではそれらを作っていきましょう。

　Unityには画像を使って操作する、**GUI**（グラフィカルユーザーインターフェイス）を作る仕組みがあります。イメージとしては、ゲーム画面の上に1枚フィルターをかぶせて、その上にボタンやアイコン、テキストなど、プレイヤーが操作するものを配置していくような感じです。

画像 UI を追加しよう

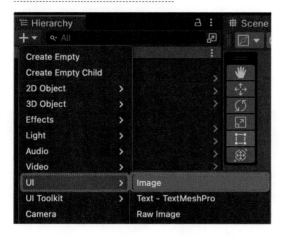

まずは、ゲームの状態を表示するための画像のUIをシーンに追加します。

ヒエラルキービューの左上から、[UI] → [Image] を選択してください。すると、Canvasというゲームオブジェクトがヒエラルキービューに追加されます。

もし消してしまっていたら、[UI] → [Event System] からヒエラルキービューに追加します。

ヒエラルキービューを見ると、Canvasとその下にImageというゲームオブジェクトがあります。これがUIパーツを乗せる土台（Canvas）と、画像を表示するためのゲームオブジェクト（Image）です。GUIは必ずCanvasの子として配置されます。

同時にEventSystemというゲームオブジェクトが一緒に追加されます。これはGUIを使用するために必要なものなので、間違って消さないようにしてください。もし消してしまったら、[UI] → [Event System] からヒエラルキービューに追加します。

Canvas の表示設定

　それでは、ヒエラルキービューの「Canvas」をダブルクリックしてみましょう。するとシーンビューでCanvasの全体範囲が見えます。配置したばかりのCanvasはゲーム画面よりはるかに大きなサイズになっています。下に白く見えているのがCanvasに配置されたImageです。これをゲーム画面に合うように調整しましょう。

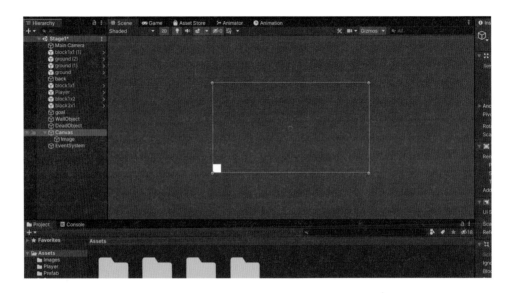

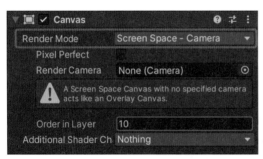

　ヒエラルキービューのCanvasを選択して、インスペクタービュー上にあるCanvasコンポーネントの［Render Mode］の設定を［Screen Space - Camera］にしましょう。

　すると表示が次図のように変わります。これは「Render Cameraに設定されたカメラの範囲に、Canvasの表示を収める」というモードです。
　ここでいう「カメラ」とは、ヒエラルキービューリストの1番上にあるMain Cameraというゲームオブジェクトです。このMain Cameraは、ゲーム画面を常に映しているカメラです。
　Render Modeの設定を［Screen Space - Camera］に設定すると、［Order in Layer］が設定できるようになります。ここでは「10」と設定しています。UIを必ず一番上に表示するためにできるだけ大きな数字にしておいてください。

　ヒエラルキービューで「Canvas」を選択した状態で、Main Cameraをつかんで、インスペクタービューのRender Cameraのテキストフィールドにドラッグ&ドロップしましょう。

　するとCanvasのサイズがカメラの枠内に収まります。ヒエラルキービューの「Canvas」をダブルクリックすれば現在のCanvasにサイズを合わせられます。そこまでできたら、Canvasの下にあるImageをゲーム画面の中央付近に移動させておきましょう。

 Tips

Canvas の Render Mode

　Unityで作る2Dゲームは「3D空間に平面の絵が置かれ、それをカメラが映している」という状態です。Canvasの［Render Mode］とは、その3D空間に置かれた平面のCanvasをカメラがどのように映すかを設定するためのものです。この本の例では画面の中にGUIを収めて見やすくするため［Screen Space - Camera］を使っていますが、ここでは他のモードも説明しておきましょう。

● Scene Space - Overlay

　このモードでは、Canvasがゲーム画面の全面に配置され、常に一番手前に表示されます。つまりカメラとは無関係にUIが表示されることになります。常に一番手前に表示されるので、基本的に他のゲームオブジェクトと順序の調整などをすることはできません。Canvasの標準はこのOverlayモードであり、最も手軽に使えるモードです。

● Scene Space - Camera

　Canvasの表示を指定カメラの範囲に収めるモードです。Canvasに配置されたUIは常にカメラについて回るようになります。

　Order in Layerで表示優先を調整することもできますし、Place DistanceでカメラとCancasとの距離を調整することもできます。Place Distanceをマイナス値にすれば、Canvasはカメラの後ろに回り、Order in Layerの数字をいくら大きくしても画面に映らなくなります。このモードはUIとその他のゲームオブジェクトとの見え方や表示順番の調整をしやすいモードといえるでしょう。

● World Space

　Canvasはゲームの3D空間上の一点に固定されて置かれます。簡単にいえば画像アセットで作ったGameObjectと同じようにカメラに映るわけです。3つの中で最も自由度が高いモードといえます。

　しかしそのため、操作するUIとして使うには一番難しいモードかもしれません。

　それでは、Imageを選択して、インスペクタービューを見てみましょう。Image（Script）というコンポーネントがありますね。[Source Image] というのが画像を表示するためのパラメーターです。ここにプロジェクトビューの「GameStart」画像アセットをドラッグ＆ドロップしてください。

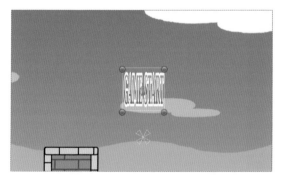

このようにImageコンポーネント
の［Source Image］の画像を入れ替
えれば、表示が変わります。

ただ、画像は正しく設定されたの
ですが、画像のサイズが正しくあり
ませんね。そこでImageコンポーネ
ントの右下にある［Set Native Size］
ボタンをクリックして、画像のオリ
ジナルサイズを適用しましょう。ま
た、［Preserve Aspect］にチェック
を入れることで画像の縦横が固定さ
れ、形を変えても画像がゆがむこと
がなくなります。

あとは好みに応じて、サイズを調整しておきましょう。

ボタンUIを追加しよう

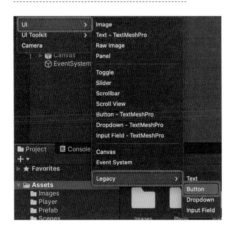

次は、ゲームオーバー後にゲームを再開する［RESTART］ボタンを追加しましょう。ボタンもUIオブジェクトの1つなので、Canvasの中に配置します。ヒエラルキービュー中の［Canvas］を選択して、［UI］→［Legacy］→［Button］をクリックしてください。

するとCanvasの下にButtonというゲームオブジェクトが追加されます。名前を「RestartButton」に変更しておきましょう。

Buttonオブジェクトのインスペクタービューには、Imageオブジェクトと同じく、Image(Script)というコンポーネントがあります。［Source Image］にボタン用の「button」画像アセットをドラッグ＆ドロップで設定してから、［Set Native Size］ボタンをクリックしてボタンを画像のオリジナルサイズに設定し、シーンビュー上のボタンを移動させて位置を調整しておきましょう。

ボタンの中には、Textという別のゲームオブ
ジェクトがあります。これはボタンに文字を表
示するためのものです。ゲームオブジェクトは
このように自分の中に別のゲームオブジェクト
を持ち、「親子関係」になることができます。こ
の例ではRestartButtonがTextの親になって
いますが、このように親子構造を持ったゲームオブジェクトは、位置やスケールなどの属性
を共有することになります。

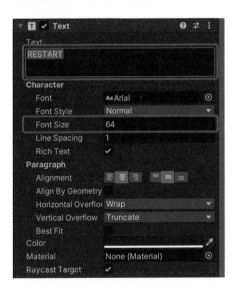

それでは「Text」を選択し、インスペクター
ビューを見てみましょう。まず［Text］という
項目の内容を「RESTART」に書き換えます。
それから［Font Size］を適当な大きさに書き
換えてください。ここでは「64」としています。
ここまでできたら、同じ手順で［NEXT］ボ
タンを設置しましょう。名前は「NextButton」
としておきます。このボタンはステージをクリ
アした場合に次のステージへ進むためのボタ
ンです。

簡単に作りたいなら、［RESTART］ボタンをコピー＆ペーストして、位置と文字を変更してもいいでしょう。

パネルを使って複数の UI をまとめよう

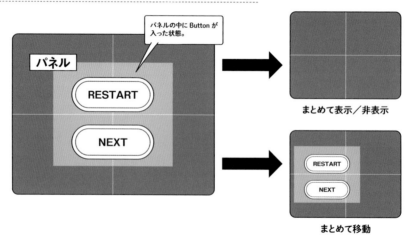

パネルの中に Button が入った状態。

パネル

RESTART

NEXT

まとめて表示／非表示

まとめて移動

　UnityのGUIにはパネルというものがあります。これは複数のUIパーツを入れ子にしてひとまとめにすることができるUIです。ひとまとめにすることで一度の操作で同時に位置を変えたり、表示／非表示したりすることができます。

それでは、先ほど作った[RESTART]ボタンと[NEXT]ボタンを1つのパネルにまとめてみましょう。[＋]→[UI]→[Panel]を選択してください。

すると、Canvasの子として「Panel」という半透明のゲームオブジェクトが追加されます。これがパネルです。サイズを調整し、RestartButtonとNextButtonをドラッグ＆ドロップしてPanelの子にしておきましょう。

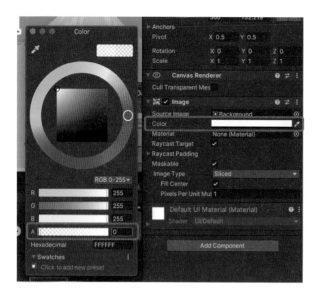

パネルの色はImage の[Color]から変更できます。ここでは「A」を「0」にして透明にしておきましょう。ひとまずGUIの設置はこれで完了です。

ゲームとUIを管理するスクリプト（GameManager）を作ろう

これから作るGameManagerクラスはゲーム全体を見渡して、監視・監督し、全体を取りまとめて、GUIの管理や書き換えも行うクラスです。プロジェクトビュー左上の[＋]→[C# Script]から新しくスクリプトファイルを作りましょう。

名前は「GameManager」としておきます。スクリプトの名前を「GameManager」にすると、いつものC#アイコンではなく、歯車アイコンになります。

Assetsフォルダーの下にScriptsフォルダーを作って、その中にGameManagerスクリプトを保存しておきましょう。それからGameManagerスクリプトをヒエラルキービューのCanvasにドラッグ＆ドロップします。これでCanvasにGameManagerクラスのスクリプトがアタッチされます。

次は、GameManagerスクリプトを編集しましょう。プロジェクトビューのGameManagerアイコンをダブルクリックしてファイルを開いてください。

以下がGameManagerスクリプトです。変更部分はハイライトしています。

```
using System.Collections;
using System.Collections.Generic;
using UnityEngine;
using UnityEngine.UI;    // UI を使うのに必要

public class GameManager : MonoBehaviour
{
    public GameObject mainImage;     // 画像を持つ GameObject
    public Sprite gameOverSpr;       // GAME OVER 画像
    public Sprite gameClearSpr;      // GAME CLEAR 画像
    public GameObject panel;         // パネル
    public GameObject restartButton;// RESTART ボタン
    public GameObject nextButton;    // ネクストボタン

    Image titleImage;                // 画像を表示している Image コンポーネント

    // Start is called before the first frame update
```

```csharp
    void Start()
    {
        // 画像を非表示にする
        Invoke("InactiveImage", 1.0f);
        // ボタン（パネル）を非表示にする
        panel.SetActive(false);
    }

    // Update is called once per frame
    void Update()
    {
        if (PlayerController.gameState == "gameclear")
        {
            // ゲームクリア
            mainImage.SetActive(true);          // 画像を表示する
            panel.SetActive(true);              // ボタン（パネル）を表示する
            // RESTART ボタンを無効化する
            Button bt = restartButton.GetComponent<Button>();
            bt.interactable = false;
            mainImage.GetComponent<Image>().sprite = gameClearSpr;   // 画像を設定する
            PlayerController.gameState = "gameend";
        }
        else if (PlayerController.gameState == "gameover")
        {
            // ゲームオーバー
            mainImage.SetActive(true);          // 画像を表示する
            panel.SetActive(true);              // ボタン（パネル）を表示する
            // NEXT ボタンを無効化する
            Button bt = nextButton.GetComponent<Button>();
            bt.interactable = false;
            mainImage.GetComponent<Image>().sprite = gameOverSpr;    // 画像を設定する
            PlayerController.gameState = "gameend";
        }
        else if (PlayerController.gameState == "playing")
        {
            // ゲーム中
        }
    }
    // 画像を非表示にする
    void InactiveImage()
    {
        mainImage.SetActive(false);
    }
}
```

それでは順番に見ていきましょう。まず、4行目の

```csharp
using UnityEngine.UI;    // UI を使うのに必要
```

です。UnityでGUIを扱うためにはこのように**UnityEngine.UI**を付け加える必要があります。今後、GUIを扱うスクリプトを書くときはこの記述を忘れないようにしてください。

◆ 変数

　クラスの冒頭には7つの変数を定義しています。**public**を付けた変数はこのあと、Unityでゲームオブジェクトや画像を設定するための変数です。

◆ Start メソッド

　Startメソッドでは、まず画像と［RESTART］ボタン、［NEXT］ボタンを非表示にしています。［RESTART］ボタンと［NEXT］ボタンはパネルの子になっており、パネルだけを非表示にすれば2つとも消えてくれます。

　Invokeメソッドは、引数で指定した名前のメソッド（自分が持つメソッドに限ります）を指定した時間遅らせて呼んでくれるメソッドです。最初に「GAME START」の画像を表示しているので、「それを1秒間見せてから非表示にする」という演出をしています。

◆ Update メソッド

　Updateメソッドでは、プレイヤーキャラクターの状態を監視しています。

　PlayerController.gameStateを参照して、ゲームクリア、ゲームオーバーの判断を行い、Startメソッドで非表示にしたImageオブジェクトを表示し、スプライト（画像）を設定しています。

　Imageオブジェクトが持つ**sprite**変数を書き換えることで、画像が更新されます。それと同時に［RESTART］ボタン、または［NEXT］ボタンの入っているPanelを**SetActive**メソッドで表示するようにしています。

　ゲームオーバーのときには、［NEXT］ボタンから**GetComponent**メソッドでButtonコンポーネントを取得して、ボタンが持つ**interactable**変数に**false**を設定することで半透明の非アクティブ（押せない状態）にしています。ちなみに**true**を設定することで通常の押せるボタンに戻すことができます。

　最後に、**PlayerController.gameState**に"**gameend**"を設定して次のフレームでここの処理が2回動かないようにしておきます。

◆ InactiveImage メソッド

　実際に非表示にしているのはInvokeメソッドから呼び出されているInactiveImageメソッドです。Invokeメソッドで呼び出すメソッドは、戻り値が**void**、引数は「なし」でなければいけません。

　InactiveImageメソッドの中では**SetActive**メソッドを呼んでいます。ゲームオブジェク

トは SetActive メソッドの引数を true にすることで表示、false にすることで非表示にできます。

それでは、GameManager の public 変数に画像と Image オブジェクト、リセットボタンを設定しましょう。ヒエラルキービューで Canvas を選択して、インスペクタービューの［Game Manager（Script）］に各オブジェクトをドラッグ＆ドロップします。

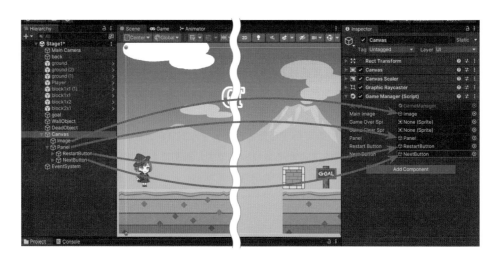

5.2 ゲームをリスタートできるようにしよう

　ここまででゲームがだいぶできてきましたが、まだステージクリアやゲームオーバーした場合、そこでゲームが止まってしまいますね。

　そこでゲームが終了した場合、もう一度最初からリスタートできる、または次のステージに進むことができるようにしましょう。ステージクリア、ゲームオーバー時に表示している［RESTART］ボタン、［NEXT］ボタンが使えるようにします。ボタンは非常によく使うUIなので、ここで使い方をしっかりと覚えておきましょう。

シーン読み込みのスクリプト（ChangeScene）を作ろう

　シーンを読み込むためのスクリプトを新しく作ります。プロジェクトビュー左上の［＋］→[C# Script]を選択して新しいスクリプトファイルをScriptsフォルダーに作ってください。名前は「ChangeScene」としておきます。

　ファイルができたらダブルクリックで開きましょう。ChangeSceneクラスを以下のように変更してください。クラス内部の追記部分をハイライト表示しています。

```
using System.Collections;
using System.Collections.Generic;
using UnityEngine;
using UnityEngine.SceneManagement;        // シーンの切り替えに必要

public class ChangeScene : MonoBehaviour
{

    public string sceneName; // 読み込むシーン名

    // Start is called before the first frame update
    void Start()
    {

    }

    // Update is called once per frame
    void Update()
    {

    }
```

ボタンや情報表示を作ろう

```
    // シーンを読み込む
    public void Load()
    {
        SceneManager.LoadScene(sceneName);
    }
}
```

　このChangeSceneクラスはシーンの読み込みを行うクラスです。シーンの読み込みを行うためには、「using UnityEngine.SceneManagement;」が必要になります。

変数

　public指定で変数が1つ追加されています。sceneName変数は読み込むシーン名を設定しておくstring型の変数です。あとでUnityのインスペクタービューから設定します。

Load メソッド

　Loadメソッドはシーンを読み込むためのメソッドで、外部から呼び出せるようにpublicを付けています。このメソッドの内部ではSceneManagerクラスのLoadSceneメソッドを呼んでいます。SceneManager.LoadSceneメソッドは引数で指定された名前のシーンを読み込みます。このクラスとメソッドを使うために、「using UnityEngine.SceneManagement;」の1行が必要なのです。

ボタンが押されたときのイベントを設定しよう

　それでは、Unityからボタンの設定を行いましょう。ボタンは何かのゲームオブジェクトにアタッチされたスクリプトのメソッドを呼び出して実行する機能を持っています。

まず、RestartButton と NextButton のそれぞれに ChangeScene スクリプトをアタッチしてください。

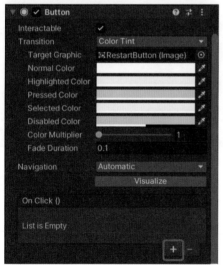

まず、シーンビューの RestartButton を選択し、それからインスペクタービューの Button（Script）コンポーネントを見てください。下に、[On Click()] という設定パネルがありますね。

ここにはこのボタンが押されたときに反応するゲームオブジェクトと、それにアタッチされたスクリプトを呼び出すメソッドが表示されます。まだ何もないので、「List is Empty」（リストは空）と表示されています。その下にある [+] ボタンをクリックしてください。

すると、ゲームオブジェクトを追加するパネルが1つ追加されました。[None（Object）] と表示されているところが、ゲームオブジェクトを設定する箇所です。

ここで呼び出したいのは、ChangeSceneクラスのLoadメソッドです。これを使うためには まず、ChangeSceneスクリプトをコンポーネントとして持つゲームオブジェクトが必要で す。ゲームオブジェクトであれば何でもかまいません。ここはボタン自身にその役割を担っ てもらいます。そのために先ほどボタンにChangeSceneスクリプトをアタッチしたのです。

それではRestartButtonを選択し、インスペクタービューで先ほど［＋］ボタンで追加し た［None（Object）］となっているところにドラッグ＆ドロップしましょう。

右上の「No Function」というプルダウンメニューから先ほど設定したスクリプト（今回の 場合だとChangeSceneですね）を探し、その中にある［Load()］を選択してください。

これで、このボタンを押したときに、ChangeSceneクラスのLoadメソッドが呼ばれるよう になります。

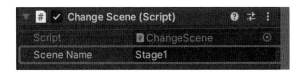

それから、インスペクター ビューのChange Scene（Script） の［Scene Name］にシーンの名 前を入力しておきましょう。

最初に作ったシーンは「Stage1」という名前を付けて保存していたので、RestartButtonには「Stage1」と入力しておきます。もし他の名前を付けていたらその名前を入力してください。

NextButtonも同じように設定をしてください。Change Sceneの「Scene Name」は「Stage2」などとしておきましょう。このあとにゲームの2面目をその名前で新しいシーンとして作ります。

なお、今回はボタン自体（ボタンもゲームオブジェクト）にスクリプトをアタッチしましたが、本来はゲームオブジェクトであれば何でもかまいません。

◆ プレハブ化する

Canvasをプロジェクトビューにドラッグ＆ドロップしてプレハブ化しておきましょう。新しいゲームステージを作るときには、このプレハブをシーンに配置するだけでUIが再現できます。

UIを動かすためには、シーンにEventSystemが必要です。先ほどプレハブ化したCanvasをシーンに配置した場合にはこのEventSystemがない可能性があります。EventSystemは、ヒエラルキービュー左上の［＋］ボタンから［UI］→［EventSystem］で追加することができます。

5.3 できたゲームをプレイしよう

それでは、ここまで実装したゲームを実行してみましょう。

ゲームを開始すると、「GAME START」が1秒間、画面中央に表示されます。

1秒経過すると「GAME START」は消えます。段差を登ってジャンプで穴を飛び越えましょう。

失敗して穴に落ちると、画面に「GAME OVER」という画像と[RESTART]ボタン、[NEXT]ボタンが表示されます。

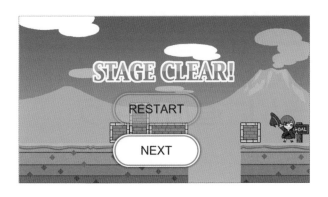

プレイヤーキャラクターがゴールに触ると「STAGE CLEAR!」と［RESTART］ボタン、［NEXT］ボタンが表示されます。

　ゲームオーバー時に表示される［RESTART］ボタンを押せば、ゲームがリセットされ、もう一度最初から開始されます。［NEXT］ボタンは次のステージシーン（Stage2）がまだないので、まだ何も反応しないはずですね。

　どうでしょうか？　シンプルではありますが、ジャンプで穴を乗り越えてゴールを目指すという。サイドビューゲームができ上がりました。穴が簡単に飛び越えられる、または飛び越えられないという場合は、Rigidbody 2Dコンポーネントの「Gravity Scale」や、PlayerManagerのジャンプ力の数値や地形を調整してみてください。この調整でステージの難易度が決まります。最初のステージなので、できれば簡単にしておくのがよいでしょう。

　Chapter 6からは、さらに手を加えてゲームをアップデートしていきましょう。

Tips

画面サイズを調整する

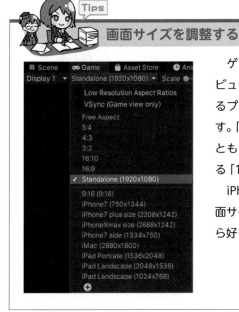

　ゲームを実行した際の画面サイズは、シーンビューをGameタブに切り替えたときに左上にあるプルダウンメニューから変更することができます。「4:3」や「16:9」などの縦横比から選択することもできますし、一般的なパソコンのサイズである「1920x1080」に固定することもできます。

　iPhoneやAndroidなどのスマートフォンの画面サイズにしたいときは、一番下の［＋］ボタンから好きな画面サイズを作ることもできます。

Chapter 06

画面と機能を
ゲームに追加しよう

Tips

完成データのダウンロード

　この章で作成するプロジェクトの完成データは、以下のアドレスからダウンロードできます。

- https://www.shoeisha.co.jp/book/download/4596/read

　ここからは、Chapter 5までで作成したゲームをさらにバージョンアップしていきます。ゲーム全体の流れを作り、ゲームを面白くするいろいろな要素を追加していきましょう。

6.1 バージョンアップの内容をまとめよう

　最初に、この章で作成する内容をまとめておきます。
　この章では、

1　タイトル画面から始まる
2　いくつかのステージをプレイする
3　リザルト（結果）画面でゲームの成績を確認する
4　タイトル画面に戻る

という一連のゲームの流れを作ります。さらに、Chapter 5までではゲーム画面が動かず固定されていましたが、この章ではカメラをプレイヤーに追従させ、スクロールするようにしていきます。これで長いゲームステージが作れるようになりますね。

追加するゲーム要素をまとめよう

また、ゲームの要素「敵と障害」「報酬」としては以下のものを作ります。

◆ 制限時間／アイテムとスコア（敵と障害／報酬）

「タイムアップでゲームオーバーになる仕掛け」を作ります。そして何種類かの宝石アイテムを配置して、宝石を取ることでスコアが入るようにしていきます。また、「残り制限時間」もスコアとして加算するようにして、トータルスコアをリザルト画面で確認できるようにしましょう。

◆ ダメージ床（敵と障害）

Chapter 5までは「穴に落ちたらゲームオーバー」でしたが、同じ機能を持ったゲームオブジェクトである「ダメージ床」を作って、ステージに自由に配置できるようにしましょう。これでゲームステージ作りに幅が出ます。

◆ 移動床（敵と障害）

プレイヤーキャラクターを乗せて移動する「移動床」も作りましょう。これでいろいろと凝ったゲームステージ作りができます。

◆ 固定砲台（敵と障害）

ゲームステージに備え付けの「定期的に砲弾を発射する大砲」を作ります。プレイヤーキャラクターが砲弾に当たるとゲームオーバーになります。

◆ 動き回る敵キャラ（敵と障害）

「一定の範囲を行ったり来たりする敵キャラクター」を作ります。これも、プレイヤーキャラクターが接触するとゲームオーバーになります。

6.2 タイトル画面を追加しよう

　それでは、新しくタイトル画面用にシーンを追加して、「タイトル画面からゲームを開始して、ゲームステージに移動できる」ようにしてみましょう。

　タイトル画面には「背景」「タイトルロゴ」「キャラクター画像」「スタートボタン」を配置します。「背景」「タイトルロゴ」「キャラクター画像」などは1枚にまとめてもいいのですが、スマートフォンなど、画面サイズが不均等な環境でもレイアウトの調整がしやすいよう、UIパーツを分けることにしました。

タイトル画面のシーンを作ろう

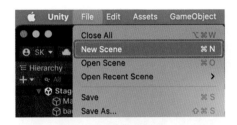

まずタイトル画面のシーン（タイトルシーン）を作りましょう。現在開いているシーンが未保存であれば先に保存してください。

[File] メニューから [New Scene] を選択します。

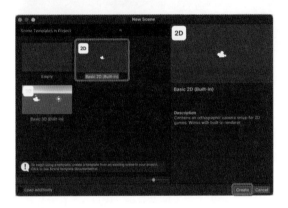

新しいシーンのテンプレートを選択するウィンドウが開きます。

[Basic 2D(Built-in)] を選択して右下の [Create] ボタンを押します。

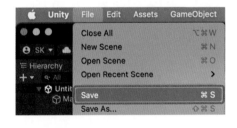

シーンビューがクリアされて新しいシーンが作られます。この時点ではまだUnityエディター上に新しいシーンが作られただけで、ファイルにはなっていません。「Title」という名前を付けてScenesフォルダーに保存しておきましょう。[File] メニューから [Save] を選択します。

シーンデータがファイルとして保存されます。今後はこのシーンアイコンをダブルクリックすることでタイトルシーンを開くことができます。

タイトルシーンをビルドに加える

ここまででタイトルシーンはできましたが、このシーンを読み込んで使うためには、ビルドに登録する必要があります。[Build Settings] を開いて、プロジェクトビューの「Title」をドラッグ&ドロップしてビルドに追加しましょう。

参照 「シーンを Scene In Build に登録しよう」　42 ページ

　注意点として、このとき、タイトルのシーンが一番上に来るようにしてください。というのも、Unityで作ったゲームをスマートフォンなどの実機で実行した場合、この「Scenes In Build」の上から順に読み込まれることになるからです。タイトル画面はゲーム開始時に表示されるシーンなので、一番上にしておきましょう。

　なお、このリストはあとからドラッグ＆ドロップで移動・変更することもできます。

タイトル画面の UI を作ろう

　次は、タイトル画面のUIをGUIで作ります。背景とキャラクター、タイトルロゴ用の画像とスタートボタンを配置しましょう。

　[+]→[UI]→[Image]を選択して、Canvasと Imageをシーンに追加します。追加できたら、Canvasコンポーネントの[Render Mode]の値を[Screen Space - Camera]に設定しましょう。

　さらに、ヒエラルキービューでCanvasを選択した状態で「Main Camera」をつかみ、インスペクタービューのRender Cameraのテキストフィールドにドラッグ＆ドロップします。これでUIを配置するもととなるCanvasが、カメラに合わせて配置されます。

参照 「5.1 ゲームの UI (ユーザーインターフェイス) を作ろう」　138 ページ

背景を配置しよう

「title_back」画像アセットを、プロジェクトビューからImage(Script)コンポーネントにドラッグ＆ドロップして設定します。そのとき、画像のサイズは適当に調整しておきましょう。また、名前は「BackImage」としておきます。

キャラクター／タイトルロゴ画像を配置しよう

続いて、Imageを2つ、Canvasに配置してください。それぞれの［Source Image］には「title_chara」と「title_logo」を設定して、位置を次の図のように調整し、名前を「CharaImage」と「LogoImage」にしておきます。

そのとき、アスペクト比（縦横の比率）を維持するために、Image(Script) の［Preserve Aspect］にチェックを入れておきましょう。このチェックボックスをオンにすると、画像のサイズを変更しても画像がゆがむことなく、アスペクト比が統一されます。

配置した3つのImageの［Rect Transform］の[Anchor Presets]をこのように設定します。

- 背景：右下を選択します。画面サイズに合わせてサイズが伸縮するようになります

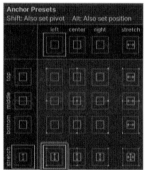

- キャラ：左下を選択します。画面サイズに合わせて左寄せ縦にフィットするようになります

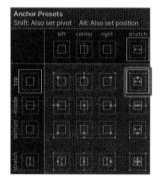

- ロゴ:右上を選択します。画面サイズに合わせて右上にフィットするようになります

スタートボタンを配置しよう

続いてスタートボタンを配置します。

参照 「ボタン UI を追加しよう」 144 ページ

　Button を「StartButton」にリネームし、Image(Script)コンポーネントにプロジェクトビューからbutton画像アセットをドラッグ＆ドロップで設定します。このとき、ボタンのサイズを適当に調整しておきましょう。ここでは［Set Native Size］ボタンを押してオリジナルサイズにし、アスペクト比を一定にするために［Preseve Aspect］をオンにしています。また、Imageの［Rect Transform］の［Anchor Presets］は右下に設定しておきます。

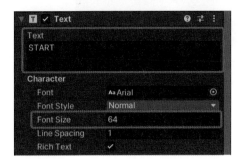

　それから、ヒエラルキービューのStartButtonの下にある「Text」を選択します。インスペクタービューで、Text(Script)コンポーネントの［Text］の値を「START」に書き換え、［Font Size］を「64」に変更します。

タイトル画面からゲーム画面に移動しよう

最後に、「[START] ボタンが押されたら、ゲームシーンである Stage1 に移動する」ようにしましょう。スクリプトは Chapter 5 で作った ChangeScene をそのまま使います。

参照 「ボタンが押されたときのイベントを設定しよう」 <u>154 ページ</u>

まず、ChangeScene スクリプトを StartButton にアタッチし、StartButton で ChangeScene スクリプトの機能を使えるようにしましょう。

次に、「StartButton」を選択し、インスペクタービューで Button(Script) コンポーネントへのイベント設定を行います。[＋] ボタンでイベントを追加し、ゲームオブジェクトとして StartButton（自分自身）を設定します。さらにポップアップメニューから [ChangeScene] → [Load()] を選択し、Change Scene(Script) の「Scene Name」に最初のステージシーン名である「Stage1」を入力して完了です。

　これで、[START] ボタンを押せば、タイトル画面から Stage1 に移動することができるようになりました。ここまでできたら Title シーンを保存しておきましょう。

6.3　スクロール画面を作ろう

　最初に作った Stage1 は 1 画面だけでした。これをさらにサイドビューのゲームらしくするために、ゲームステージが横スクロールするようにしましょう。具体的には、カメラをプレイヤーに追従させてスクロールするようにすることで、長いゲームステージが作れるようになります。

新しいシーンを作ろう

　まず、新しいシーンを作りましょう。

参照　「タイトル画面のシーンを作ろう」　163 ページ

　Stage1 と同じように背景と地面とプレイヤーキャラクターを Prefab フォルダーから配置して、横方向に 2 画面分のゲームステージを配置しましょう。Stage1 シーンをダブルクリックして開いてから、それを変更するのがお手軽です。

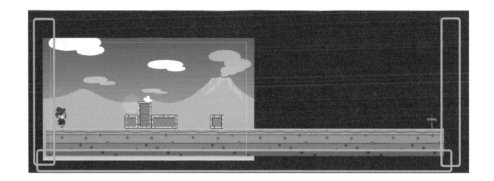

　ゴールは地面の右端に配置し、WallObjectとDeadObjectそれぞれのBox Collider 2Dの範囲を変更します。そのときWallObjectは右側の壁部分を地面右端に合わせます。DeadObjectのBox Collider 2Dも同じく地面右端に合わせます。

　地面を編集するときにUIが邪魔になるようなら、ヒエラルキービューから非表示にしておくといいでしょう。

シーンをテンプレートとして保存しよう

　ここまでできたら、[File]→[Save As…]を選択して、「BaseScene」という名前でシーンをScenesフォルダーに保存してください。

　以後、新規ゲーム用のシーンを作るときは、まずBaseSceneを開いてから別名で保存することで手早く作れるようになります。

　BaseSceneはあくまで「ひな型」であり、ゲームで使うものではないため、ビルドに加える必要はありません。

カメラを管理するスクリプトを追加しよう

それでは、画面スクロールを作っていきましょう。まず、ヒエラルキービューの「Main Camera」を選択してください。

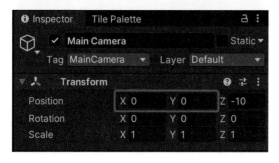

他のゲームオブジェクト同様に、位置、回転、スケールを決めるTransformコンポーネントがアタッチされていますね。この［Position］の［X］と［Y］の値をプレイヤーキャラクターに合わせて変更することで、「カメラの移動」ができます。

それでは、カメラを制御するためのスクリプトを作りましょう。「CameraManager」というスクリプトをScriptsフォルダーに作り、ヒエラルキービューの「Main Camera」にドラッグ＆ドロップしてアタッチしてください。

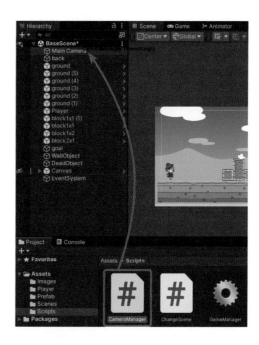

次は、スクリプトを編集しましょう。CameraManagerをダブルクリックして開いてください。以下がCameraManagerスクリプトです。変更箇所にはハイライトしています。

```csharp
using System.Collections;
using System.Collections.Generic;
using UnityEngine;

public class CameraManager : MonoBehaviour
{
    public float leftLimit = 0.0f;         // 左スクロールリミット
    public float rightLimit = 0.0f;        // 右スクロールリミット
    public float topLimit = 0.0f;          // 上スクロールリミット
    public float bottomLimit = 0.0f;       // 下スクロールリミット

    // Start is called before the first frame update
    void Start()
    {

    }

    // Update is called once per frame
    void Update()
    {
        GameObject player =
            GameObject.FindGameObjectWithTag("Player"); // プレイヤーを探す
        if(player != null)
        {
            // カメラの更新座標
            float x = player.transform.position.x;
            float y = player.transform.position.y;
            float z = transform.position.z;
            // 横同期させる
            // 両端に移動制限を付ける
            if (x < leftLimit)
            {
                x = leftLimit;
            }
            else if (x > rightLimit)
            {
                x = rightLimit;
            }
            // 縦同期させる
            // 上下に移動制限を付ける
            if (y < bottomLimit)
            {
                y = bottomLimit;
            }
            else if (y > topLimit)
            {
```

```
                y = topLimit;
            }
            // カメラ位置の Vector3 を作る
            Vector3 v3 = new Vector3(x, y, z);
            transform.position = v3;

        }
    }
}
```

　それでは、順番に見ていきましょう。

◆ 変数

　まず変数を4つ、`public`を付けて追加しています。これはカメラの上下左右への移動を制限するための変数です。

◆ Update メソッド

　`Update`メソッド内では、`FindGameObjectWithTag`メソッドにより`"Player"`というタグのゲームオブジェクトを探して`player`変数に入れています。プレイヤーキャラクターは`"Player"`というタグを付けていたはずなので、ここではプレイヤーキャラクターのゲームオブジェクトが返されるはずです。

　もし`"Player"`タグが付いたオブジェクトがシーンになければ、この変数には`null`（ヌル）という値が返されます。`null`は「何もない」ということを意味しており、今後頻繁に使います。覚えておいてください。

　それから、「nullではないか」をチェックしてカメラ座標の更新処理を行っています。X座標、Y座標、Z座標をそれぞれ、プレイヤーとカメラ自身から取り出して変数に入れており、これをカメラの新しい座標として使います。X座標とY座標がプレイヤーキャラクターのものになっているため、結果的にカメラはプレイヤーの横移動に合わせて動くということになります。

　このスクリプトは変数に設定された数値でカメラの上下左右に移動制限を付けています。プレイヤーキャラクターの位置をそのまま使ってしまうと、ゲーム画面端で写したくない画面外の領域が写ってしまうため、このような対応を行っています。

　最終的に、位置調整されたx、y、zの値を使って、3次元座標を表すデータである`Vector3`を作り、カメラ位置を設定する`position`を更新することでカメラ位置がプレイヤーの横位

置に合わせてリアルタイムで動くようになります。

　スクリプトを保存したら、Unityに戻ってCameraManagerの左右制限の数値を設定しましょう。[Left Limit]と[Bottom Limit]は、基本的に「0」で問題ありません。[Right Limit]と[Top Limit]には、ステージの配置を確認して適切な数値を入れましょう。

　例えば、「Main Camera」を選択し、移動ツールを使って平行方向に動かし、カメラフレームが右端になる「Position.X」を確認してみましょう。この場合だと「17.98」くらいが適切な値でしょうか。Main Cameraにアタッチされた、Camera Manager(Script)の[Right Limit]をこの値に設定していてください。

背景画像を固定しよう

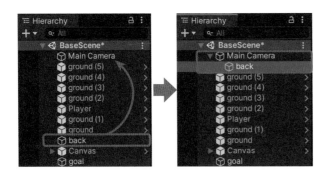

　最後に、背景画像を固定しておきます。そのためには、ヒエラルキービューで「back」（背景）を「Main Camera」にドラッグ＆ドロップし、カメラの子にします。こうすることで背景のゲームオブジェクトはカメラと一緒に動くことになり、ゲーム画面のバックに固定されるようになります。

それでは、一度ゲームを実行
してみましょう。

ゲーム開始後、プレイヤー
キャラクターを右に移動させま
す。キャラクターが画面中央に
来るまでは画面はスクロールせ
ずそのままですが、キャラクター
が画面中央に来ると、キャラク
ターが画面中央になるようにス
クロールします。

キャラクターがゴール（画面
右端）に来るとスクロールは停
止します。

これで画面スクロールができるようになり、広いゲームステージが作れるようになりまし
た。もし、スクリプトが正しく書けているのに、画面がスクロールしない場合、以下の内容
を確認してみてください。

- プレイヤーキャラクターに Player タグがちゃんと設定されていますか？
- CameraManager の [Right Limit] は設定されていますか？

ここまでできたら、シーンを保存しておきましょう。

背景を多重スクロールさせよう

　現在、背景はカメラオブジェクトの子に設定しており、見た目は「動かない」ようになっていますが、その上にもう一層、画面よりも大きめの背景画像を表示して、少し遅いタイミングで多重スクロールさせてみましょう。このように背景を多重スクロールさせることで、ゲーム画面に奥行きが出ます。

　まず空のゲームオブジェクトを作り、名前を「SubScreen」としておきます。SubScreenの [Transform] → [Position] の [X] の値には「19.2」を、[Y]、[Z] の値には「0」を設定しましょう。

　次に、プロジェクトビューからスクロール用の背景画像「back2」を2つSubScreenにドラッグ＆ドロップして、子になるよう追加してください。また、背景画像よりも前に表示するために、2つのback2画像のOrder in Layerは「1」にしておきます。

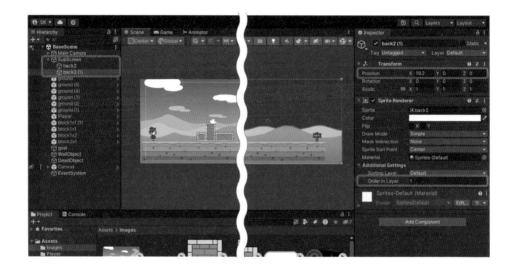

　ここまでできたら、2つのback2画像を横に画面分並べてください。

　多重スクロールのスクリプトはCameraManagerに追加します。CameraManagerを開いて以下のように変更しましょう。ハイライト部が変更点です。

```
using System.Collections;
using System.Collections.Generic;
using UnityEngine;

public class CameraManager : MonoBehaviour
{
    public float leftLimit = 0.0f;         // 左スクロールリミット
    public float rightLimit = 0.0f;        // 右スクロールリミット
```

```
public float topLimit = 0.0f;        // 上スクロールリミット
public float bottomLimit = 0.0f;     // 下スクロールリミット

public GameObject subScreen;     // サブスクリーン

// Start is called before the first frame update
void Start()
{

}

// Update is called once per frame
void Update()
{
    GameObject player =
        GameObject.FindGameObjectWithTag("Player");  // プレイヤーを探す
    if(player != null)
    {
      〜  省略  〜

        // カメラ位置の Vector3 を作る
        Vector3 v3 = new Vector3(x, y, z);
        transform.position = v3;

        // サブスクリーンスクロール
        if (subScreen != null)
        {
            y = subScreen.transform.position.y;
            z = subScreen.transform.position.z;
            Vector3 v = new Vector3(x / 2.0f, y, z);
            subScreen.transform.position = v;
        }
    }
  }
}
```

◆ 変数

subScreen という GameObject 型の変数を1つ、public を付けて追加しています。これが
先ほどシーンに配置した空のゲームオブジェクトです。

◆ Update メソッド

Update メソッドの最後に、スクロール用のコードを追加しています。これは、まず
subScreen が設定されているかをチェックし、subScreen が null でなければ（設定されてい
れば）、x にはカメラの X 値の半分を設定します（y と z はそのまま）。

これによりSubScreenはカメラの半分の移動量で横に動くことになり、結果的にずれてスクロールしていきます。2つのback2はSubScreenの子になっているので、SubScreenと一緒に動くことになります。

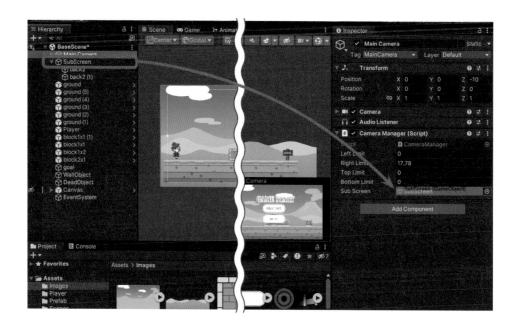

　最後にインスペクタービューのCamera Manager(Script)の［Sub Screen］にヒエラルキービューの「SubScreen」を設定します。

ゲームを実行しよう

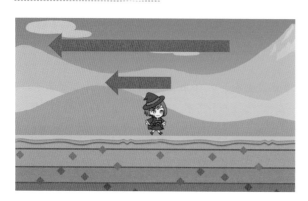

　この状態でゲームを実行してみてください。backとその手前のback2が少しずつずれてスクロールしていくはずです。

強制スクロールさせよう

強制スクロールとは、プレイヤーの操作とは関係なく、画面が自動的にスクロールしていくシステムです。アクションゲームとして素早い判断が要求される緊迫感のある演出ができるようになります。

強制スクロールをさせるために、CameraManagerに以下のスクリプトを追加してみましょう。

```csharp
using System.Collections;
using System.Collections.Generic;
using UnityEngine;

public class CameraManager : MonoBehaviour
{
    public float leftLimit = 0.0f;          // 左スクロールリミット
    public float rightLimit = 0.0f;         // 右スクロールリミット
    public float topLimit = 0.0f;           // 上スクロールリミット
    public float bottomLimit = 0.0f;        // 下スクロールリミット

    public GameObject subScreen;            // サブスクリーン

    public bool isForceScrollX = false;     // 強制スクロールフラグ
    public float forceScrollSpeedX = 0.5f;  // 1秒間で動かすX距離
    public bool isForceScrollY = false;     // Y軸強制スクロールフラグ
    public float forceScrollSpeedY = 0.5f;  // 1秒間で動かすY距離

    // Start is called before the first frame update
    void Start()
    {

    }

    // Update is called once per frame
    void Update()
    {
        GameObject player =
            GameObject.FindGameObjectWithTag("Player"); // プレイヤーを探す
        if(player != null)
        {
            // カメラの更新座標
            float x = player.transform.position.x;
            float y = player.transform.position.y;
            float z = transform.position.z;
            // 横同期させる
            if (isForceScrollX)
            {
                // 横強制スクロール
                x = transform.position.x + (forceScrollSpeedX * Time.deltaTime);
```

```
        }
        // 両端に移動制限を付ける
        if (x < leftLimit)
        {
            x = leftLimit;
        }
        else if (x > rightLimit)
        {
            x = rightLimit;
        }
        // 縦同期させる
        if (isForceScrollY)
        {
            // 縦強制スクロール
            y = transform.position.y + (forceScrollSpeedY * Time.deltaTime);
        }
        // 上下に移動制限を付ける
        if (y < bottomLimit)
        {
            y = bottomLimit;
        }
        else if (y > topLimit)
        {
            y = topLimit;
        }
        // カメラ位置の Vector3 を作る
        Vector3 v3 = new Vector3(x, y, z);
        transform.position = v3;

        // サブスクリーンスクロール
        if (subScreen != null)
        {
            y = subScreen.transform.position.y;
            z = subScreen.transform.position.z;
            Vector3 v = new Vector3(x / 2.0f, y, z);
            subScreen.transform.position = v;
        }
    }
  }
}
```

◆ 変数

publicを付けた変数を4つ追加しています。これは、「強制スクロールを行うかどうか」を示すフラグと、強制スクロール時のX方向とY方向のスクロール速度です。

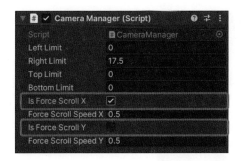

強制スクロールをさせる場合、インスペクタービューで、[Is Force Scroll X][Is Force Scroll Y]にチェックをすることで実行されます。今回はX方向のみの強制スクロールを行うので、[Is Force Scroll X]にチェックをしておきましょう。

 Update メソッド

Updateメソッドでは`isForceScrollX`と`isForceScrollY`という2つのフラグをチェックして、`true`であれば各軸に対して強制スクロールを行います。通常のスクロールと違う点はX値、Y値の設定だけです。

強制スクロールの場合は、`forceScrollSpeedX`や`forceScrollSpeedY`（1秒間で動かす距離）に`Time`クラスの`deltaTime`を掛け算した値を現在の値に足しています。これで毎フレーム画面が右から左、下から上にスクロールしていくことになります。

Tips　時間を扱うTimeクラス

`Time`クラスは時間に関するいろいろな処理を行うメソッドや変数を持つクラスです。

`deltaTime`は`Time`クラスの持つ変数の1つで、前フレームからの経過時間が格納されており、この値を毎フレーム`times`変数に加算していくことで「開始時からの全体の経過時間」が得られます。

本書で扱っている`Time`クラスの変数は以下の2つです。

* `deltaTime`：前フレームからの経過時間（秒）
* `fixedDeltaTime`：FixedUpdate メソッドが呼ばれる間隔（秒）

強制スクロールのゲームオーバーを作ろう

強制スクロールでは、プレイヤーがスクロールに追いつかれて画面左端に来てしまうことがあります。この場合、ペナルティーとしてゲームオーバーにしましょう。

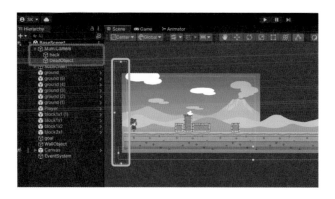

そのためにはまず、DeadObjectをドラッグ＆ドロップしてMain Cameraの子にします。それからBox Collider2Dをアタッチして、それを画面左端に配置します。

その際、Box Collider2Dの「Is Trigger」にチェックを付けるのを忘れないようにしましょう。

これでDeadObjectがカメラと一緒に動くので、プレイヤーが画面左端に接すると、ゲームオーバーするようになります。

同じく、WallObjectもMain Cameraの子に設定します。右側のBox Collider2Dを画面の右端に移動させます。

これでプレイヤーがスクロール速度を追い越しても画面外に出ることがなくなります。

ここまでできたら、現在のシーンを「BaseForcedScrollStage」という名前で保存しておきましょう。今後強制スクロールステージを作る場合のひな型にします。

6.4 タイムアップの仕組みを作ろう

ここからは、アクションゲームにおける重要な要素の1つ、「時間を計る機能」を作っていきましょう。時間を計測することでさまざまな仕掛けを作れるようになります。

ゲームにおける時間の扱い

ゲームにおける時間の扱いは大きく2つに分けられます。「ゲーム開始から時間を加算していって使う」方法である**カウントアップ**か、最大時間を決めてそこから**カウントダウン**していく使い方です。それぞれ以下のような用途があります。

◆ 時間のカウントアップ

　ゲーム開始から時間を加算していくのがカウントアップです。主に、継続に対する報酬などで使われます。例えばそのゲームをゲームオーバーにならず、どれだけ長く続けられるかを競い、その結果をスコアやアイテムなどのご褒美に変換するなどです。「ゲーム全体の時間を加算計測して、より短い時間でクリアすればご褒美を与える」という方法もあります。

◆ 時間のカウントダウン

　代表的なものが「指定時間内にゴールできなければタイムアップでゲームオーバーになる」という仕掛けですね。こうしてクリアに制限時間を設けることでゲームに緊張感が出ます。

時間を計測するスクリプトを作ろう

　それでは、カウントダウン、カウントアップどちらも利用できるような「時間を計る」スクリプトを作ってみましょう。スクリプトの名前は「TimeController」としておきましょう。

　TimeControllerはCanvasのプレハブを編集状態にしてアタッチします。

参照▶「プレハブを編集しよう」　100 ページ

　プレハブ化したゲームオブジェクトにあとからコンポーネントなどをアタッチする場合、シーンに配置したものに手を加えるとプレハブには反映されないため、必ずプレハブ側で編集するようにしましょう。

それでは、TimeControllerスクリプトを開いて、以下のように編集しましょう。

```csharp
using System.Collections;
using System.Collections.Generic;
using UnityEngine;

public class TimeController : MonoBehaviour
{
    public bool isCountDown = true;    // true= 時間をカウントダウン計測する
    public float gameTime = 0;          // ゲームの最大時間
    public bool isTimeOver = false;    // true= タイマー停止
    public float displayTime = 0;       // 表示時間

    float times = 0;                    // 現在時間

    // Start is called before the first frame update
    void Start()
    {
        if (isCountDown)
        {
            // カウントダウン
            displayTime = gameTime;
        }
    }
    // Update is called once per frame
    void Update()
    {
        if(isTimeOver == false)
        {
            times += Time.deltaTime;
            if (isCountDown)
            {
                // カウントダウン
                displayTime = gameTime - times;
                if(displayTime <= 0.0f)
                {
                    displayTime = 0.0f;
                    isTimeOver = true;
                }
            }
            else
            {
                // カウントアップ
                displayTime = times;
                if (displayTime >= gameTime)
                {
                    displayTime = gameTime;
                    isTimeOver = true;
                }
```

```
            }
            Debug.Log("TIMES: " + displayTime);
        }
    }
}
```

◆ 変数

　まずは、追加の変数を見てみましょう。isCountDown は計測をカウントダウン、カウントアップのどちらにするかを表すフラグです。true であればカウントダウンとなります。

　gameTime 変数はゲームの最大時間（秒）を決める変数です。カウントダウンであればこの秒数から0に向かって減っていき、カウントアップならば0からこの時間に向かって増えていきます。またカウントダウン、カウントアップどちらであっても、条件を満たすと isTimeOver フラグを true にして、時間計測を停止します。

　displayTime は現在時間を外部から参照するための変数で、times は内部で時間計測に使う変数です。

◆ Start メソッド

　Start メソッドではカウントダウンの場合、ゲーム時間からマイナスされていくため、displayTime にゲーム時間を設定しています。

◆ Update メソッド

　時間の計測は Update メソッドで行います。

　まず、isTimeOver フラグが false の場合のみ計測処理が動きます。ここでのポイントは、Time クラスの deltaTime です。deltaTime は前フレームからの経過時間が格納されており、この値を毎フレーム times 変数に加算していくことで開始からの全体の経過時間が得られます。

　加算の計算で、

```
times += Time.deltaTime;
```

という計算式があり、+= という演算子で「times 変数の値に Time.deltaTime の値を足した値を times 変数に入れる」という処理を行っています。

　これは、

```
times = times + Time.deltaTime;
```

と書くのと同じ意味ですが、+=を使うとより短く書くことができます。「足して」「入れる」なので+=になる、と覚えるとよいでしょう。同様に、引き算の場合は-=と書きます。

カウントアップの場合は経過時間をそのまま使っていますが、カウントダウンの場合はgameTimeからの差分とすることで時間が減っていくように計算しています。

最後にDebug.Logメソッドを使って経過時間を出力するようにしています。

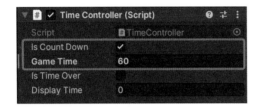

それでは、スクリプトを保存してUnityに戻りましょう。TimeControllerがアタッチされているCanvasを選択し、インスペクタービューのパラメーターを更新します。[Game Time] を「60」にし、[Is Count Down] にチェックを付けておきます。

ゲームを実行してConsoleを確認してみてください。60.0から減っていき、0になると停止します。

ゲームに時間制限 UI を追加しよう

このままでは単に時間を計ってログに表示しているだけです。そこで実際にこのスクリプトをゲームで使って時間制限を作ってみましょう。ここでは「指定時間までにゴールに到達できなければゲームオーバーになる」というカウントダウン機能を組み込んでいきます。

まず、残り時間を表示するUIを作りましょう。カウントダウンの時間を見やすくするために、土台になる画像を配置して、その上にカウントダウン用の数字を配置していきましょう。この編集もCanvasのプレハブに対して行ってください。

ヒエラルキービューから［＋］→［UI］→［Image］を選択します。これでCanvasにImageオブジェクトが追加されます。名前は「TimeBar」にしておきましょう。

参照 ▶ 「画像UIを追加しよう」 139ページ

追加したImageを選択して、画面中央上に配置しインスペクタービューの［Source Image］に画像アセットの「TimeBar」をドラッグ＆ドロップして設定し、［Preserve Aspect］にチェックを入れておきます。また、［Set Native Size］ボタンをクリックして画像のオリジナルサイズにしておきましょう。

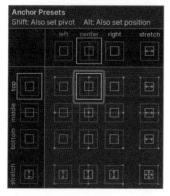

次に、インスペクタービューの［Rect Transform］を中央上に設定しておきましょう。これで画面サイズが変わってもこのImageは常に画面中央上に配置されるようになります。

画面と機能をゲームに追加しよう

それから、先ほど配置したImageの子として、Textを追加します。[+]→[UI]→[Text]でCanvasにTextを配置し、ドラッグ＆ドロップでTimeBarの子にして、位置をImageの中央に調整します。名前は「TimeText」としておきましょう。

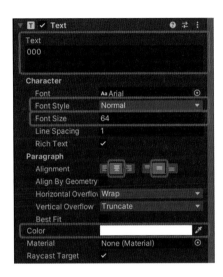

最後に、追加したTextを選択して、インスペクタービューのTextコンポーネントを以下のように設定してください。

- Text：「000」
- Font Style：「Normal」
- Font Size：「64」
- Alignment：中央ぞろえに設定
- Color：白に設定

GameManager スクリプトの更新

では、このテキストオブジェクトをGameManagerスクリプトで扱えるようにしましょう。GameManagerスクリプトを開いてください。追記部分をハイライトしています。

```
using System.Collections;
using System.Collections.Generic;
using UnityEngine;
using UnityEngine.UI;   // UI を使うのに必要

public class GameManager : MonoBehaviour
{
    ～ 省略 ～

    // +++ 時間制限追加 +++
    public GameObject timeBar;       // 時間表示イメージ
    public GameObject timeText;      // 時間テキスト
    TimeController timeCnt;           // TimeController
```

```csharp
// Start is called before the first frame update
void Start()
{
    ～　省略　～
    // +++ 時間制限追加 +++
    // TimeController を取得
    timeCnt = GetComponent<TimeController>();
    if(timeCnt != null)
    {
        if (timeCnt.gameTime == 0.0f)
        {
            timeBar.SetActive(false);   // 制限時間なしなら隠す
        }
    }
}


// Update is called once per frame
void Update()
{
    if (PlayerController.gameState == "gameclear")
    {
        // ゲームクリア
        ～　省略　～
        // +++ 時間制限追加 +++
        if (timeCnt != null)
        {
            timeCnt.isTimeOver = true;   // 時間カウント停止
        }
    }
    else if (PlayerController.gameState == "gameover")
    {
        // ゲームオーバー
        ～　省略　～
        // +++ 時間制限追加 +++
        if (timeCnt != null)
        {
            timeCnt.isTimeOver = true;   // 時間カウント停止
        }
    }
    else if (PlayerController.gameState == "playing")
    {
        // ゲーム中
        GameObject player = GameObject.FindGameObjectWithTag("Player");
        // PlayerController を取得する
        PlayerController playerCnt = player.GetComponent<PlayerController>();
        // +++ 時間制限追加 +++
        // タイムを更新する
        if (timeCnt != null)
        {
```

画面と機能をゲームに追加しよう

```
                if (timeCnt.gameTime > 0.0f)
                {
                    // 整数に代入することで小数を切り捨てる
                    int time = (int)timeCnt.displayTime;
                    // タイム更新
                    timeText.GetComponent<Text>().text = time.ToString();
                    // タイムオーバー
                    if (time == 0)
                    {
                        playerCnt.GameOver();    // ゲームオーバーにする
                    }
                }
            }
        }
    }
    // 画像を非表示にする
    void InactiveImage()
    {
        mainImage.SetActive(false);
    }

}
```

◆ 変数

変数が3つ追加されています。`timeBar`と`timeText`は先ほど追加した画像とテキストのための`GameObject`型の変数です。後ほどここに`Canvas`に配置した`TimeBar`と`TimeText`を設定します。`timeCnt`は`TimeController`を保持するための変数です。

◆ Start メソッド

`Start`メソッドでは`GetComponent`メソッドでアタッチされている`TimeController`を取得して変数に入れています。このときに`null`チェックをして、もし`TimeController`スクリプトがアタッチされていなければ何も行いません。`null`でなく、`TimeController`の`gameTime`が0の場合、「時間制限はなし」ということにして、`timeBar`を`SetActive`メソッドで非表示にしています。`timeText`は`timeBar`の子になっているので、一緒に非表示になります。

◆ Update メソッド

`Update`メソッドでは、ゲーム中の`if else`文の中で、`TimeController`の`gameTime`を確認し、値が0より大きい場合に時間表示の更新を行っています（ここでも`null`チェックをしています）。また、`TimeController`の`displayTime`を使ってテキストの更新もしています。

時間が0になっていれば`PlayerController`の`GameOver`メソッドを呼びゲームオーバーにしています。ゲーム終了時（ゲームオーバーかゲームクリアのとき）は時間計測を止めるため、`TimeController`の`isTimeOver`に`true`を入れています。

ここまでできたらUnityエディターに戻って、TimeBarとTimeTextをそれぞれ、GameManagerの追加したパラメーターに設定しましょう。

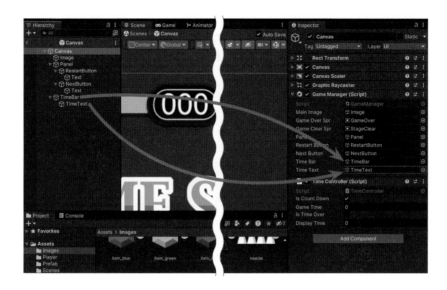

ゲームを実行しよう

　[Game Time]を「60」、[Is Count Down]にチェックを付けてゲームを実行してみましょう。60秒からカウントダウンが始まります。

　そのままカウントが「0」になるのを待っていると、DeadObjectに接触したときと同じようにゲームオーバーになります。

6.5 アイテムとスコアを作ろう

次は、「ゲームステージにアイテムを配置して、そのアイテムを取るとスコアになる」という機能を作ります。今回はシンプルに「スコアにする」という仕様にしていますが、応用することでクリアに必要なキーアイテムを作ることなどもできるようになります。

アイテムのゲームオブジェクトを作ろう

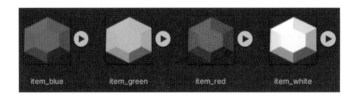

それではアイテムを作りましょう。アイテム用の画像は色違いで4種類用意しています。色ごとにスコアの違うアイテムを作ることにします。

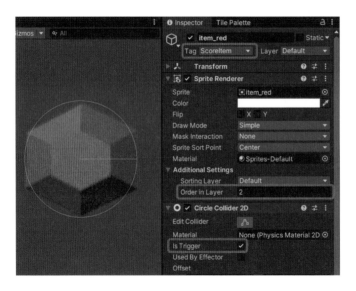

まず「item_red」をシーンビューにドラッグ＆ドロップしてゲームオブジェクトを作ります。そのとき、スクリプトで区別できるように「ScoreItem」タグを作って設定しておきます。また、Sprite Rendererコンポーネントの［Order in Layer］は背景に隠れないように「2」にしておきましょう。

アタッチするコンポーネントは、Circle Collider2Dです。［Is Trigger］はオンにしておきます。

アイテムデータスクリプト（ItemData）を作ろう

ここでは、「アイテムを取った場合、それがどういうアイテムなのかを判別する」ためのスクリプトを作ります。このスクリプトパラメーターの情報からアイテムの状態が判断できるようになります。

ItemData スクリプトを作ってゲームオブジェクトにアタッチしてください。以下がItemData スクリプトの内容です。

```
using System.Collections;
using System.Collections.Generic;
using UnityEngine;

public class ItemData : MonoBehaviour
{
    public int value = 0;                    // 整数値を設定できる

    // Start is called before the first frame update
    void Start()
    {

    }

    // Update is called once per frame
    void Update()
    {

    }
}
```

◆ 変数

クラスに変数は1つだけ追加されています。value を使ってこのアイテムを取ったときのスコアを設定します。

今回はアイテムのパラメーターだけを記録するスクリプトです。そのため、ItemData クラスの Start メソッドと Update メソッドには何も書きません。

◆ 4種類のアイテム

同じように、4種類のアイテムを作って、それぞれプレハブ化してください。それぞれのItem Data(Script) のパラメーター（value）の設定は以下のようにしておきましょう。

- item_white：100
- item_red：50

- item_blue：30
- item_green：10

アイテム取得スクリプト

　次に、先ほど作ったアイテムを取得するスクリプトを以下のようにPlayerControllerに追加します。

```
using System.Collections;
using System.Collections.Generic;
using UnityEngine;

public class PlayerController : MonoBehaviour
{
    ～ 省略 ～

    public int score = 0;          // スコア

    // Start is called before the first frame update
    void Start()
    {
        ～ 省略 ～
    }

    // Update is called once per frame
    void Update()
    {
        ～ 省略 ～
    }

    void FixedUpdate()
    {
        ～ 省略 ～
    }
    // ジャンプ
    public void Jump()
    {
        ～ 省略 ～
    }

    void OnTriggerEnter2D(Collider2D collision)
    {
        if (collision.gameObject.tag == "Goal")
        {
            Goal(); // ゴール！！
        }
        else if (collision.gameObject.tag == "Dead")
        {
```

```
                GameOver(); // ゲームオーバー！！
            }
            else if (collision.gameObject.tag == "ScoreItem")
            {
                // スコアアイテム
                // ItemData を得る
                ItemData item = collision.gameObject.GetComponent<ItemData>();
                // スコアを得る
                score = item.value;

                // アイテム削除する
                Destroy(collision.gameObject);
            }
        }
        // ゴール
        public void Goal()
        {
            ～　省略　～
        }
        // ゲームオーバー
        public void GameOver()
        {
            ～　省略　～
        }
        // ゲーム停止
        void GameStop()
        {
            ～　省略　～
        }
    }
```

◆ 変数

獲得したスコアを記録しておくscore変数を追加しています。外部から参照できるように
publicを付けてあります。

◆ OnTriggerEnter2D メソッド

OnTriggerEnter2Dメソッドを追加して、アイテムとの当たりをチェックします。
tagが"ScoreItem"であればスコアアイテムだと判断し、

- アタッチしてある ItemData スクリプトを GetComponent メソッドで取得
- value を score 変数に記録して、接触したアイテムを Destroy メソッドで削除

という処理を行っています。

ゲームにスコア UI を追加しよう

Canvasのプレハブを編集します。

参照 「プレハブを編集しよう」 100 ページ

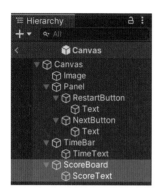

ヒエラルキービューの［＋］→［UI］→［Image］から
ImageをCanvasに1つ追加し、名前を「ScoreBoard」に変
更します。次に［＋］→［UI］→［Legacy］→［Text］から
TextをCanvasに1つ追加して、名前を「ScoreText」に変更
し、ScoreBoardの子にします。

　ScoreBoardを選択して、Imageの［Source Image］に画像アセットの「ScoreBoard」
を設定します。ScoreBoardの位置は画面右上に移動し、大きさも調整しましょう。また
［Preserve Aspect］にチェックを付けて、縦横比を固定してサイズ調整できるようにしてお
きます。

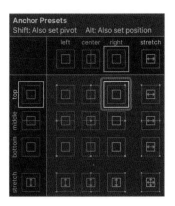

「Rect Transform」は右上固定に設定しましょう。

　次にScoreBoardの子として配置したScoreTextのサイズを調整し、Textでテキストの設定を行います。ここでは以下のように調整しました。

- Font Style：「Bold」
- Font Size：「64」
- Alignment：中央そろえ

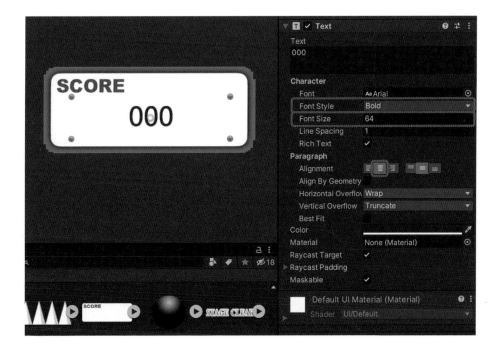

GameManager スクリプトの更新

GameManagerスクリプトを以下のように変更し、スコアを扱えるようにします。

```csharp
using System.Collections;
using System.Collections.Generic;
using UnityEngine;
using UnityEngine.UI;    // UI を使うのに必要

public class GameManager : MonoBehaviour
{
    ～ 省略 ～

    // +++ スコア追加 +++
    public GameObject scoreText;    // スコアテキスト
    public static int totalScore;   // 合計スコア
    public int stageScore = 0;      // ステージスコア

    // Start is called before the first frame update
    void Start()
    {
        ～ 省略 ～
        // +++ スコア追加 +++
        UpdateScore();
    }

    // Update is called once per frame
    void Update()
    {
        if (PlayerController.gameState == "gameclear")
        {
            // ゲームクリア
            ～ 省略 ～
            // +++ 時間制限追加 +++
            if (timeCnt != null)
            {
                timeCnt.isTimeOver = true;   // 時間カウント停止
                // +++ スコア追加 +++
                // 整数に代入することで小数を切り捨てる
                int time = (int)timeCnt.displayTime;
                totalScore += time * 10;     // 残り時間をスコアに加える
            }

            // +++ スコア追加 +++
            totalScore += stageScore;
            stageScore = 0;
            UpdateScore();// スコア更新
        }
```

```
        else if (PlayerController.gameState == "gameover")
        {
            // ゲームオーバー
        〜 省略 〜
        }
        else if (PlayerController.gameState == "playing")
        {
            // ゲーム中
            GameObject player = GameObject.FindGameObjectWithTag("Player");
            // PlayerController を取得する
            PlayerController playerCnt = player.GetComponent<PlayerController>();
            // +++ 時間制限追加 +++
            // タイムを更新する
            if (timeCnt != null)
            {
            〜 省略 〜
            }

            // +++ スコア追加 +++
            if(playerCnt.score != 0)
            {
                stageScore += playerCnt.score;
                playerCnt.score = 0;
                UpdateScore();
            }
        }
    }
    // 画像を非表示にする
    void InactiveImage()
    {
        mainImage.SetActive(false);
    }

    // +++ スコア追加 +++
    void UpdateScore()
    {
        int score = stageScore + totalScore;
        scoreText.GetComponent<Text>().text = score.ToString();
    }
}
```

◆ 変数

　変数を3つ追加しています。scoreTextはUIに配置したテキストのゲームオブジェクトです。後ほどUnityエディターでScoreTextをドラッグ＆ドロップで設定しておいてください。

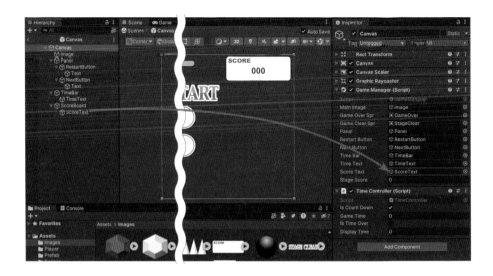

　totalScore変数はゲーム全体を通して獲得したスコアです。シーンが変更されても保持されるようにstatic変数にしてあります。

参照　「終了するまで値が保持される static 変数」　135 ページ

　stageScore変数は現在のステージのスコアを保存する変数です。

◆ Start メソッド

　StartメソッドではUpdateScoreメソッドを呼んでいます。UpdateScoreメソッドはGameManager内部で定義した新しいメソッドで、この中でスコアの更新をしています。詳しくは後ほど説明しています。

◆ Update メソッド

　Updateメソッドでは、ゲーム中にPlayerにアタッチされているPlayerControllerを取得して、score変数を参照し、0でなければ

- その値を stageScore 変数に加算して
- PlayerController の score 変数には 0 を入れる

という処理を行っています。またこれにより、次のフレームでは加算処理を行わないようにもしています。

そのあと、UpdateScoreメソッドを呼ぶことでスコア表示を更新しています。ゲームクリア時には、残り時間を10倍してtotalScore変数に加え、totalScore変数とstageScore変数を加算することで、ステージごとにクリアした場合のみ、合計スコアが増えるようにしています。

 UpdateScore メソッド

UpdateScoreメソッドではスコアの更新をしています。stageScore変数とtotalScore変数の合計をToStringメソッドで文字列に変換してscoreTextに表示しています。stageScore変数の値はアイテムを取るたびに常に更新されていますが、totalScore変数の値はステージクリア時にしか加算されないため、このステージで獲得したスコアのみがテキストに表示されることになります。

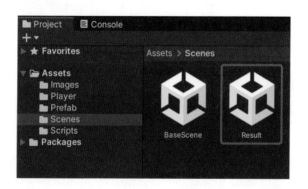

6.6 リザルト画面を追加しよう

ここからは、ゲームステージをすべてクリアしたあとに表示される、リザルト（結果）画面を作ります。

タイトル画面シーンと同じように、リザルト画面シーンを「Result」という名前で作成して、ビルドに追加してください。

参照▶「タイトル画面のシーンを作ろう」　163 ページ

リザルト画面の UI を作ろう

まずリザルト画面のUIをGUIで作ります。リザルト画面に配置するものは「背景画像」「タイトルへ戻るボタン」「スコア表示用テキスト」です。

参照▶「5.1 ゲームの UI（ユーザーインターフェイス）を作ろう」　138 ページ

◆ 背景画像の配置

　[+]→[UI]→[Image]を選択して、CanvasとImageをシーンに追加します。

　次にCanvasコンポーネントの［Render Mode］の設定を「Screen Space - Camera」に設定してから、ヒエラルキービューで「Canvas」を選択した状態で、「Main Camera」をつかみ、インスペクタービューの「Render Camera」のテキストフィールドにドラッグ＆ドロップします。

　そして、プロジェクトビューから「title_back」画像アセットをImage(Script)コンポーネントにドラッグ＆ドロップして設定します。そのとき、画像のサイズを画面に合わせて調整しておきましょう。

◆ ［タイトルへ戻る］ボタンの配置

　続いて、タイトルへ戻るためのボタンを配置します。

参照▶「ボタンUIを追加しよう」 144ページ

　ButtonのImageコンポーネントの［Source Image］に、プロジェクトビューからbutton画像アセットを設定します。ボタンのサイズは［Set Native Size］ボタンをクリックして調整し、位置は中央下付近にしておきましょう。

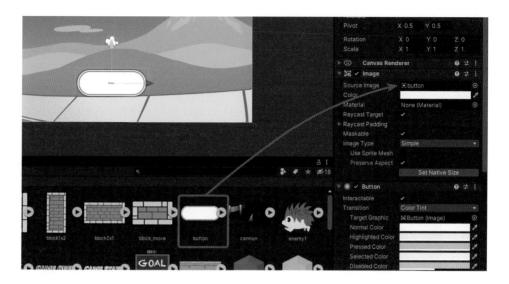

　さらに、ボタンの下にあるText(Script)コンポーネントの［Text］を「タイトルに戻る」
に書き換え、

- Font Style：「Bold」
- Font Size：「55」

に変更します。

◆ スコアの配置

[＋] → [UI] 〉 [Image] でImageを配置し、名前を「ScoreBoard」に変更します。Imageコンポーネントの [Source Image] には「ScoreBoard」画像アセットを設定しておきましょう。

さらにScoreBoardの子としてTextを配置し、名前を「ScoreText」としてから位置やサイズを調整してください。

トータルスコアを表示するスクリプトを作ろう

これでUIができました。次はトータルスコアを表示するスクリプトを作っていきます。以下のようなResultManagerスクリプトを作り、Canvasにアタッチしましょう。

```
using System.Collections;
using System.Collections.Generic;
using UnityEngine;
using UnityEngine.UI;

public class ResultManager : MonoBehaviour
{
    public GameObject scoreText;

    // Start is called before the first frame update
    void Start()
    {
        scoreText.GetComponent<Text>().text = GameManager.totalScore.ToString();
    }
```

```
    // Update is called once per frame
    void Update()
    {

    }
}
```

更新追加箇所は3行だけです。

まず、UIを扱うための「using UnityEngine.UI;」を記述しています。また、スコアを表示するために使う、GameObject型のscoreText変数をpublicを付けて追加しています。この変数には、static変数であるGameManagerクラスのtotalScore変数をToStringメソッドでテキストにして入れています。

ここまでできたら、scoreText変数をUnityエディターで設定しましょう。これでResultシーンが表示されたときに、ゲーム中のトータルスコアが表示されるようになります。

リザルト画面からタイトル画面に移動できるようにしよう

最後に、「［タイトルに戻る］ボタンが押されたら、Titleシーンに移動する」ようにしましょう。スクリプトはChangeSceneスクリプトを使います。

参照 「タイトル画面からゲーム画面に移動しよう」 168ページ

ChangeSceneスクリプトをボタンにアタッチし、ボタンのイベントとして、ChangeSceneのLoadメソッドを設定します。ChangeSceneの［Scene Name］にはタイトルのシーン名である「Title」を入力しておいてください。

画面と機能をゲームに追加しよう

　以上で、サイドビューゲームのシステムがひと通りでき上がりました。以降はゲームの仕掛けに使えるいろいろなゲームオブジェクトを作っていきましょう。仕掛けを作るシーンとして、BaseSceneを開いておきましょう。

Chapter 07

ゲームに仕掛けを
追加しよう

Tips

完成データのダウンロード

この章で作成するプロジェクトの完成データは、以下のアドレスからダウンロードできます。

- https://www.shoeisha.co.jp/book/download/4597/read

7.1 ダメージブロックを作ろう

現時点では、ゲーム画面の外に落ちるとゲームオーバーになります。ここでは、それと同じ機能を持ったゲームオブジェクトを作っていきましょう。踏むと死んでしまう「ダメージのブロック」です。

作り方は簡単です。ゲームオーバー当たりを作ったときに使った「Dead」タグをそのゲームオブジェクトに設定してやればOKです。ここではさらに少し工夫をして、以下のような仕掛けを作ることにしましょう。

**上から接触すると
ダメージ！**

**左右からの接触は
ノーダメージ！**

- ダメージ床は「針」の見た目
- 左右からの接触はノーダメージ。通常の壁と同じ
- 上から触れるとダメージ（ゲームオーバーになる）

針のダメージブロックを作ろう

それではまず、ダメージ床の画像アセット「needle」をシーンビューにドラッグ＆ドロップし、ゲームオブジェクトを作ってください。背景の下に隠れてしまわないように、Sprite Rendererコンポーネントの［Order in Layer］は「2」にしておきましょう。

◆ 針ブロックのコンポーネント

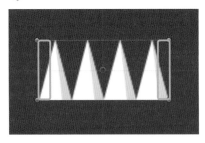

Box Collider 2Dを2つアタッチし、左右に壁のようにして配置します。

そして、ヒエラルキービューから「Create Empty」を選択し、空のゲームオブジェクトを作って「needle」の子オブジェクトにします。名前を「DeadObject」にしておきます。

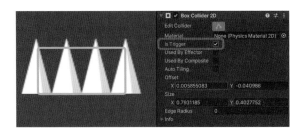

DeadObjectにBox Collider 2Dをアタッチし、［Is Trigger］をオンにします。範囲は左図のような形に調整してください。そして、このDeadObjectに「Dead」タグを設定します。

これでダメージ床の完成です。最後にヒエラルキービューからプロジェクトビューの Prefab フォルダーにドラッグ＆ドロップして、プレハブ化しておきましょう。これでダメージ床が量産できます。

落下するダメージブロックを作ろう

下敷きになって
ダメージ！

押して動かせる！

　次は、上から落下してきてプレイヤーを押しつぶす「ダメージブロック」を作りましょう。またブロックを地面に置いておき、「押して位置を変える」「下に落とすことで足場にできる」など、仕掛けの一部として使うことができるようにします。
　ここで、ゲームオブジェクトには「block1x1」の画像アセットを使います。名前は「GimmickBlock」としておきましょう。

　背景の下に隠れてしまわないように Sprite Renderer コンポーネントの［Order in Layer］は2にしておきましょう。また、プレイヤーキャラクターが乗れるようにするために、Layerには「Ground」を設定しておきます。

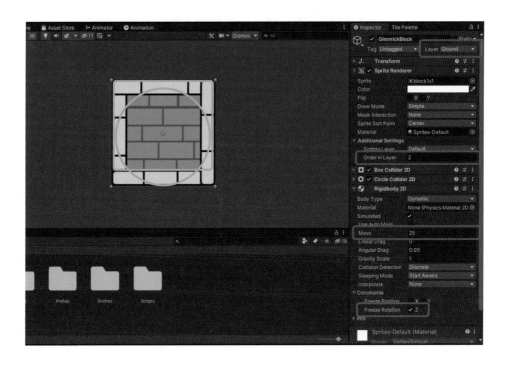

当たりの設定をしよう

Box Collider 2DとCircle Collider 2Dをアタッチし、Box Collider 2Dの範囲を底から少し上にしておいてください。Box Collider 2Dは「プレイヤーキャラクターが上に乗るための当たり」、Circle Collider 2Dは「地面と接触するための当たり」になります。地面と接する当たりを丸にする理由は、押したときにできるだけ引っかかりをなくし、スムーズに移動できるようにするためです。

次にRigidbody 2Dコンポーネントをアタッチします。これで落下させたり、プレイヤーキャラクターが押したりできるようになります。押したときの回転を防止するために、Rigidbody 2Dコンポーネントの [Freeze Rotation] の [Z] をオンに、[Mass] を「25」くらいに調整しておいてください。Massは質量（重さ）の設定です。これで重いものを押している感じが出ます。

さらに、プレイヤーを押しつぶす当たりも作っておきましょう。先ほどの針ブロックと同じように、空のゲームオブジェクトを作り、GimmickBlockにドラッグ＆ドロップして子オブジェクトにし、名前を「DeadObject」にしておきます。

DeadObjectにもBox Collider 2Dをアタッチし、位置をブロックの底から少し突き出るように調整して、[Is Trigger] をオンにしておいてください。さらにタグとして「Dead」を設定することで、落ちてきたブロックにプレイヤーキャラクターが接触することでゲームオーバーにできます。

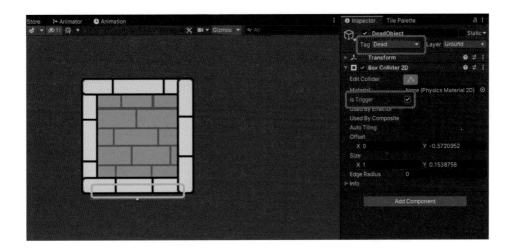

カラーアイコンを付けよう

GimmickBlockは、見た目が通常のブロックと同じでわかりにくいですね。その場合オブジェクトにカラーアイコンを付けておくことができます。

インスペクタービューの名前の左にアイコンがあります。プルダウンメニューになっており、そこからアイコンを設定することができます。

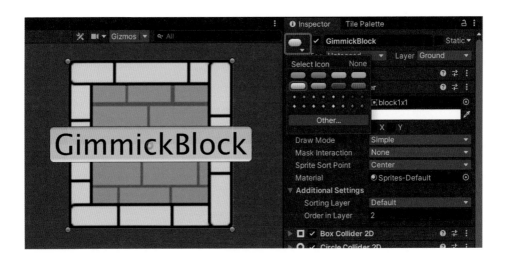

このアイコンはゲーム実行時には非表示になるため、空オブジェクトを使うときは必要に応じて使うといいでしょう。

これで、「空中に配置すれば落下し、プレイヤーに当たればゲームオーバーにでき、地面に配置すればプレイヤーが押して動かせる」ブロックができ上がりました。

ダメージブロックを落下させるスクリプトを作ろう

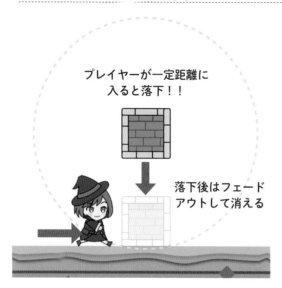

プレイヤーが一定距離に
入ると落下！！

落下後はフェード
アウトして消える

最後に、GimmickBlockにスクリプトを追加して、さらに楽しく使える仕掛けブロックにしてみましょう。スクリプトで以下のような機能を追加します。

- プレイヤーが一定距離に接近すると落ちる
- 落下後はフェードアウトして消える（消えるか消えないかはフラグで管理）

　以下のような「GimmickBlock」というスクリプトを作って、GimmickBlockにアタッチしてください。変更点をハイライト部で示します。

```
using System.Collections;
using System.Collections.Generic;
using UnityEngine;

public class GimmickBlock : MonoBehaviour
{
    public float length = 0.0f;        // 自動落下検知距離
    public bool isDelete = false;      // 落下後に削除するフラグ
    public GameObject deadObj;         // 死亡当たり

    bool isFell = false;               // 落下フラグ
    float fadeTime = 0.5f;             // フェードアウト時間

    // Start is called before the first frame update
    void Start()
    {
        // Rigidbody2Dの物理挙動を停止
        Rigidbody2D rbody = GetComponent<Rigidbody2D>();
        rbody.bodyType = RigidbodyType2D.Static;
        deadObj.SetActive(false); // 死亡当たりを非表示
    }

    // Update is called once per frame
    void Update()
```

```
{
    GameObject player =
    GameObject.FindGameObjectWithTag("Player"); // プレイヤーを探す
    if (player != null)
    {
        // プレイヤーとの距離計測
        float d = Vector2.Distance(
            transform.position, player.transform.position);
        if (length >= d)
        {
            Rigidbody2D rbody = GetComponent<Rigidbody2D>();
            if (rbody.bodyType == RigidbodyType2D.Static)
            {
                // Rigidbody2D の物理挙動を開始
                rbody.bodyType = RigidbodyType2D.Dynamic;
                deadObj.SetActive(true); // 死亡当たりを表示
            }
        }
    }
    if (isFell)
    {
        // 落下した
        // 透明値を変更してフェードアウトさせる
        fadeTime -= Time.deltaTime; // 前フレームの差分秒マイナス
        Color col = GetComponent<SpriteRenderer>().color;   // カラーを取り出す
        col.a = fadeTime;   // 透明値を変更
        GetComponent<SpriteRenderer>().color = col; // カラーを再設定する
        if (fadeTime <= 0.0f)
        {
            // 0 以下（透明）になったら消す
            Destroy(gameObject);
        }
    }
}


// 接触開始
void OnCollisionEnter2D(Collision2D collision)
{
    if (isDelete)
    {
        isFell = true;  // 落下フラグオン
    }
}

// 範囲表示
void OnDrawGizmosSelected()
{
    Gizmos.DrawWireSphere(transform.position, length);
}
}
```

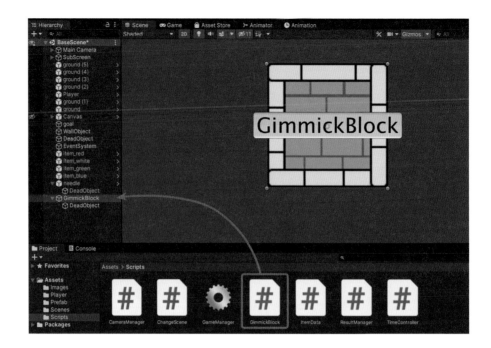

◆ 変数

publicを付けた先頭2つの変数は「落下判定のためのプレイヤーキャラクターとの距離」と「落下後に削除するかどうかのフラグ」です。その下のdeadObjは死亡当たりのための変数です。あとでDeadタグを付けたDeadObjectをインスペクタービューで設定しておいてください。isFellとfadeTime変数は「落下を判定するためのフラグ」と「落下後に消すまでの時間を計る」変数です。詳細は使用箇所で説明します。

◆ Start メソッド

Startメソッドでは、GetComponentメソッドでRigidbody2Dを取り出し、bodyTypeにRigidbodyType2D.Staticを設定することで一時的に物理シミュレーションを無効化しています。これによりこのブロックは重力で落下せず、押すこともできない状態になります。そしてdeadObjをSetActiveメソッドで非表示にします。こうすることで落下前にプレイヤーが下から接触した場合の死亡当たりを回避します。

◆ Update メソッド

Updateメソッドでは、FindGameObjectWithTagメソッドでプレイヤーのゲームオブジェクトを取得して、その距離を測ります。また、Vector2.Distanceメソッドは引数として渡された2点（2つのVector2）間の距離を調べるメソッドです。

距離がlengthに設定された距離以下であれば、Rigidbody2DのbodyTypeに RigidbodyType2D.Dynamicを設定して物理シミュレーションを有効化しています。これによりこのブロックは重力落下したり、押して動かすことのできる状態になったりします。落下すると同時にStartメソッドで非表示にしたdeadObjをSetActiveメソッドで表示し、死亡当たりを有効にしています。

isFellフラグがtrueの場合、Sprite Rendererコンポーネントの色設定を行うColorを取り出して、透明値を再設定しています。Colorには、r（赤）、g（緑）、b（青）、a（不透明度）のパラメーターがあり、それぞれ0.0〜1.0の値が設定されています。

aを経過時間の差分（秒）だけマイナスしていくことで段々と0に近づいていき、0以下（透明）になったらDestroyメソッドで自分自身をシーンから削除しています。以前、プレイヤーキャラクターを消す処理をアニメーションデータで作りましたが、今回は同じようなことをスクリプトで作ってみました。

Destroyメソッドは第1引数に指定したGameObjectを第2引数で指定した時間後にシーンから削除するメソッドです。第2引数は省略可能で、書かなければ「0が指定された」ことになります。この場合、GameObjectは自分自身を指すため、自分自身をシーンから削除することになりますね。

◆ OnCollisionEnter2D メソッド

OnCollisionEnter2DはColliderの [Is Trigger] がオフのとき、何かに接触したら呼ばれるメソッドです。isDeleteフラグがtrueのときにブロックの底に設定したBox Collider 2Dが何かに接触した場合、isFellフラグがtrueとなって、Updateメソッドでの削除処理が動くようになります。

ここまでできたら、再利用ができるようにGimmickBlockをプレハブ化しておきましょう。

◆ OnDrawGizmosSelected メソッド

OnDrawGizmosSelectedメソッドはゲームオブジェクトが選択されているとき、シーンビューに図形を描画するためのメソッドです。このメソッドの中でGizmosクラスの描画メソッドを使うことでさまざまな図形をシーンビューに描画することができます。

ここではDrawWhiteSpereメソッドで白い円を描画しています。DrawWhiteSpereメソッドの引数は2つで、円を描く中心の座標と円の半径です。これにより落下させる有効範囲が表示され、ゲームステージを作るときに役立ちます。

7.2 移動床を作ろう

次に作る仕掛けは、プレイヤーキャラクターを乗せて移動する「移動床」です。スクリプトのパラメーター設定で移動する方向、距離、時間を指定できるようにします。また、「常に動いている」「プレイヤーが乗ると動き出す」などの設定ができるようにもしてみましょう。

移動床のゲームオブジェクトを作ろう

移動床用の画像アセットは「block_move」です。画像アセットをプロジェクトビューからシーンビューに配置してゲームオブジェクトを作り、名前を「MovingBlock」としておきます。

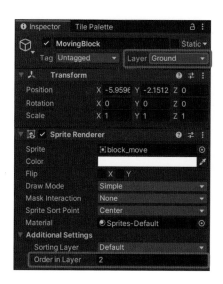

コンポーネントの設定は通常の地面床と同じです。[Layer]に「Ground」を指定し、Sprite Rendererの[Order in Layer]を「2」に設定し、Box Collider 2Dをアタッチしておきましょう。なお、この移動床は物理処理によっては動かさないので、Rigidbody 2Dをアタッチする必要はありません。

ブロックを動かすスクリプトを作ろう

移動床を制御するスクリプトを作ります。スクリプトの名前は「MovingBlock」としておきます。スクリプトファイルができたら、移動床のゲームオブジェクトにアタッチしてMovingBlockスクリプトを開いてください。

以下がMovingBlockスクリプトです。更新部分はハイライトしています。少し長いですが、ゆっくりと書いてみてください。

```
using System.Collections;
using System.Collections.Generic;
using UnityEngine;

public class MovingBlock : MonoBehaviour
{
    public float moveX = 0.0f;          // X移動距離
    public float moveY = 0.0f;          // Y移動距離
    public float times = 0.0f;          // 時間
    public float wait = 0.0f;           // 停止時間
    public bool isMoveWhenOn = false;   // 乗った時に動くフラグ
    public bool isCanMove = true;       // 動くフラグ
    Vector3 startPos;                   // 初期位置
    Vector3 endPos;                     // 移動位置
    bool isReverse = false;             // 反転フラグ

    float movep = 0;                    // 移動補完値

    // Start is called before the first frame update
```

```
void Start()
{
    startPos = transform.position;                                  // 初期位置
    endPos = new Vector2(startPos.x + moveX, startPos.y + moveY);  // 移動位置
    if (isMoveWhenOn)
    {
        // 乗った時に動くので最初は動かさない
        isCanMove = false;
    }
}

// Update is called once per frame
void Update()
{
    if (isCanMove)
    {
        float distance = Vector2.Distance(startPos, endPos);        // 移動距離
        float ds = distance / times;                                // 1秒の移動距離
        float df = ds * Time.deltaTime;                             // 1フレームの移動距離
        movep += df / distance;                                     // 移動補完値
        if (isReverse)
        {
            transform.position = Vector2.Lerp(endPos, startPos, movep);  // 逆移動
        }
        else
        {
            transform.position = Vector2.Lerp(startPos, endPos, movep);  // 正移動
        }
        if (movep >= 1.0f)
        {
            movep = 0.0f;                       // 移動補完値リセット
            isReverse = !isReverse;             // 移動を逆転
            isCanMove = false;                  // 移動停止
            if (isMoveWhenOn == false)
            {
                // 乗った時に動くフラグ OFF
                Invoke("Move", wait);           // 移動フラグを立てる遅延実行
            }
        }
    }
}

// 移動フラグを立てる
public void Move()
{
    isCanMove = true;
}

// 移動フラグを下ろす
public void Stop()
```

```
    {
        isCanMove = false;
    }

    // 接触開始
    void OnCollisionEnter2D(Collision2D collision)
    {
        if (collision.gameObject.tag == "Player")
        {
            // 接触したのがプレイヤーなら移動床の子にする
            collision.transform.SetParent(transform);
            if (isMoveWhenOn)
            {
                // 乗った時に動くフラグ ON
                isCanMove = true;    // 移動フラグを立てる
            }
        }
    }
    // 接触終了
    void OnCollisionExit2D(Collision2D collision)
    {
        if (collision.gameObject.tag == "Player")
        {
            // 接触したのがプレイヤーなら移動床の子から外す
            collision.transform.SetParent(null);
        }
    }
    // 移動範囲表示
    void OnDrawGizmosSelected()
    {
        Vector2 fromPos;
        if (startPos == Vector3.zero)
        {
            fromPos = transform.position;
        }
        else
        {
            fromPos = startPos;
        }
        // 移動線
        Gizmos.DrawLine(fromPos, new Vector2(fromPos.x + moveX, fromPos.y + moveY));
        // スプライトのサイズ
        Vector2 size = GetComponent<SpriteRenderer>().size;
        // 初期位置
        Gizmos.DrawWireCube(fromPos, new Vector2(size.x, size.y));
        // 移動位置
        Vector2 toPos = new Vector3(fromPos.x + moveX, fromPos.y + moveY);
        Gizmos.DrawWireCube(toPos, new Vector2(size.x, size.y));
    }
}
```

7

ゲームに仕掛けを追加しよう

◆ 変数

まずはpublicを付けた変数を見ていきましょう。これらは移動床を動かすためのX方向とY方向の移動距離と移動時間をインスペクタービューから指定するためのものです。停止時間は床が移動終了後、再度移動を開始するまでの待ち時間です。移動床はwaitの秒数だけ停止してから逆方向に動き出します。

isMoveWhenOnはプレイヤーが乗ると動く移動床にするためのフラグです。これがtrueの場合、プレイヤーが乗ると床が移動します。

isCanMoveは床を移動させるためのフラグです。これがtrueであればUpdateメソッドで位置を変更して床を移動させています。

それ以下の変数は移動中の制御を行うためのものです。startPosとendPosは床の初期位置と移動後の位置です。この位置を基準として移動床に往復移動をさせます。isReverseは床が正方向に移動して いるか、逆方向に移動しているかを示すフラグです。trueであれば逆方向の移動を表します。

movepは床の位置を決めるための変数です。詳しくは、実際に使っているUpdateメソッドで説明します。

◆ Start メソッド

Startメソッドでは以下のことを行っています。

まず、移動床の初期位置をstartPos変数に保存しています。その初期値とmoveXとmoveYから移動後の位置を計算しています。

isMoveWhenOn（プレイヤーが乗れば動くフラグ）がtrueの場合、最初は自動で動かないので、isCanMoveをfalseにしています。

◆ Update メソッド

UpdateメソッドはisCanMoveフラグがtrueの場合に機能します。ここではVector2のLerpメソッドを使って床を移動させています。

Lerpメソッドは以下のような定義になっています。

・Vector2 Lerp (Vector2 a, Vector2 b, float t);

引数として渡される2つのVector2型の変数は、始点と終点を、float型の変数は0 〜 1の範囲を示し、戻り値としては2つの「線形補完」されたVector2型の値を返します。

例えば変数tが0.5だった場合、aとbの中間の値が返されます。つまり変数tの値を0から1に向かって変化させてやることで、始点と終点の位置が得られるということです。

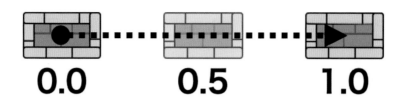

$$0.0 \quad 0.5 \quad 1.0$$

　このLerpメソッド3番目の引数として渡されるのが、変数movepです。まず始点（startPos）と終点（endPos）の距離をVector2.Distanceメソッドにより取得します。その距離を時間で割ることで1秒間の移動距離を計算し、さらに1秒間の移動距離に前フレームからの経過時間（Time.deltaTime）を掛けることで1フレームの移動距離を計算します。最後に1フレームの移動距離を距離で割った値をmovepに加算することで補完値が計算できます。

　位置が移動位置に達するとisCanMoveにfalseを入れて移動を停止、移動補完値をリセット、反転フラグを逆に設定し、waitの時間だけ停止してから、Invokeメソッドを使って遅延実行させ、Moveメソッドを呼んでいます。

　床を再移動させるための条件に、「isMoveWhenOnフラグがfalseの場合」という条件を加えています。これにより移動床が停止した場合、isMoveWhenOnがtrueであれば、自動的には再移動しなくなります。

◆ OnCollisionEnter2Dメソッド／OnCollisionExit2Dメソッド

　そして、今回のポイントはOnCollisionEnter2DとOnCollisionExit2Dの2つのメソッドで行っている処理です。

物理当たり判定のメソッド

　OnCollisionEnter2D、OnCollisionStay2D、OnCollisionExit2Dという3つのメソッドは、「In Trigger」にチェックを付けて**いない**コライダーが他のコライダーに「接触した」「接触継続中」「接触終了」のときに呼ばれるメソッドで、引数のcollision変数は接触したコライダーです。ただし今回はOnCollisionStay2Dメソッド（接触継続中）は必要ないので使っていません。

　移動床に接触したプレイヤーを移動床の子にし、離れたときに子から外しています。なぜこのようなことをしているのかというと、プレイヤーキャラクターが物理挙動で移動しているためです。そのため、そのままでは移動床が動くと上に乗っているゲームオブジェクトが

ずれて落ちてしまうのです。子にしておけば、乗っているときに床と一緒に移動してくれるので、ずれません。

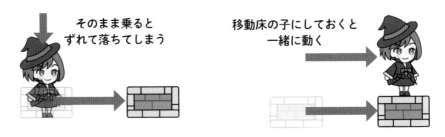

そのまま乗ると
ずれて落ちてしまう

移動床の子にしておくと
一緒に動く

　SetParentはTransformコンポーネント（Transformクラス）が持つメソッドで、引数に指定した他のTransformの子になります。このメソッドは引数にnull（何もないということ）を設定することで、親子関係の解除も行えます。

```
collision.transform.SetParent(transform);
```

　この場合、collision.transformは移動床に接触したゲームオブジェクト（プレイヤーキャラクターですね）であり、そのSetParentメソッドに自分のTransformを引数として自分（移動床）を渡しているので、プレイヤーキャラクターが移動床の子になるというわけです。
　isMoveWhenOnの場合、StartメソッドでいったんfalseにしたisCanMoveフラグをtrueにします。これにより、プレイヤーが乗ると床が動き出すようになります。

◆ Moveメソッド／Stopメソッド

　Move、StopメソッドはisCanMoveをそれぞれオン、オフして移動床を動かすようにするメソッドです。Invokeメソッドで使うためにメソッドにしているのですが、このあとの「移動ブロックと連動するスイッチを作ろう」で使うためにpublicを付けています。
　これで移動床の完成です。再利用ができるように、MovingBlockをプレハブ化しておきましょう。

◆ OnDrawGizmosSelectedメソッド

　OnDrawGizmosSelectedメソッドは先ほどの落下ブロックと同じように移動床の移動線と移動前後の位置を描画しています。ここで使っているDrawLine、DrawWireCubeメソッドは線と四角形を描画するメソッドです。DrawLineメソッドには線の両端の点を、DrawWireCubeメソッドには四角形の中心と幅と高さを引数として渡します。

移動ブロックの使い方

それでは、移動床を試してみましょう。スクリプトを保存してUnityに戻ってください。

Prefabフォルダーから移動床を2つ配置して、1つ目の床はインスペクタービューのMoving Block（Script）のパラメーター設定を

- Move Y（Yの移動）：「4」
- Times（時間）：「3」
- Weight（停止時間）：「1」

としてください。

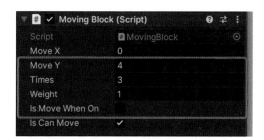

また、[Is Move When On] のチェックボックスはオフにしておきます。この設定では、移動床は「上に4移動後、1秒間停止」「下に4移動して1秒間停止」を常に繰り返します。

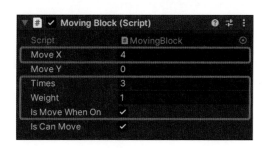

もう1つの移動床は、[Move X]（Xの移動）を「4」、[Times]（時間）を「3」、[Weight]（停止時間）を「1」に設定します。[Is Move When On] のチェックボックスはオンにしておきます。この設定では、移動床はプレイヤーキャラクターが乗ることで、右に4移動したあとに停止します。

再度プレイヤーキャラクターが乗ることで左に4移動して停止します。

また、[Move X] と [Move Y] 両方に値を入れると、移動床は斜めに動きます。マイナス値を入れれば左方向、下方向に動きます。

ゲームに仕掛けを追加しよう

7.3 移動床と連動するスイッチを作ろう

先ほど作った移動ブロックを操作するスイッチを作ってみましょう。移動ブロックを外部から操作できればゲームステージに作れる仕掛けの幅が広がりますね。スイッチはプレイヤーが触れると動くレバー式にしましょう。

スイッチのゲームオブジェクトを作ろう

画像アセットの「Lever_off」をシーンビューに配置してゲームオブジェクトを作ってください。名前は「Switch」としておきます。スイッチを区別するために「Switch」タグを追加して設定します。

参照 「ゲームオブジェクトを区別する仕組み（タグ）」 97ページ

Sprite Rendererの［Order in Layer］は「2」に設定し、Box Collider 2D コンポーネントをアタッチして、［Is Trigger］をオンにしておきましょう。

スイッチのスクリプトを作ろう

スイッチを操作するためのスクリプトを作ります。以下のようなSwitchActionスクリプトを作って、Switchにアタッチしてください。

```csharp
using System.Collections;
using System.Collections.Generic;
using UnityEngine;

public class SwitchAction : MonoBehaviour
{
    public GameObject targetMoveBlock;
    public Sprite imageOn;
    public Sprite imageOff;
    public bool on = false;      // スイッチの状態 (true：押されている  false：押されていない)

    // Start is called before the first frame update
    void Start()
    {
        if (on)
        {
            GetComponent<SpriteRenderer>().sprite = imageOn;
        }
        else
        {
            GetComponent<SpriteRenderer>().sprite = imageOff;
        }
    }

    // Update is called once per frame
    void Update()
    {

    }
    // 接触開始
    void OnTriggerEnter2D(Collider2D col)
    {
        if (col.gameObject.tag == "Player")
        {
            if (on)
            {
                on = false;
                GetComponent<SpriteRenderer>().sprite = imageOff;
                MovingBlock movBlock = targetMoveBlock.GetComponent<MovingBlock>();
                movBlock.Stop();
            }
            else
            {
                on = true;
```

```
                GetComponent<SpriteRenderer>().sprite = imageOn;
                MovingBlock movBlock = targetMoveBlock.GetComponent<MovingBlock>();
                movBlock.Move();
            }
        }
    }
}
```

◆ 変数

publicの付いた変数が4つあります。

targetMoveBlockはこのスイッチが操作する対象の移動ブロックのゲームオブジェクトです。インスペクタービューから設定します。

imageOnとimageOffはスイッチのオン、オフ時に表示する画像アセットを設定しておく変数です。

onはこのスイッチが押されているかどうかを設定するフラグです。trueであれば押されていることを、falseであれば押されていないことを表します。

◆ Start メソッド

Startメソッドでは、onフラグを確認して、Sprite Rendererコンポーネントのspriteを書き換えて表示を更新しています。

◆ OnTriggerEnter2D メソッド

OnTriggerEnter2Dメソッドではプレイヤーが接触した場合、スイッチのオンかオフ（on変数）を確認しています。onフラグがtrueであればimageOffの画像に変更してMovingBlockクラスのStopメソッドを呼び、falseであればimageOnの画像に変更してMoveメソッドを呼んでいます。これにより、移動ブロックを操作しています。

ここまでできたら、インスペクタービューでSwitch Action(Script)の［ImageOn］と［ImageOff］にはそれぞれ、画像アセットの「Lever_on」と「Lever_off」をドラッグ＆ドロップして設定しておきましょう。

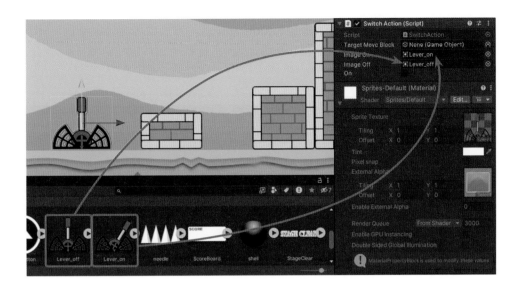

　この段階では、Target Move Blockは設定しなくてかまいません。ここまでできたら、Switchをいったんプレハブ化しておいてください。

スイッチの使い方

　Switchを使うためには、まずMovingBlockとSwitchをシーンに配置します。

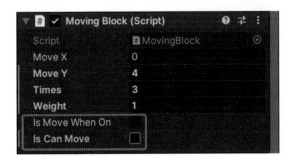

　配置できたらMovingBlockのパラメーターを設定します。スイッチでブロックを動かし始める場合、[Is Move When On] と [Is Can Move] はオフにしておきます。

Switchを選択し、動かす対象のMovingBlockをインスペクタービューのSwitch
Action(Script)の［Target Move Block］に設定します。［On］のチェックボックスはオフに
しておきます。

これで、ゲームを開始してプレイ
ヤーキャラクターをスイッチに接触
させれば移動ブロックが動き出し、
再度スイッチに接触させれば停止し
ます。

7.4 固定砲台を作ろう

次に作るのは「固定砲台」です。固定砲台はゲームステージに据え付けてある大砲から定期的に砲弾を発射するゲームオブジェクトです。砲弾にプレイヤーキャラクターが当たればゲームオーバーにしましょう。

固定砲台のゲームオブジェクトを作ろう

プロジェクトビューから「cannon」をシーンビューにドラッグ＆ドロップしてゲームオブジェクトを作ります。固定砲台自体は地面ブロックと同じです。画像だけが違うと考えておけばよいでしょう。Sprite Rendererの［Order in Layer］を「2」にし、［Layer］には「Ground」を設定しておきます。さらに、追加コンポーネントとしてBox Collider 2Dをアタッチします。

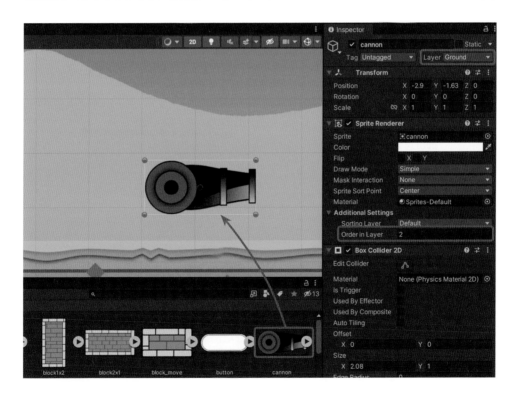

砲台を作ったら、発射口となるゲームオブジェクトをその子として追加します。［Create Empty］で空オブジェクトを作り、cannonの子として設定します。名前は「gate」としておきましょう。gateの位置を砲台の少し右に外れた位置に移動させてください。ツールバーの

移動ツールを使えば作業しやすいでしょう。

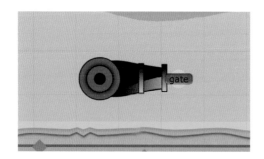

　空オブジェクトの場合、見た目がほぼ何もなくてわかりにくいですね。その場合オブジェクトにカラーアイコンを付けておくとよいでしょう。

参照▶「カラーアイコンを付けよう」
　　　211 ページ

固定砲台のスクリプトを作ろう

　砲弾を発射するスクリプトを作ります。以下のような内容のCannonControllerというスクリプトを作ってcannonにアタッチしてください (変更点はハイライト部)。

```
using System.Collections;
using System.Collections.Generic;
using UnityEngine;

public class CannonController : MonoBehaviour
{
    public GameObject objPrefab;          // 発生させる Prefab データ
    public float delayTime = 3.0f;        // 遅延時間
    public float fireSpeed = 4.0f;        // 発射速度
    public float length = 8.0f;           // 範囲

    GameObject player;                    // プレイヤー
    Transform gateTransform;              // 発射口の Transform
    float passedTimes = 0;                // 経過時間

    // 距離チェック
    bool CheckLength(Vector2 targetPos)
    {
        bool ret = false;
        float d = Vector2.Distance(transform.position, targetPos);
        if (length >= d)
        {
            ret = true;
        }
        return ret;
    }

    // Start is called before the first frame update
    void Start()
```

```
{
    // 発射口オブジェクトの Transform を取得
    gateTransform = transform.Find("gate");
    // プレイヤーを取得
    player = GameObject.FindGameObjectWithTag("Player");
}

// Update is called once per frame
void Update()
{
    // 待機時間加算
    passedTimes += Time.deltaTime;
    // Player との距離チェック
    if (CheckLength(player.transform.position))
    {
        // 待機時間経過
        if (passedTimes > delayTime)
        {
            passedTimes = 0;           // 時間を 0 にリセット
            // 砲弾をプレハブから作る
            Vector2 pos = new Vector2(gateTransform.position.x,
                                      gateTransform.position.y);
            GameObject obj = Instantiate(objPrefab, pos, Quaternion.identity);
            // 砲身が向いている方向に発射する
            Rigidbody2D rbody = obj.GetComponent<Rigidbody2D>();
            float angleZ = transform.localEulerAngles.z;
            float x = Mathf.Cos(angleZ * Mathf.Deg2Rad);
            float y = Mathf.Sin(angleZ * Mathf.Deg2Rad);
            Vector2 v = new Vector2(x, y) * fireSpeed;
            rbody.AddForce(v, ForceMode2D.Impulse);
        }
    }
}
// 範囲表示
void OnDrawGizmosSelected()
{
    Gizmos.DrawWireSphere(transform.position, length);
}
}
```

◆ **変数**

　objPrefab変数は固定砲台から発射する砲弾のゲームオブジェクトのプレハブです。これはあとでUnityから設定するため、publicを付けています。

　delayTimeはゲームオブジェクト発生の遅延時間、passedTimesは遅延時間までの時間をカウントするための内部変数です。

　fireSpeedは発生させたゲームオブジェクトに与えるスピードを設定しておく変数です。

また、`length`変数は弾丸発射を開始するためのプレイヤーキャラクターとの距離を設定する変数です。

`player`はプレイヤーキャラクターのゲームオブジェクトを保持する変数であり、`gateTransform`は先ほど子として追加した発射口のゲームオブジェクトの`Transform`を保持する変数です。この位置を利用して弾丸の発射位置を決めます。

◆ Start メソッド

`Start`メソッドでは`gateTransform`変数に発射口の`Transform`を入れています。

`Transform`コンポーネントの`Find`メソッドを使うことで自分が子として持っている`Transform`コンポーネントをゲームオブジェクトの名前を指定して取得することができます。さらに`FindGameObjectWithTag`メソッドを使ってプレイヤーキャラクターのゲームオブジェクトを取得しています。

◆ Update メソッド

`Update`メソッドでは、前フレームからの経過時間が入っている`Time`クラスの`deltaTime`変数を`passedTimes`に加算していくことで時間を計測しています。これが`delayTime`変数の値を超え、プレイヤーキャラクターが指定距離に接近していたら砲弾を発射します。

発射口である`gateTransform`の位置から`Vector2`を作り、`objPrefab`からゲームオブジェクトを作っています。

◆ CheckLength メソッド

`CheckLength`メソッドは、自分自身（固定砲台のゲームオブジェクト）と指定された位置の距離を判定し、その距離が`length`変数以下であれば`true`、でなければ`false`を返すメソッドです。

2点の距離は`Vector2`の`Distance`メソッドで計測できます。`Distance`メソッドは引数に計測したい2つの位置（`Vector2`データ）を入れるとその距離を返してくれます。`Vector2`はxとyだけが対象として有効なだけで、実質的には`Vector3`と変わりません。

スクリプトでゲームオブジェクトを作ろう

`Instantiate`メソッドはプレハブからゲームオブジェクトを作るメソッドです。これまでゲームオブジェクトはシーンビューに配置して作っていましたが、`Instantiate`メソッドを使えばスクリプトでプレハブから作ることができます。

このメソッドの第1引数は対象のプレハブ、第2引数は配置位置、第3引数は回転値です。`Quaternion`というのが3次元での回転を表すデータです。`Quaternion.identity`は「回転し

ない」という指定です。

　回転の指定は、次のように行います。例えば、Z軸に対して45度回転させたい場合、`Euler`メソッドを使って、第3引数（Z軸）に`45.0f`を指定します。

```
Quaternion.Euler(0.0f, 0.0f, 45.0f);
```

　`Instantiate`メソッドは作成したゲームオブジェクトを返します。そのゲームオブジェクトの`Rigidbody2D`に`Vector2`で力を与える方向を指定して初速を与えます。`Instantiate`メソッドはとても利用頻度が高いメソッドです。覚えておきましょう。

　弾丸の発射ベクトルは砲身の先が向いている方向です。固定砲台のZ軸の回転値から三角関数を使ってベクトルを計算しています。三角関数について説明すると少し長くなるので、コラム「ゲームのための三角関数」（442ページ）を参照してください。

砲弾を作ろう

　次は、発射される「砲弾」を作りましょう。

　まずは砲弾用の画像「shell」をシーンビューにドラッグ＆ドロップしてゲームオブジェクトを作り、tagを「Dead」に設定します。これにより、プレイヤーキャラクターに当たればゲームオーバーにすることができます。

　それから、砲弾にShellという名前のレイヤーを作って設定しておいてください。このレイヤーの使い道は後ほど説明します。

参照▶ 「ゲームオブジェクトをグループ分けする仕組み（レイヤー）」 94 ページ

　Circle Collider 2D と Rigidbody 2Dをアタッチし、Sprite Rendererの［Order in Layer］を「2」にします。また、Circle Collider 2Dの［Is Trigger］をオンにし、Rigidbody 2Dの［Gravity Scale］を「0」にしてゲームオブジェクトに重力がかからないようにしておきましょう。

砲弾のスクリプトを作ろう

ShellControllerというスクリプトを以下のような内容で作って、砲弾のゲームオブジェクトにアタッチしてください。

```
using System.Collections;
using System.Collections.Generic;
using UnityEngine;

public class ShellController : MonoBehaviour
{
    public float deleteTime = 3.0f;     // 削除する時間指定

    // Start is called before the first frame update
    void Start()
    {
        Destroy(gameObject, deleteTime);     // 削除設定
    }

    // Update is called once per frame
    void Update()
    {

    }

    void OnTriggerEnter2D(Collider2D collision)
    {
        Destroy(gameObject);    // 何かに接触したら消す
    }
```

```
        }
```

◆ 変数

deleteTime 変数はこの砲弾が発射されてから消えるまでの時間を設定しています。

◆ Start メソッド

Start メソッドでは、シーンに出現してからの削除時間を設定しています。

ここで使っている Destroy メソッドは、第1引数で指定したゲームオブジェクトを、第2引数で指定した秒数後に削除するメソッドです。ここでは自分自身を deleteTime で設定された時間（初期値は3秒）で削除するようにしています。

◆ OnTriggerEnter2D メソッド

OnTriggerEnter2D メソッドで何かに接触したらすぐに消すようにもしています。

レイヤーの接触設定を編集しよう

これで、発射できる砲弾ができました。しかしこのままでは、砲台の位置から発射された砲弾が、「砲台に接触した」と判断されて即座に消えてしまいます。

このようなことを回避するために、Unity ではレイヤーどうしの当たり判定を個別に変更することができます。レイヤーの接触設定を変更するには、メニューから、[Edit] → [Project Settings…] を選択してください。「プロジェクト設定」ウィンドウが開きます。

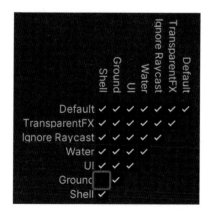

左のタブから [Physics2D] を選択し、[Layer Collision Matrix] を見ると、レイヤーの名前が並んだチェックボックスが表示されているはずです。そこで、「Ground」と「Shell」が交差する部分のチェックボックスをオフにしてください。これで「Ground」と「Shell」のレイヤーが設定されているゲームオブジェクトどうしは接触しなくなります。

あとはプレハブ化して完成です。プレハブ化する前に固定砲台の砲身は右を向いているので、インスペクタービューで [Transform Rotation] の [Z] を「180」として砲身を左方向に向けるようにしてください。シーン上にある砲弾のゲームオブジェクトは必要ないので削除しておいてください。

　シーンビューで「cannon」を選択し、プロジェクトビューの「shell」プレハブをインスペクタービューの［Obj Prefab］にドラッグ＆ドロップして設定しておきましょう。ここまでできたらcannonもプレハブ化しておきます。

固定砲台をシーンに配置したあとは
[Transform Rolation Z] の値を変え
て砲身を好きな向きに調整しましょ
う。プレイヤーキャラクターが指定距
離まで接近すると、砲弾が一定間隔で
左方向に発射されます。

7.5 動き回る敵キャラを作ろう

続いて、ウロウロと動き回る敵キャラを作っていきます。イメージとしては動いているダメージ床というところでしょうか。敵キャラには以下のような動きをさせましょう。

- プレイヤーキャラクターが接触したらゲームオーバーになる
- 一定時間行ったり来たりする
- 何かに接触したら向きを変える

なお、ここでEnemyフォルダーを作っておき、敵キャラは今後その中に保存するようにします。

敵キャラを作ろう

敵キャラには、4枚でアニメーションできるような画像を用意しています。「enemy1 〜 enemy4」をシーンビューにドラッグ＆ドロップしてゲームオブジェクトとアニメーションデータを作りましょう。その際、ゲームオブジェクトとアニメーションの名前は「Enemy」にしておきます。なお、作るアニメーションは1つだけです。

タグは「Dead」に設定し、Sprite Rendererコンポーネントの [Order in Layer] は「2」にしておきます。アタッチするコンポーネントはRigidbody 2D、Circle Collider 2D、Box Collider 2Dの3つです。アタッチできたら、Rigidbody 2Dの [Freeze Rotation] の [Z] にチェックを入れて回転しないようにしておきましょう。

Circle Collider 2DとBox Collider 2Dの位置は次図のように設定しておいてください。Box Collider 2DがCircle Collider 2Dの外側にくるようにして、Box Collider 2Dの`Is Trigger`をチェックしておきましょう。Circle Collider 2Dは地面との物理的な当たりを、Box Collider 2Dはプレイヤーキャラクターをゲームオーバーにするイベント当たりを担当することになります。

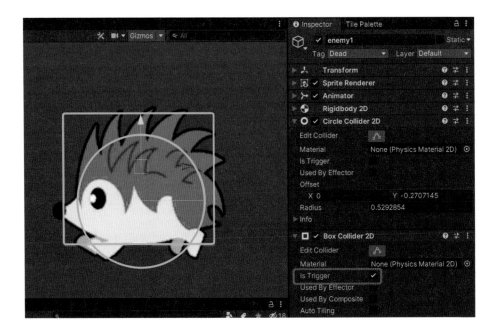

敵キャラのスクリプト（EnemyController）を作ろう

次にスクリプトを作ります。以下のような内容のEnemyControllerというスクリプトを作ってアタッチしてください。プレイヤーキャラクターを動かすPlayerControllerの簡易版のような感じです。

```csharp
using System.Collections;
using System.Collections.Generic;
using UnityEngine;

public class EnemyController : MonoBehaviour
{
    public float speed = 3.0f;          // 移動速度
    public bool isToRight = false;      // true=右向き　false=左向き
    public float revTime = 0;           // 反転時間
    public LayerMask groundLayer;       // 地面レイヤー

    float time = 0;

    // Start is called before the first frame update
    void Start()
    {
        if (isToRight)
        {
            transform.localScale = new Vector2(-1, 1);// 向きの変更
        }
    }

    // Update is called once per frame
    void Update()
    {
        if(revTime > 0)
        {
            time += Time.deltaTime;
            if (time >= revTime)
            {
                isToRight = !isToRight;     // フラグを反転させる
                time = 0;                   // タイマーを初期化
                if (isToRight)
                {
                    transform.localScale = new Vector2(-1, 1);  // 向きの変更
                }
                else
                {
                    transform.localScale = new Vector2(1, 1);   // 向きの変更
                }
            }
        }
```

ゲームに仕掛けを追加しよう

```
        }

    void FixedUpdate()
    {
        // 地上判定
        bool onGround = Physics2D.CircleCast(transform.position, // 発射位置
                                             0.5f,               // 円の半径
                                             Vector2.down,       // 発射方向
                                             0.5f,               // 発射距離
                                             groundLayer);       // 検出するレイヤー
        if (onGround)
        {
            // 速度を更新する
            // Rigidbody2D を取ってくる
            Rigidbody2D rbody = GetComponent<Rigidbody2D>();
            if (isToRight)
            {
                rbody.velocity = new Vector2(speed, rbody.velocity.y);
            }
            else
            {
                rbody.velocity = new Vector2(-speed, rbody.velocity.y);
            }
        }
    }

    // 接触
    private void OnTriggerEnter2D(Collider2D collision)
    {
        isToRight = !isToRight;     // フラグを反転させる
        time = 0;                   // タイマーを初期化
        if (isToRight)
        {
            transform.localScale = new Vector2(-1, 1); // 向きの変更
        }
        else
        {
            transform.localScale = new Vector2(1, 1); // 向きの変更
        }
    }
}
```

◆ 変数

　変数が5つあります。上の2つの変数はそれぞれ速度と向きです。配置の時点で速度と向きを指定できるようにしています。revTime 変数は敵キャラが行ったり来たり動き回る時間を指定するための変数です。LayerMask 型の groundlayer はプレイヤーに設定したものと同じ、地面レイヤーを判定するための変数です。後ほどインスペクタービューで Ground レイヤーを

設定しておいてください。float型のtime変数は移動時間を記録しておき、それがrevTimeを超えたときに向きを反転させるのに使います。

◆ Start メソッド

Startメソッドではis ToRightを確認して、true であればlocalScaleのxに-1を設定して向きを反対（画像が左向きなので右に向くことになります）に向けています。

◆ Update メソッド

Updateメソッドでは、revTimeが0より大きい場合、Timeクラスのdelta Timeをtime変数に加算して経過時間を計っています。delta Timeには前フレームからの経過時間が入っており、これを変数に加算していくことで時間が計れます。時間がrevTimeを超えたらis ToRightの値を反転させます。Bool型の変数の頭に「!」を付けることで、trueとfalseを逆にしてくれます。その後、経過時間を計っているtime変数を0に初期化して、is ToRightを確認して、trueであればlocalScaleのxに-1を設定して向きを反対に向けています。

◆ FixedUpdate メソッド

FixedUpdateメソッドでは、敵キャラクターが地面に乗っているかの判断をPhysics2Dクラスの CircleCastメソッドで行い、地面に乗っている場合、Rigidobody2Dコンポーネントを取得して、速度を更新し、敵キャラクターを移動させています。左向きの場合はxをマイナスにしています。これはもし敵キャラクターが空中に配置されるか落下して宙に浮いた場合、左右に移動させず自由落下だけさせるための対応です。

地面判定の仕方はプレイヤーのときと同じですが、キャラクターの画像の中心位置やサイズの違いから円の半径や発射距離を少し変えています。

◆ OnTriggerEnter2D メソッド

OnTriggerEnter2Dメソッドは「Is Trigger」にチェックを付けたBox Collider 2Dが何かのColliderに接触した場合に呼ばれます。ここではis ToRightの値を反対にし、向きの変更を行っています。is ToRightの値を書き換えることで、次にFixedUpdateメソッドが呼ばれたときにその方向に向かって移動することになります。

スクリプトが書けたら、プレハブ化しておきましょう。

敵キャラを配置してみよう

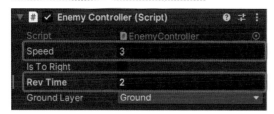

　敵キャラを配置して、Enemy Controller(Script) の [Speed] を「3」に、[RevTime] を「2」に設定してみましょう。実行すると、配置位置から左右に 2 秒間隔で行ったり来たりして動きます。

7.6 ゲームでサウンドを鳴らそう

　音楽はゲームに欠かせないものです。Unity で音楽や効果音、いわゆる SE (サウンドエフェクト)を再生するのは非常に簡単です。まずサウンドデータをプロジェクトに追加しましょう。

　ダウンロードしたサンプルデータの中にある、Sounds フォルダーをプロジェクトビューにドラッグ＆ドロップして追加してください。

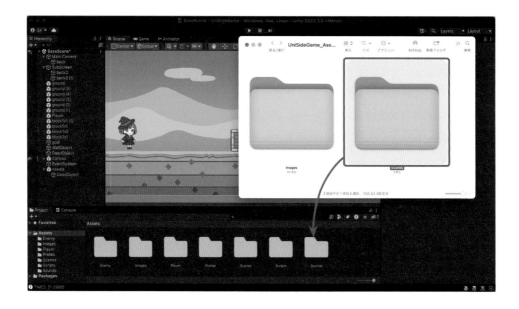

　Unity で再生できるサウンドデータは、.wav、.aiff、.mp3 など一般によく使われる形式がサポートされています。キレイな音で再生したいならば、.wav や .aiff などの非圧縮形式を使うのがいいでしょう。サンプルでは以下のデータを用意しました。

- BGM_game_00.wav：ゲーム中のループ BGM
- ME_Clear.mp3：ゲームクリア時のサウンド
- ME_GameOver.mp3：ゲームオーバー時のサウンド

BGM を再生しよう

　それではまず、ゲーム中に常に流れているBGMを再生してみましょう。BGMの再生はゲーム画面に常に存在しているCanvasにやってもらいます。

　Canvasのプレハブを編集状態にして、インスペクタービューの［Add Component］ボタンをクリックしてください。そこから［Audio］→［Audio Source］を選択します。

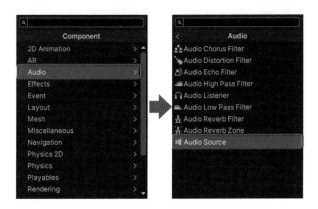

　すると、GameManagerにAudio Sourceコンポーネントがアタッチされます。これがサウンドを再生するコンポーネントです。

　次に、そのAudio Sourceにプロジェクトビューから「BGM_game_00」をドラッグ＆ドロップしてAudio Clipに設定してください。そのとき、

［Play On Awake］と［Loop］のチェックボックスをオンにしておきましょう。これでゲーム開始時にBGM_game_00がループ再生されるようになります。

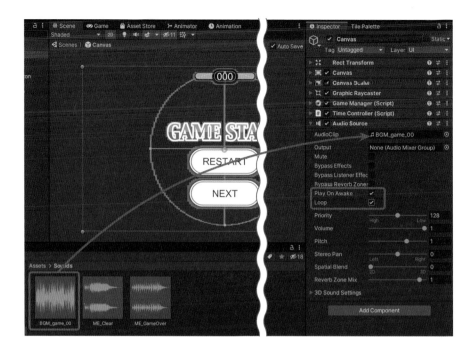

プログラムでサウンドを再生／停止しよう

ゲームクリア時とゲームオーバー時にBGMを停止して、ゲームクリアとゲームオーバーのサウンドを再生してみましょう。そのためにGameManagerスクリプトを更新します。

```
using System.Collections;
using System.Collections.Generic;
using UnityEngine;
using UnityEngine.UI;    // UI を使うのに必要

public class GameManager : MonoBehaviour
{
    ～ 省略 ～

    // +++ サウンド再生追加 +++
    public AudioClip meGameOver;     // ゲームオーバー
    public AudioClip meGameClear;    // ゲームクリア

    // Start is called before the first frame update
    void Start()
    {
            ～ 省略 ～
    }

    // Update is called once per frame
```

```
    void Update()
    {
        if (PlayerController.gameState == "gameclear")
        {
            // ゲームクリア

            ～ 省略 ～

            // +++ サウンド再生追加 +++
            // サウンド再生
            AudioSource soundPlayer = GetComponent<AudioSource>();
            if (soundPlayer != null)
            {
                // BGM 停止
                soundPlayer.Stop();
                soundPlayer.PlayOneShot(meGameClear);
            }
        }
        else if (PlayerController.gameState == "gameover")
        {
            // ゲームオーバー

            ～ 省略 ～

            // +++ サウンド再生追加 +++
            // サウンド再生
            AudioSource soundPlayer = GetComponent<AudioSource>();
            if (soundPlayer != null)
            {
                // BGM 停止
                soundPlayer.Stop();
                soundPlayer.PlayOneShot(meGameOver);
            }
        }
        else if (PlayerController.gameState == "playing")
        {
            // ゲーム中

            ～ 省略 ～
        }
    }
    // 画像を非表示にする
    void InactiveImage()
    {
        mainImage.SetActive(false);
    }
    ～ 省略 ～
}
```

◆ 変数

追加の変数は2つです。AudioClipは先ほどプロジェクトに追加したサウンドデータです。後はどゲームオーバーとゲームクリアの2つをUnityエディターでここに登録しておいてください。

◆ Update メソッド

サウンド再生、停止はGameManagerにアタッチしたAudio Sourceコンポーネントを使います。GetComponentメソッドでAudio Sourceを取得して、Stopメソッドで現在再生中のサウンドを停止することができます。そしてPlayOneShotメソッドは引数に指定したサウンドクリップを1回だけ再生することができます。このメソッドを使ってゲームオーバーとゲームクリアで別のサウンドクリップを鳴らし分けています。これで、ゲーム中にサウンドが再生されるようになりました。

サウンドを鳴らす Audio Source

Audio Source には以下のようなメソッドもあります。ぜひ覚えておきましょう。

- `Play()`：Audio Clip に設定されたサウンドデータを再生する
- `Stop()`：Audio Clip に設定されたサウンドデータの再生を停止する
- `Pause()`：Audio Clip に設定されたサウンドデータの再生を一時停止する
- `UnPause()`：Audio Clip に設定されたサウンドデータ一時停止を解除する

また、サウンドを再生するにはシーンに1つ AudioListener コンポーネントが必要になります。これはその名のとおりサウンドを聞き取るためのコンポーネントです。ただし通常はシーンを作成したときの Main Camera にアタッチされた状態になっており、特に追加する必要はありません。

なぜカメラにアタッチされているかというと、3Dゲームの場合、3D画面のどこかで発生した音をプレイヤーの視点であるカメラに向けることで、音を立体的に聞かせられるためです。

7

ゲームに仕掛けを追加しよう

7.7 マウス／タッチパネル操作に対応させよう

　ここまで、ゲームの操作はすべてパソコンのキーボードを使って行ってきました。Unityでゲーム開発をする場合はキーボードで操作するほうが都合がいいのですが、実際にゲームとして、例えばスマートフォンでリリースすることを考えると、キーボードによる操作はできないことがわかります。

　そこで、以降は「タッチパネル操作への対応」を行っていきます。

スマートフォン対応 UI を考えてみよう

　現在、このゲームでできる操作は左右移動とジャンプです。タッチスクリーンでは、この操作を以下のように行っていきます。

◆ 左右移動

　画面左下に「バーチャルパッド」を表示して、これを指で触って左右に動かすことで移動できるようにします。

◆ ジャンプ

　画面右下にジャンプボタンを設置します。ボタンを押すことでジャンプできるようにします。

PlayerController スクリプトの更新

それでは、PlayerController を更新してタッチパネル操作に対応させましょう。更新内容は 2 つの変数追加と、Update メソッドでの入力処理追加、外部から呼べる SetAxis メソッドの追加です。

```csharp
using System.Collections;
using System.Collections.Generic;
using UnityEngine;

public class PlayerController : MonoBehaviour
{
    ～  省略  ～

    // タッチスクリーン対応追加
    bool isMoving = false;

    // Start is called before the first frame update
    void Start()
    {
        ～  省略  ～
    }

    // Update is called once per frame
    void Update()
    {
        if (gameState != "playing")
        {
            return;
        }
        // 移動
        if(isMoving == false)
        {
            // 水平方向の入力をチェックする
            axisH = Input.GetAxisRaw("Horizontal");
        }

        // 向きの調整
        if (axisH > 0.0f)
        {
            // 右移動
            transform.localScale = new Vector2(1, 1);    // 右
        }
        else if (axisH < 0.0f)
        {
            // 左移動
            transform.localScale = new Vector2(-1, 1);   // 左右反転させる
        }
```

```
        }
        void FixedUpdate()
        {
            ～ 省略 ～
        }
        // ジャンプ
        public void Jump()
        {
            ～ 省略 ～
        }
        // 接触開始
        void OnTriggerEnter2D(Collider2D collision)
        {
            ～ 省略 ～
        }
        // ゴール
        public void Goal()
        {
            ～ 省略 ～
        }
        // ゲームオーバー
        public void GameOver()
        {
            ～ 省略 ～
        }
        // ゲーム停止
        void GameStop()
        {
            ～ 省略 ～
        }

        // タッチスクリーン対応追加
        public void SetAxis(float h, float v)
        {
            axisH = h;
            if(axisH == 0)
            {
                isMoving = false;
            }
            else
            {
                isMoving = true;
            }
        }
    }
```

◆ 変数

isMovingはバーチャルパッドで移動していることを記録しておくフラグです。これがtrueの場合、Input.GetAxisRawによるキーボード入力を無視してタッチによる移動に対応します。

◆ Update メソッド

isMoving変数がfalseの（バーチャルパッドで操作されていない）場合、キーボード入力を有効にするようにif文で条件を付けています。

◆ SetAxis メソッド

SetAxisメソッドはバーチャルパッドから呼ばれるメソッドです。Input.GetAxisRawメソッドの代わりに、横移動のための変数であるaxisHに値を書き込んでいます。

2番目の引数float vはここでは使っていませんが、第3部で作るトップビューゲームにもバーチャルパッドが対応できるようにするため、縦軸移動のためのパラメーターもあらかじめ設定しておきます。

GameManager クラスの更新

GameManagerクラスも少し更新しましょう。ゲーム終了時に操作UIを非表示にする処理をUpdateメソッドに追加しています。またJumpメソッドを追加し、その中でPlayerControllerのJumpメソッドを呼んでいます。

これは、操作UIに割り当てるクラスをGameManagerクラスに集約して、以降の作業をシンプルにするためのものです。

```
using System.Collections;
using System.Collections.Generic;
using UnityEngine;
using UnityEngine.UI;     // UI を使うのに必要

public class GameManager : MonoBehaviour
{
    ～  省略  ～

    // +++ プレイヤー操作 +++
    public GameObject inputUI;          // 操作 UI パネル

    // Start is called before the first frame update
    void Start()
    {
        ～  省略  ～
```

```
    }

    ～  省略  ～

    // Update is called once per frame
    void Update()
    {
        if (PlayerController.gameState == "gameclear")
        {
            ～  省略  ～

            // +++ プレイヤー操作 +++
            inputUI.SetActive(false);      // 操作UI隠す
        }
        else if (PlayerController.gameState == "gameover")
        {
            ～  省略  ～

            // +++ プレイヤー操作 +++
            inputUI.SetActive(false);      // 操作UI隠す
        }
        else if (PlayerController.gameState == "playing")
        {
            // ゲーム中
            ～  省略  ～
        }
    }
    // 画像を非表示にする
    void InactiveImage()
    {
    ～  省略  ～
    }
    // +++ スコア追加 +++
    void UpdateScore()
    {
    ～  省略  ～
    }

    // +++ プレイヤー操作 +++
    // ジャンプ
    public void Jump()
    {
        GameObject player = GameObject.FindGameObjectWithTag("Player");
        PlayerController playerCnt = player.GetComponent<PlayerController>();
        playerCnt.Jump();
    }
}
```

ジャンプボタンを設置しよう

それではジャンプボタンをCanvasに配置して、ボタンが押されたらプレイヤーキャラクターがジャンプするようにしてみましょう。プレハブのCanvasを編集状態にしてください。

まず、ヒエラルキービューの［+］→［UI］→［Legacy］→［Button］からCanvasの［Prefab］に新しいボタンオブジェクトを配置し、ボタンの名前を「JumpButton」に変更しましょう。

ボタンを画面右下に移動させ、Image (Script) の［Source Image］に「JumpButton」をドラッグ＆ドロップし、［Set Native Size］をクリックしてボタンサイズを画像のサイズに合わせます。さらに［Preserve Aspect］にチェックを入れて、縦横比が固定されるようにもしておきます。

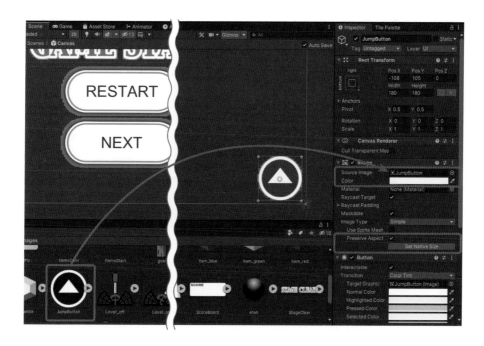

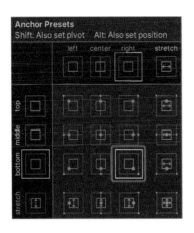

そして、インスペクタービューの［Rect Transform］ではボタン位置を右下固定に指定します。

ジャンプボタンは画像だけを表示します。そのため、Buttonの下にあるTextは空文字にするか、または削除しておきましょう。

ジャンプボタンにイベントを割り当てよう

ジャンプボタンが設置できたので、次は「ボタンを押したらプレイヤーキャラクターがジャンプする」ようにしていきます。

以前、［RESTART］ボタンや［NEXT］ボタンを作ったときに、「Button（Script）コンポーネントにゲームオブジェクトとメソッドを設定する」という作業を行いました。しかし、今回はちょっと違います。

Button（Script）コンポーネントは「ボタンが押されてから離されたとき」に反応しますが、ジャンプボタンは「押されたとき」に反応してほしいので、ここではEvent Triggerというコンポーネントを使います。

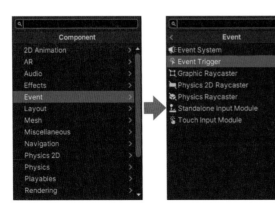

「JumpButton」を選択し、インスペクタービューの［Add Component］ボタンをクリックして、［Event］→［Event Trigger］を選択してください。

すると、Event Triggerという「いろいろなイベントを受け取る」ためのコンポーネントが追加されます。

追加できたら［Add New Event Type］ボタンをクリックして、表示されたリストから［PointerDown］を選択しましょう。これでボタンがクリックされた瞬間のイベントを受け取ることができます。

あとは以前行った「Button（Script）コンポーネントにゲームオブジェクトとメソッドを割り当てる」作業と同じです。［＋］ボタンをクリックしてリストを追加します。

　ジャンプボタンにGameObjectとメソッドの割り当てを行います。ジャンプボタンが押されたときに呼び出すメソッドは、先ほど追加したGameManagerクラスのJumpメソッドです。「JumpButton」を選択し、［None(Object)］にヒエラルキービューの「Canvas」をドラッグ＆ドロップし、［None Function］のプルダウンメニューから、［GameManager］→［Jump()］を選択します。

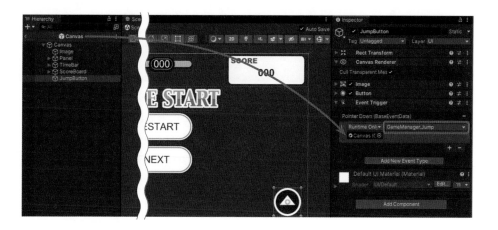

　これでボタンが押されれば、プレイヤーキャラクターがジャンプします。

バーチャルパッドを作ろう

次に、プレイヤーキャラクターを左右移動させるバーチャルパッドを作りましょう。

ヒエラルキービューの [+] → [UI] ＞ [Image] を選択してCanvasに新しいImageオブジェクトを配置し、名前を「VirtualPadBase」に変更します。さらにその子としてもう1つImageオブジェクトを配置し、名前を「VirtualPadBaseTab」に変更しましょう。

VirtualPadBaseには画像として「VirtualPad2D」を、VirtualPadBaseTabには画像として「VirtualPadTab」を設定します。VirtualPadBaseTabは、「Rect Transform」の[Pos X][Pos Y][Pos Z] をすべて0にし、親であるVirtualPadBaseの中央にしておきましょう。

また、JumpButtonとVirtualPadBaseをまとめて扱うようにするために、パネルに入れておきましょう。

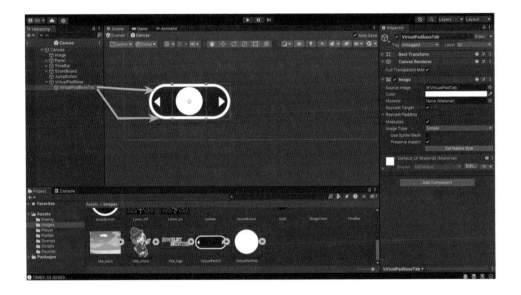

ヒエラルキービューの [+] → [UI] → [Panel] を選択してCanvasにPanelを配置し、名前を「InputUI」に変更しておきます。そのパネルにはJumpButtonとVirtualPadBaseをドラッグ＆ドロップし、子として配置します。InputUIはカラーを変更して透明になるようにしておいてください。

　ここまでできたら、最後に、InputUIパネルをCanvasにアタッチしてあるGameManager
のinputUIにドラッグ＆ドロップで設定しておきましょう。

バーチャルパッドのスクリプト（VirtualPad）を作ろう

　バーチャルパッドを操作するためのスクリプトを作ります。VirtualPadスクリプトを作って、VirtualPadTab（丸い画像のほうです）にアタッチしてください。

　以下がVirtualPadスクリプトの内容です。VirtualPadスクリプトは第3部で作るトップビューゲームでも使うため、縦横の入力に対応できるような作りにしています。

```
using System.Collections;
using System.Collections.Generic;
using UnityEngine;
using UnityEngine.UI;

public class VirtualPad : MonoBehaviour
{
    public float MaxLength = 70;      // タブが動く最大距離
    public bool is4DPad = false;      // 上下左右に動かすフラグ
    GameObject player;                // 操作するプレイヤーのGameObject
    Vector2 defPos;                   // タブの初期座標
    Vector2 downPos;                  // タッチ位置

    // Start is called before the first frame update
    void Start()
    {
        // プレイヤーキャラクターを取得
        player = GameObject.FindGameObjectWithTag("Player");
        // タブの初期座標
        defPos = GetComponent<RectTransform>().localPosition;
    }
    // Update is called once per frame
    void Update()
    {
    }

    // ダウンイベント
    public void PadDown()
    {
        // マウスポイントのスクリーン座標
        downPos = Input.mousePosition;
    }
    // ドラッグイベント
    public void PadDrag()
    {
        // マウスポイントのスクリーン座標
        Vector2 mousePosition = Input.mousePosition;
        // 新しいタブの位置を求める
        Vector2 newTabPos = mousePosition - downPos;// マウスダウン位置からの移動差分
        if (is4DPad == false)
        {
```

```
                newTabPos.y = 0;   // 横スクロールの場合は Y 軸を 0 にする
        }
        // 移動ベクトルを計算する
        Vector2 axis = newTabPos.normalized; // ベクトルを正規化する
        // 2点の距離を求める
        float len = Vector2.Distance(defPos, newTabPos);
        if (len > MaxLength)
        {
                // 限界距離を超えたので限界座標を設定する
                newTabPos.x = axis.x * MaxLength;
                newTabPos.y = axis.y * MaxLength;
        }
        // タブを移動させる
        GetComponent<RectTransform>().localPosition = newTabPos;
        // プレイヤーキャラクターを移動させる
        PlayerController plcnt = player.GetComponent<PlayerController>();
        plcnt.SetAxis(axis.x, axis.y);
    }
    // アップイベント
    public void PadUp()
    {
        // タブの位置の初期化
        GetComponent<RectTransform>().localPosition = defPos;
        // プレイヤーキャラクターを停止させる
        PlayerController plcnt = player.GetComponent<PlayerController>();
        plcnt.SetAxis(0, 0);
    }
}
```

UIを扱うので、「`using UnityEngine.UI;`」を追記するのを忘れないようにしてください。

◆ 変数

`public`を付けた新しい変数は2つあります。

`MaxLength`は「タブを操作して動かせる最大距離」をUnityエディターから編集できるようにするための変数です。`is4DPad`はトップビューゲームの操作に対応させるためのフラグです。これが`false`の場合「サイドビューゲーム」を表します。

`player`、`defPos`、`downPos`はそれぞれプレイヤーのゲームオブジェクト、タブの初期位置、タブ操作中にタップされた位置を保存するための変数ですね。

◆ Start メソッド

プレイヤーキャラクターのゲームオブジェクトとタブの初期位置を変数に保存しています。

以下の3つのメソッドは、バーチャルパッドを左右に操作するためのメソッドです。これらは外部から呼ぶために`public`を付けてあります。

◆ PadDown メソッド

PadDownメソッドはタブがタップされたときに呼ばれるメソッドです。タップされた位置を変数に保存しています。

◆ PadDrag メソッド

PadDragメソッドはタブをつかんで移動させているときには呼ばれるメソッドです。

まず、ドラッグされた位置にタブを移動させつつ、タブが移動した角度から「プレイヤーキャラクターを動かす縦軸と横軸の値」を 0.0 ～ 1.0 の範囲で計算しています。そして、プレイヤーキャラクターである PlayerController クラスの SetAxis メソッドを呼び、その分だけ移動させています。

また、タブの移動範囲が MaxLength を超えたらその距離で移動制限をしています。

◆ PadUp メソッド

PadUpメソッドはタブを離したときに呼ばれるメソッドです。タブを Start メソッドで保存した初期位置に戻し、プレイヤーキャラクターの PlayerController クラスの SetAxis メソッドを呼び、停止させています。

◆ コンポーネントのアタッチ

ここまでできたら、VirtualPadBaseの子にして配置したVirtualPadBaseTabにコンポーネントをいくつかアタッチしましょう。

まず、[Add Component] ボタンをクリックして、[Event] → [Event Trigger] を選択して Event Trigger コンポーネントを追加します。

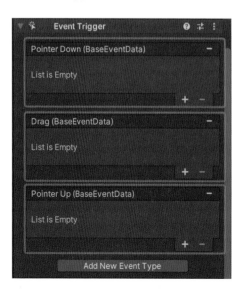

追加できたら、[Add New Event Type] ボタンをクリックして、Pointer Down、Drag、Pointer Upの3つを追加してください。Pointer Down でマウスダウン、Drag でマウスドラッグ、Pointer Up でマウスアップのイベントを取得することができます。

Pointer Down、Drag、Pointer Upの［＋］ボタンをクリックしてリストを追加し、イベントを追加します。None(Object) にヒエラルキービューの「VirtualPadBaseTab」をドラッグ＆ドロップします。

さらにPointer Down、Drag、Pointer UpのNone Functionのプルダウンメニューからそれぞれ、[VirtualPad] → [PadDown]、[VirtualPad] → [PadDrag]、[VirtualPad] → [PadUp]を選択します。

これでスマートフォンにゲームをインストールした場合、画面タッチによるキャラクター移動と、ジャンプボタンによるジャンプ操作ができるようになります。

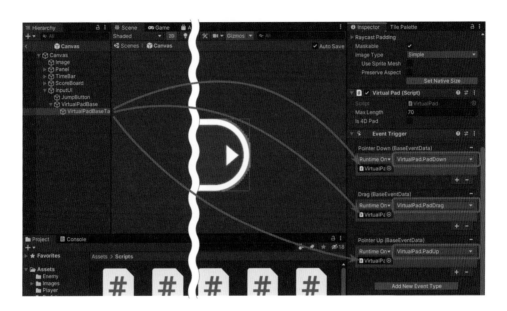

スマートフォンへのインストールと実行については、以下を参照してください。

参照 「実機ビルドとインストール」 付録 PDF (v ページ参照)

これでサイドビューゲームで必要な仕掛けがひと通りでき上がりました。あとはサンプルゲームを参考にしながら自由にゲームステージを作っていってください。

第**3**部

トップビューアクション
ゲームを作ろう

Part 3ではトップビューのアクションゲームを作ります。トップビューゲームはキャラクターを上下左右に動かし、ゲーム世界を上から眺める視点のゲームシステムです。ロールプレイングゲームのワールドマップなどによく採用されているシステムですね。ここではトップビューを題材にして以下のようなゲーム作りを学びましょう。

- ・タイルマップの作り方
- ・マルチスプライト
- ・シューティングの要素
- ・シーンをまたいだデータの
  やり取り

Chapter 08　トップビューアクションゲームの
　　　　　　基本システムを作ろう

Chapter 09　トップビューアクションゲームを
　　　　　　バージョンアップしよう

Chapter 10　トップビューゲームを仕上げよう

Chapter 08

トップビュー
アクションゲームの
基本システムを作ろう

8.1 サンプルゲームを実行してみよう

トップビューゲーム「DUNGEON SHOOTER」のサンプルプロジェクトです。以下の
URLからダウンロードして、圧縮ファイルを解凍してください。

https://www.shoeisha.co.jp/book/download/4604/read

ダウンロードしたサンプルプロジェクトをUnityで開いてみましょう。Unity Hubのプロ
ジェクトタブにある［リストに追加］ボタンをクリックして、「DungeonShooter」を選択し、
右下の［開く］ボタンをクリックしてUnity Hubにプロジェクトを追加してください。

参照▶ 「プロジェクトを Unity Hub に追加しよう」 **88 ページ**

リストをクリックしてゲームのプロジェクトを開き、実行ボタンを押してゲームを実行し
てみましょう。

タイトル画面があり、BGMが再生されています。[GAME START]ボタンを押すとゲーム開始です。

「GAME START」の文字が表示され、ゲームがスタートします。ゲームは、ワールドマップのゲームステージから開始されます。プレイヤーは、マップに配置してあるアイテムを取りながらダンジョンへと進んでいきます。また、矢を拾うことで矢を撃って敵を攻撃できるようになります。

ダンジョンを移動し、最後の部屋にたどり着くとボスキャラが待ち構えています。

ボスを倒し、カギで奥のドアを開け進むと「GAME CLEAR!」が表示されてゲームクリアとなり、タイトル画面に戻ります。

これから作るトップビューゲームについて考えよう

トップビューゲームシステムとは？

トップビューゲームとは、「ゲームの世界を真上からのアングルで見たゲームシステム」のことです。キャラクターを「上下左右」の4方向や、360度の任意の方向に移動させます。ロールプレイングゲームのマップ画面などがおなじみですね。この本では、トップビューゲームとして探索系のシューティングアクションゲームを作っていくことにします。

◆ マップ

ゲームの舞台となるマップは、「世界地図」と「ダンジョン内」をイメージした、上から見下ろすアングルのマップになります。これを「タイルマップ」という仕組みを使って作っていきます。

◆ プレイヤーキャラクター

プレイヤーが操作するゲームキャラクターです。矢を撃って敵を攻撃できます。またプレイヤーキャラクターは「HP（ヒットポイント）」を持っていて、HPはダメージを受けることで減り、0になるとゲームオーバーになります。

◆ アイテム（カギと矢）

マップ上にアイテムを配置して、プレイヤーがそれを取れるようにしていきます。アイテムは「矢」と「カギ」と「ライフ」の3つを作ります。矢はプレイヤーが攻撃するときに使う

アイテム、カギはダンジョンマップへ進むためのアイテム、ライフはプレイヤーのHPを回復させるアイテムです。

◆ ドアと入り口

サイドビューゲームでのプレイヤーキャラクターは、必ず、最初に配置された画面左端からスタートしていましたが、トップビューゲームではマップの出入り口のある位置からスタートできるようにします。その出入り口はドアでふさがれており、カギを使って開けることができるようにします。

◆ 敵キャラクター

敵キャラクターは通常時には停止しており、プレイヤーキャラクターが一定距離に近づくと動き出して、プレイヤーキャラクターに向かってくるようにします。プレイヤーキャラクターに接触するとプレイヤーにダメージを与えてライフを1つ減らします。プレイヤーキャラクターの放った矢に当たると倒されて消えるようにしましょう。

完成データおよびアセットのダウンロード

この章で作成するプロジェクトの完成データは、以下のアドレスからダウンロードできます。

- https://www.shoeisha.co.jp/book/download/4599/read

また、Chapter 8 〜 10で使用するアセットデータは以下のアドレスからダウンロードできます。

- https://www.shoeisha.co.jp/book/download/4598/read

新規プロジェクトを作ろう

それでは、トップビューゲーム用の新しいプロジェクトを作りましょう。今回は「ユニバーサルレンダリングパイプライン（URP）」という新しい描画方式でゲームを作ってみます。Unity Hubで［新しいプロジェクト］ボタンを押して表示されるテンプレート選択で［2D(URP)］を選択してください。2D(URP)を使うことで、2Dゲームで3Dゲームのようなライトを使うことができます。ライトの使い方は後ほど説明します。

プロジェクト名は「UniTopGame」という名前で作りますが、プロジェクトの名前は自由に付けてかまいません。

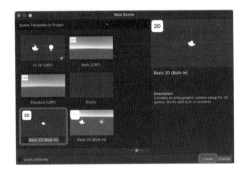

　まず、新しいシーンを作ります。[File] メニューから [New Scene] を選択してシーンテンプレートを表示し、[Basic 2D(Built-in)]を選択してから[Create]ボタンを押して、新しいシーンを作ります。このテンプレートからシーンを作った場合はライトを使わない今までどおりのシーンになります。ライトを使うシーンはこのあと、ダンジョンのシーンを作るときに作成します。

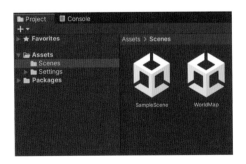

　作成したシーンは、「WorldMap」という名前でScene フォルダーに保存して、ビルドに追加しておきましょう。

参照 「シーンを Scene In Build に登録しよう」 42 ページ

　最後に、ダウンロードしたトップビューゲーム用の画像とサウンドをプロジェクトに登録しましょう。Assets フォルダーの中に Images フォルダーと Sounds フォルダーをドラッグ＆ドロップして登録してください。

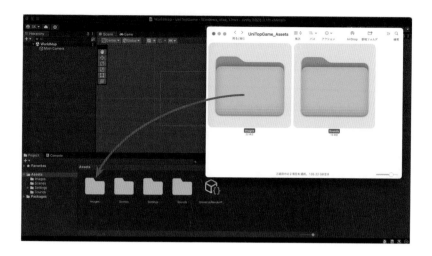

8.3 タイルマップでゲーム画面を作ろう

タイルマップについて知ろう

　タイルマップとは、「同じサイズの画像をいくつも並べてゲーム画面を作る」方法です。Unity 2017から、タイルマップを使ったゲーム画面の作成が可能になりました。

　タイルマップは以下のような構成でできています。

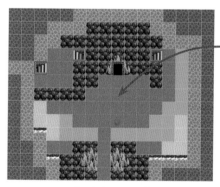

タイルマップ
タイルパレットに並んだ
タイルアセットから
タイルマップを配置する

タイルパレット
タイルアセットが
タイルパレットに並ぶ

タイルアセット
スプライトから
タイルアセットが
作られる

スプライト
画像アセット

画像アセットであるスプライトをもとに「タイルアセット」を作り、タイルアセットを並べて「タイルパレット」を作ります。そして最後に、タイルパレットに並んだタイルアセットを使って、「タイルマップ」として配置していさます。

マルチスプライトを作ろう

　まずは、タイルマップに使うスプライト（画像）を作りましょう。先ほど登録した画像アセットの中から「TileMap」を選択してください。この画像は1枚の絵の中に複数の**マップタイル**を含んだドット絵になっています。

　今回使う画像アセットは、1つのタイルパターンが32 × 32ピクセルで描かれており、それぞれのタイルは以下のような構成になっています。

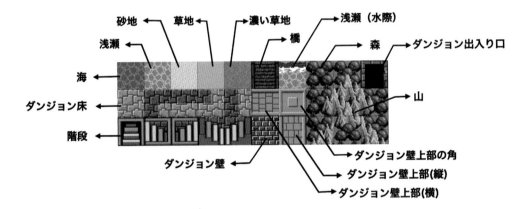

　Unityには1つの画像から複数の画像を切り出して使う機能があります。ここではそれを使っていきましょう。プロジェクトビューで画像アセットを選択して、インスペクタービューを見てください。

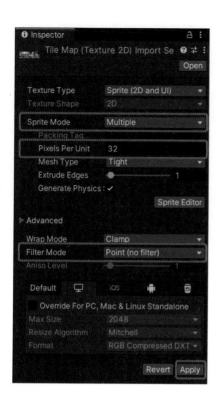

すると、［Sprite Mode］のプルダウンメニューが［Single］になっていますね。ここを［Multiple］に変更してください。これで一枚絵の中から分割して画像を切り出すことができるようになります。

また、［Pixel Per Unit］を「32」に変更しておいてください。Pixel per Unitとは、画像上の何ピクセルを「ゲームの中では1メートルとして扱う」かの設定です。通常は「100」になっており、「100ピクセルが1m」として扱われています。ここの数字を小さくするとゲームの中での表示は大きくなります。タイル1つのサイズは32×32ピクセルなので、ここでは「32」としておきましょう。

さらに、今回使うのはドット絵なので、そのための設定も必要です。というのも今のままでは、解像度を小さくすると画像のフチに補完がかかってボケてしまうことがあるからです。そこで、［Filter Mode］を［Point(no filter)］に変更してください。これでドット絵のフチがくっきりと表示されるようになります。

　ここまでできたら、右下の［Apply］ボタンをクリックすることで設定の変更が適用されます。

◆ Sprite Editor で編集する

　［Sprite Editor］ボタンをクリックし、Sprite Editorウィンドウを開きましょう。このウィンドウは一枚絵の画像を複数に分割するための編集ウィンドウです。

　Sprite Editorウィンドウが開いたら、左上のほうにある［Slice］ボタンを押し、画像を自動で分割するための設定を行います。

8

トップビューアクションゲームの基本システムを作ろう

　まずは［Pivot］という項目を見てみましょう。これは以前にも設定したことがある、画像の基準点（ピボット）のことです。画像の［Sprite Mode］を［Multiple］にすると、分割時にピボットを設定する必要があります。とはいえ、ここでは特に変更しないため、［Center］のままにしておきましょう。

　次は、その上にある［Type］です。この設定で「画像をどのように分割するか」が決まります。Typeには［Automatic］［Grid By Cell Size］［Grid By Cell Count］という3つの選択肢があります。

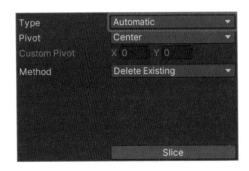

　1つ目の［Automatic］は、「画像の分割をSprite Editorに任せる」という設定です。並んだ画像の透明な部分を考慮しつつ、自動的に、適切な分割が行われます。

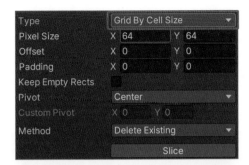

2つ目の［Grid By Cell Size］は画像を分割するサイズを指定するための設定です。［X］が横幅、［Y］が高さとなる、固定サイズの画像に分割されます。

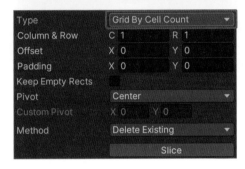

最後の［Grid By Cell Count］は画像を分割する縦横の数を指定するための設定です。［C］が横（行）の数、［R］が縦（列）の数です。

今回、タイルマップ画像は「横32ピクセル × 縦32ピクセル」なので、［Grid By Cell Size］を選択して、［X］に「32」を、［Y］に「32」を指定すれば適切に分割してくれますね。ここまでできたら、下にある［Slice］ボタンを押せばその設定で画像が分割されます。

最後に、Sprite Editorウィンドウ右上の［Apply］ボタンを押すと編集内容が適用されます。

また、分割されたスプライト部分をクリックすると各スプライトの設定パネルが表示され、細かくサイズや名前などを編集できます。

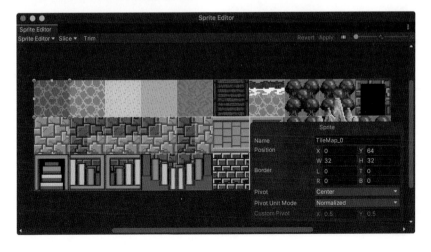

トップビューアクションゲームの基本システムを作ろう

それでは、プロジェクトビューで分割結果を確認してみましょう。プロジェクトビューで、画像の右にあるボタンをクリックすると分割された画像が表示されます。これらが、これまで扱ってきた画像1枚に相当します。先ほどGrid By Cell Sizeにより32×32ピクセルで分割したので、画像の左上から右下にかけて、画像ファイルに0〜29までの連番が振られたものが作られていますね。

　タイルマップを作るときは、このように多くのファイルが作成されます。整理するためにもMapフォルダーを作って、その中にデータを保存するようにしましょう。また、TileMapの画像アセットもMapフォルダーに移動させておきましょう。

タイルパレットを作ろう

　次は、タイルアセットと、それを扱うためのタイルパレットを作ります。メニューの[Window] → [2D] → [TilePalette]からTile Paletteウィンドウを開いてください。

Tile Paletteウィンドウはタイルマップへ配置するタイルを選択するためのウィンドウです。詳しくは後ほど解説しますが、まずはこのタイルアセットを扱うためのタイルパレットのデータを作ってみましょう。

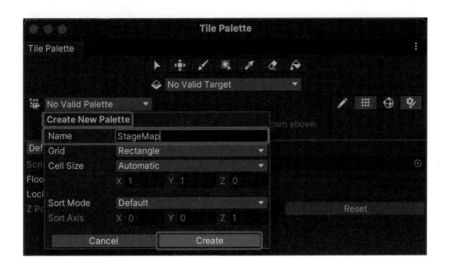

　左上にある［No Valid Palette］をクリックしてください。新しいタイルパレットを指定するパネルが表示されるので「StageMap」という名前を付け、［Create］ボタンを押してMapフォルダーに保存しましょう。

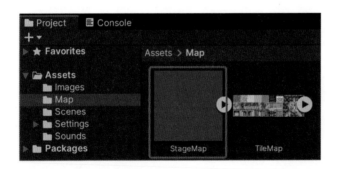

これが、タイルパレットの情報を保存するファイルになります。

　なお、このTile Paletteウィンドウは、そのままの（別ウィンドウ）状態だと使いにくいので、［Tile Palette］タブをつかんでインスペクタービューの横にドラッグ＆ドロップし、Unityウィンドウの中にタブとして入れておくとよいでしょう。
　もちろんシーンビューやヒエラルキービューのところにも入れることができますが、次の図のようにインスペクタービューのところに入れておくのが使いやすいでしょう。

　「TileMap」画像をプロジェクトビューからタイルパレットの［Drag Tile, Sprite or Sprite Texture assets here］と表示されているエリアにドラッグ＆ドロップしてください。すると、タイルアセットファイルの保存先を選択するダイアログが表示されるので、Map フォルダーを選択してください。

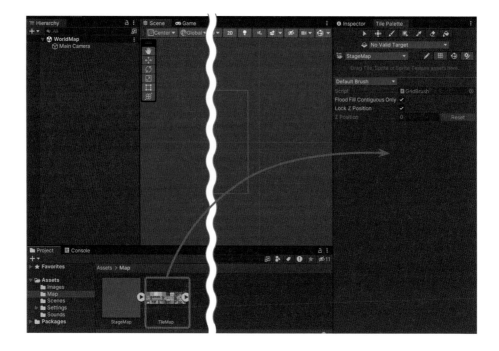

　タイルパレットにタイルが表示され、タイルアセットの
ファイルが保存されます。タイルパレットは上部のタイル
選択エリアと下部のブラシ設定エリアに分かれています。
このエリアは境界線をマウスでドラッグ＆ドロップするこ
とでも変更できます。

タイルマップを作ろう

　タイルマップに配置する画像やタイルの用意ができたので、次はその配置先となるタイル
マップをシーン上に作っていきましょう。ヒエラルキービューから、［＋］→［2D Object］
→［Tilemap］→［Rectangular］を選択してください。

すると、ヒエラルキービューに「Grid」と、その子として「Tilemap」というゲームオブジェクトが追加されます。ヒエラルキービューで「Grid」か「Tilemap」を選択するとシーンにマス目が表示されますね。これが、「タイルマップで配置されるタイルの位置」です。

Tips

複数のタイルマップを重ねる

　Tilemapを選択してインスペクタービューを見てみましょう。すると、Tilemap Rendererというコンポーネントがあります。これは、スプライトでいうSprite Rendererに相当するものです。

　Sprite Rendererと同じように、Tilemap Rendererにも［Order in Layer］という項目があります。今回はタイルマップ1枚だけを使いますが、Unityではタイルマップを複数重ねることができます。ヒエラルキービューで「Grid」を選択して、［+］→［2D Object］→［Tilemap］を選択するとタイルマップをいくつも配置することができます。複数のタイルマップを作り、［Order in Layer］で優先順位を操作すれば多層的なマップを作ることもできます。

タイルアセットをタイルマップに配置しよう

　それではタイルパレットを使ってマップにタイルを配置していきましょう。

　まずは、ワールドマップを作ります。Tile Paletteウィンドウで、並んだタイルの一番左上にある「海」のタイルを選択してから、ツールバーの左から3番目にある「ブラシツール」を選択してください。

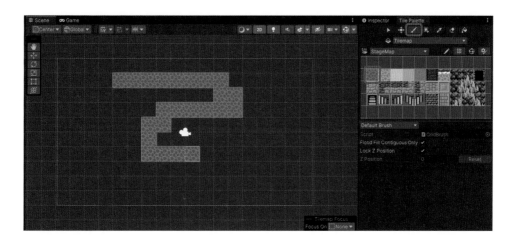

　シーンビューでマウスをクリックしながらドラッグすると、選択したタイルがグリッドに沿って配置されていきます。

◆ Tile Palette ツールバー

　Tile Paletteウィンドウの上部には、タイルマップにタイルアセットを配置するためのツールが並んでいます。これらのツールを切り替えながらタイルマップを配置していくことができます。

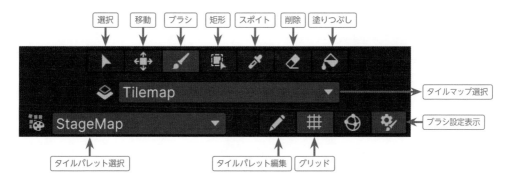

　左側から順に説明しましょう。各アイコンにはショートカットキーが設定されています。

カッコの中がショートカットキーです。タイルパレットを表示中にこのキーを押すと、ツールが切り替わります。

- 選択（S）：タイルマップ上のタイルを選択します。ドラッグすることで複数選択可能です
- 移動（M）：タイルマップ上で選択したタイルを移動させます
- ブラシ（B）：パレット上で選択したタイルを、タイルマップ上でクリック（ドラッグ）することで配置します
- 矩形（U）：パレット上で選択したタイルをタイルマップ上で矩形選択した範囲に配置します
- スポイト（I）：タイルマップ上でクリックした位置にあるタイルを、配置対象のタイルにします
- 削除（D）：タイルマップ上でクリックした位置にあるタイルを削除します
- 塗りつぶし（G）：パレット上で選択したタイルでタイルマップを塗りつぶします
- タイルマップ選択：シーンに複数のタイルマップがある場合タイルマップを選択できます
- タイルパレット選択：複数のタイルパレットがある場合タイルパレットを選択できます
- タイルパレット編集：タイルパレットのタイル配置を編集できるようにします
- グリッド：タイルパレットのグリッド表示、非表示を切り替えます
- ブラシ設定表示：タイルパレット下部ブラシ設定の範囲を最小化します

◆ タイルの回転配置

タイルを配置する際、キーボードの［ ］］キーを押せば時計回りに、［ ［ ］キーを押せば反時計回りにタイルを90度回転させることができます。

例えば「橋」を配置する場合、橋の画像は縦向きですが、［ ］］キーまたは［ ［ ］キーを押すことで「横向きの橋」として配置することができます。

自由にワールドマップ（世界地図）を作ってみてください。

◆ マップを作る

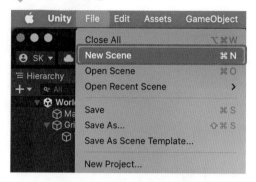

それでは、次にダンジョンのマップを作っていきましょう。

まずダンジョンになる新しいシーンを 作ります。[File] メニューの [New Scene] を選択して、New Scene選択ウインドウを表示します。

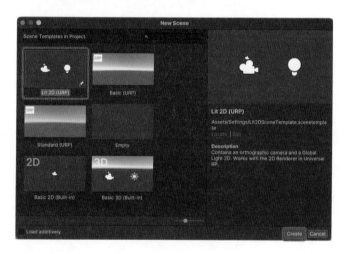

テンプレートの中から [Lit2D(URP)] を選択し、[Create] ボタンを押して新規シーンを作成します。

このテンプレートで [Lit 2D(URP)] からシーンを作ることで2Dライトが使えるようになります。2Dライトの使い方は後ほど説明します。

作った新しいシーンは「dungeon1」という名前でScene フォルダーに保存します。シーンをBuild Settingsに追加するのを忘れないでください。

WorldMapシーンと同じようにシーンにヒエラルキービューから、[+] → [2D Object] → [Tilemap] → [Rectangular] を選択してTileMapを配置し、シーンにダンジョンのマップを作成します。

先に作った「WorldMap」は海に浮かぶ島です。あとから作った「dungeon1」は洞窟内のダンジョンのイメージでマップを作ります。また、このあとで出入り口からシーンどうしを交互に移動できる仕掛けを作るため、どこかに出入り口を1つずつ作っておきましょう。

トップビューアクションゲームの基本システムを作ろう

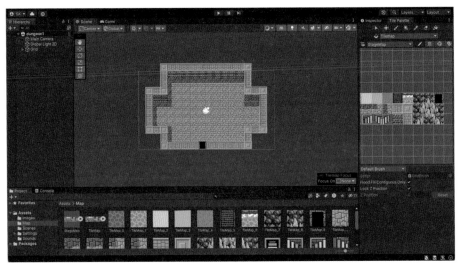

参照 「シーンを Scene In Build に登録しよう」 42 ページ

タイルマップに当たりを設定しよう

マップができたので、次は、後ほど作るプレイヤーキャラクターと接触したときの当たりを作りましょう。タイルマップ用の当たりとして Tilemap Collider 2D というコンポーネントがあります。

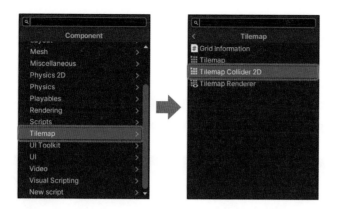

ヒエラルキービューで「TileMap」を選択して、インスペクタービューの［Add Component］ボタンから、［Tilemap］ → ［Tilemap Collider 2D］を選択してください。

これでタイルマップに当たりがつきます。しかしこのままでは当たりが必要ない地面部分にも当たりが付いてしまうので、調整していきます。

◆ 当たりの調整

先ほど、タイルマップ全体に当たりを設定しましたが、当たりをタイルごとに設定することもできます。

プロジェクトビューでタイルアセットを選択して、インスペクタービューを見ると［Collider Type］というプルダウンメニューがあります。

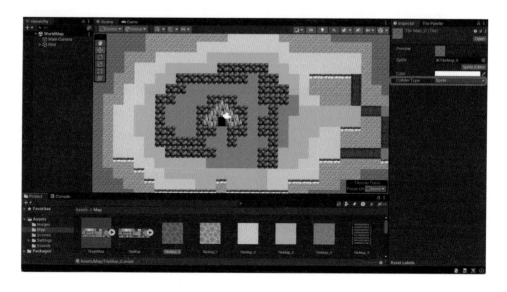

ここから、当たりのタイプを選択できます。

- None：当たりをまったくなくします
- Sprite：スプライト（画像）の形を当たりにします。透明部分が当たりなしになります
- Grid：タイルの矩形が当たりになります

　今回、当たりを外したいのは、「砂地」「草地」「濃い草地」「橋」「ダンジョン床」です。それらのタイルの［Collider Type］は［None］にしておきましょう。

◆ 自由な形の当たり

　［Collider Type］が［Sprite］になっているタイルを選択し、［Sprite Editor］ボタンを押してSprite Editorウィンドウを開いてください。ここでは、ダンジョンの出入り口となる「TileMap_9」を選択しています。

　Sprite Editorウィンドウの左上のプルダウンメニューから［Custom Physics Shape］を選択すると、当たりをパスで設定でき、プレイヤーが出入り口に進入する「方向」の制限ができるようになります。

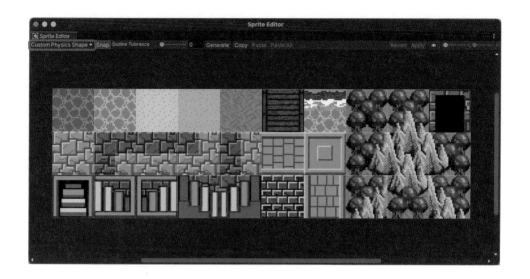

　スプライトを選択して［Generate］ボタンを押すと、そのスプライトの周囲に四角形のポイントが配置されて白い枠が作られます。この白い枠で囲まれた範囲がそのタイルの当たり範囲になります。

　四隅の四角形をマウスでドラッグすることで、白い枠の形を変形できます。また、ラインの途中をクリックすることで新しくポイントとなる四角形ができ、［Command］＋［Delete］キー（Windows では［Delete］キー）で削除できます。ここまでできたら、Sprite Editor ウィンドウの［Apply］ボタンを押して、編集内容を適用しましょう。

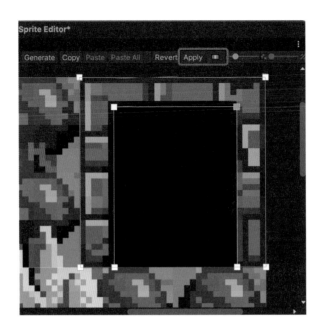

　出入り口だけでなく、5種類ある階段のタイルの当たりも同じように編集しておきましょう。

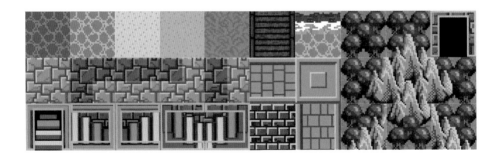

8.4 プレイヤーキャラクターを作ろう

次にプレイヤーキャラクターを作りましょう。移動軸が横方向だけでなく縦方向にも増えているだけで、作り方は基本的にサイドビューゲームと同じです。

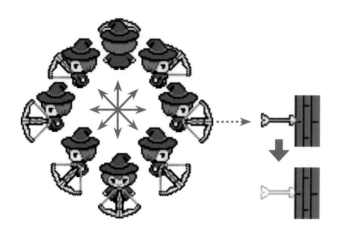

プレイヤーキャラクターは弓を構えながら、360度の方向に自由に移動できるようにします。構えた弓は進行方向を向いており、進行方向に向かって矢を発射することができます。発射された矢は何かに当たるとそこに突き刺さり、しばらくすると消えるようにしましょう。

プレイヤー関連のデータは、これまでと同様にPlayerフォルダーを作ってその中に保存します。そこでまず、プロジェクトビューにPlayerフォルダーを作っておきましょう。

マルチスプライトからキャラクター画像を作ろう

サイドビューゲームではバラバラの画像を使ってキャラクターのアニメーションパターンを作りましたが、今回はタイルマップと同じように1つの画像に全部のアニメーションパターンを含んだ「マルチスプライト」を使いましょう。

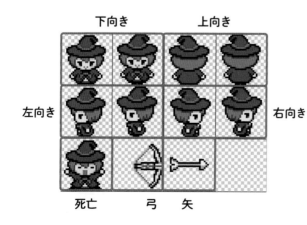

プレイヤーキャラクターの画像は「PlayerImages」です。PlayerImagesは、先ほど作ったPlayerフォルダーに移動させておきましょう。

タイルマップと同じく、1つのパターンを32×32ピクセルのドット絵として作っています。この画像をタイルマップと同じよ

うにマルチスプライトにしていきましょう。

参照 「マルチスプライトを作ろう」 270 ページ

プロジェクトビューで「PlayerImage」を選択して、インスペクタービューで「Sprite Mode」を[Multiple]に、[Pixels Per Unit]を「32」にします。また、[Filter Mode]は[Point(no filter)]に変更しておきましょう。

[Apply]ボタンを押して変更を適用したら、次は[Sprite Editor]ボタンを押してスプライトを編集します。

[Slice]ボタンを押し、[Type]を[Grid By Cell Size]にして、[Pixel Size]の[X]を「32」に、[Y]も「32」にします。[Pivot]はプルダウンメニューから[Custom]を選択して、[Custom Pivot]の[X]は「0.5」に、[Y]は「0.2」とします。

参照 「画像にピボットを設定しよう」 46 ページ

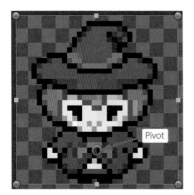

ここで[Pivot]を[Custom]にした理由は、「基準点をキャラクターの中央少し下にし、弓を構える位置をおなかのあたりに調整する」ためです。

ここまでできたら、[Slice]ボタンを押して画像をスライスしてください。

さて、先ほどピボットの更新を全画像に対して一括で行いましたが、弓と矢の画像は個別にピボットを設定したいので、調整し直しましょう。

まず、弓の画像を選択して［Custom Pivot］の［X］を「0.4」、［Y］を「0.5」に変更します。
これは後ほどスクリプトで弓の根元をプレイヤーキャラクター基準点と合わせて配置するた
めです。また回転させるときの弓の基準点をこの位置に合わせるためでもあります。

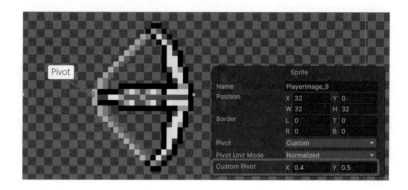

次に矢の画像を選択して、［Pivot］を［Center］に変更してください。これは発射時の回
転の基準点を中央にするためです。

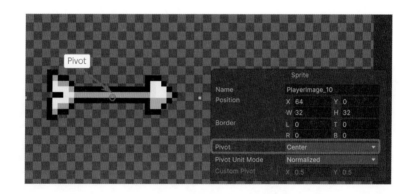

以上の作業が完了したら、右上の［Apply］ボタンで適用しましょう。これでキャラクター
画像の準備は整いました。

プレイヤーキャラクターのゲームオブジェクトを作ろう

プレイヤーキャラクターのアニメーションを作っていきましょう。今回作るプレイヤーキャ
ラクターのアニメーションパターンは上下左右の4方向です。

分割した画像の最初の2つ（PlayerImage_0 ～ PlayerImage_1）が下向きのアニメーショ
ンパターンです。この2つを選択して、シーンビューにドラッグ＆ドロップします。アニメー
ションの名前は「PlayerDown」とし、Player フォルダーに保存しておきましょう。

参照 「移動アニメーションを作ろう」 116 ページ

　また、プレイヤーキャラクターのゲームオブジェクトが背景のタイルマップよりも上に表示されるように、Sprite Rederer の［Order in Layer］を「3」にします。

ここまでできたら、保存されたアニメーターコントローラーの名前を「PlayerAnime」に変更し、ヒエラルキービューのゲームオブジェクトの名前も「Player」に変更しておきましょう。

　プレイヤーキャラクターにはRigidbody 2DとCircle Collider 2Dをアタッチします。Rigidbody 2Dの[Gravity Scale]は「0」にし、[Freeze Rotation]の[Z]にはチェックを入れておきます。Circle Collider 2Dの範囲は体の半分くらいになるように調整しましょう。

　それから、「Player」タグ（最初からあるものを使う）を設定し、Playerレイヤーを作ってレイヤーの設定を行います。タグとレイヤーはこのあとの接触判定で使うので、忘れずに設定しておいてください。

参照▶「ゲームオブジェクトをグループ分けする仕組み（レイヤー）」　94 ページ

　最後に、アニメーションウィンドウを表示し、[Samples]の値を「4」に変更してアニメーション速度を調整しておきましょう。

　これで下向きのアニメーションパターンができました。

キャラクターのアニメーションを作ろう

　以上で下向きのアニメーションができたので、残りの「右向き」「左向き」「上向き」のアニメーションパターンを同じように作ってください。これらのアニメーションはアニメーションクリップを作成するためのものなので、ゲームオブジェクトやアニメーターコントローラーの名前変更、タグとレイヤーの設定は必要ありません。

　各向きの画像アセットとアニメーション名は以下のようにします。

向き	使用する画像アセット	アニメーション名
上向き	PlayerImage_2 ～ PlayerImage_3	PlayerUp
左向き	PlayerImage_4 ～ PlayerImage_5	PlayerLeft
右向き	PlayerImage_6 ～ PlayerImage_7	PlayerRight

8

トップビューアクションゲームの基本システムを作ろう

　ゲームオブジェクトはアニメーションクリップを作成するためのものであり、実際には必要ありません。アニメーションクリップを保存したあとは、右、左、上向きのアニメーションコントローラーとゲームオブジェクトは削除しておきましょう。

　最後に、アニメーターコントローラーの中で全部のアニメーションクリップを使えるようにしていきます。「PlayerAnime」（アニメーターコントローラー）をダブルクリックしてアニメータービューを表示し、「PlayerLeft」「PlayerRight」「PlayerUp」をドラッグ＆ドロップして追加してください。

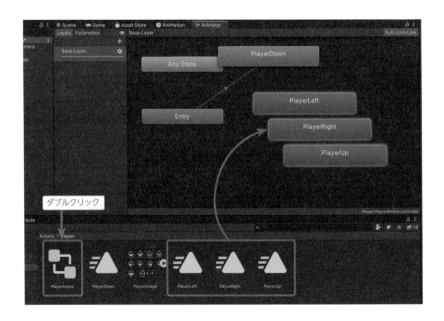

ゲームオーバーのアニメーションを作ろう

次に、ゲームオーバーになった場合のアニメーションパターンを作ります。

参照 ▶ 「待機、ゴール、ゲームオーバーのアニメーションを作ろう」 124 ページ

ヒエラルキービューまたはシーンビューで「Player」を選択し、アニメーションウィンドウを開きます。[Create New Clip...]を選択して、作った新しいアニメーションクリップを「PlayerDead」という名前で追加してください。

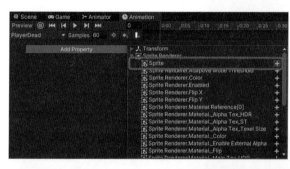

[Add Property]ボタンを選択し、Spriteを追加します。

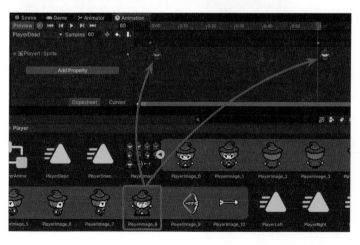

死亡モーション（PlayerImages_8）を選択し、ドラッグ＆ドロップで最初と最後のフレームを入れ替えます。

サイドビューゲームのプレイヤーキャラクターと同じように、透明になるカラーアニメーションも追加しておきましょう。

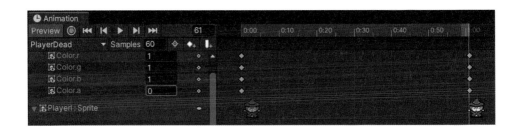

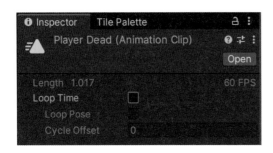

プロジェクトビューで［PlayerDead］を選択し、インスペクタービューの［Loop Time］のチェックを外して、ループ再生されないようにしておきます。

アニメーターコントローラーの中で全部のアニメーションクリップを使えるようにしていきます。サイドビューゲームではスクリプトでPlayメソッドを使いアニメーションを切り替えていましたが、ここではパラメーターを使ったアニメーションの切り替えをしてみましょう。

アニメーションのパラメーターを追加します。

Parametersタブから［+］ボタンを押して、Int型のパラメーターを追加します。

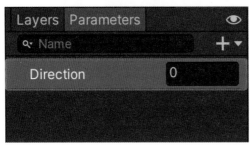

名前は「Direction」としておきます。この数値でプレイヤーがどの方向を向いているかを示すようにします。

もう1つ、プレイヤーが死亡したときのパラメーターをBool型で追加します。

名前は「IsDead」としておきます。

（1）接続元になるアニメーションクリップ上で右クリックするとメニューが表示されますので、その中から「Make Transition」を選択します。

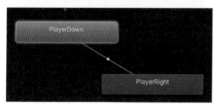

（2）マウスを動かすと白い矢印が伸びるのでそれを接続先のアニメーションクリップに持っていきマウスを左クリックします。これでアニメーションクリップ同士が矢印で接続されます。

アニメーションクリップは図のように接続してください。

PlayerDown、PlayerUp、PlayerLeft、PlayerRightの4つのアニメーションはそれぞれに推移できるようにつなぎます。

PlayerDeadは死亡時にのみ発生するアニメーションなので、「Any State」から接続します。

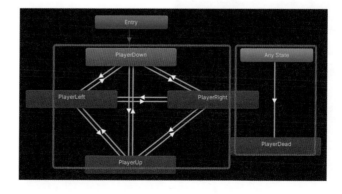

方向の値は以下のように決めておきます。

- 下方向＝0／左方向＝1／上方向＝2／右方向＝3

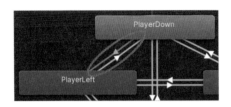

PlayerDownからPlayerLeftへと推移する設定は図のようになります。PlayerDownからPlayerLeftにつながる矢印を選択してください。

[Has Exit Time]のチェックを外し、[Transition Duration]を「0」にします。

[Conditions]の[＋]ボタンを押してパラメーターを追加し、プルダウンメニューから[Direction]を選択します。[Direction]がint型なのでその右のプルダウンメニューでは[Greater（大きい）][Less（小さい）][Equals（同じ）][NotEqual（同じではない）]が選択できます。値が1なら推移するので[Equals]を選択します。値は「1」にします。

同様に先ほどの仕様に合わせて他の矢印の設定も行ってください。

Any StateからPlayerDeadへの矢印は図のように設定します。Conditionsは[IsDead][true]に設定します。

参照 「待機、ゴール、ゲームオーバーのアニメーションを作ろう」 124 ページ

プレイヤー移動スクリプトを作ろう

　ここからは、プレイヤーを360度さまざまな方向に移動させるスクリプトを作ります。「PlayerController」というスクリプトをPlayerフォルダーに作って、シーンビューのPlayerにアタッチしてください。

　ここではChapter 7で作ったバーチャルパッドのスクリプトをそのまま使いたいので、スクリプトの名前を同じにしています。以下がPlayerControllerスクリプトの内容です。少し長いですが、頑張って書いてみてください。「//」以降のコメントは省略しても問題はありません。

```csharp
using System.Collections;
using System.Collections.Generic;
using UnityEngine;

public class PlayerController : MonoBehaviour
{
    public float speed = 3.0f;        // 移動スピード
    int direction = 0;                // 移動方向
    float axisH;                      // 横軸
    float axisV;                      // 縦軸
    public float angleZ = -90.0f;     // 回転角度
    Rigidbody2D rbody;                // Rigidbody2D
    Animator animator;                // Animator
    bool isMoving = false;            // 移動中フラグ

    // p1 から p2 の角度を返す
    float GetAngle(Vector2 p1, Vector2 p2)
    {
        float angle;
        if (axisH != 0 || axisV != 0)
        {
            // 移動中であれば角度を更新する
            // p1 から p2 への差分 ( 原点を 0 にするため )
            float dx = p2.x - p1.x;
            float dy = p2.y - p1.y;
            // アークタンジェント 2 関数で角度 ( ラジアン ) を求める
            float rad = Mathf.Atan2(dy, dx);
            // ラジアンを度に変換して返す
            angle = rad * Mathf.Rad2Deg;
        }
        else
        {
            // 停止中であれば以前の角度を維持
            angle = angleZ;
```

```
        }
        return angle;
    }

    // Start is called before the first frame update
    void Start()
    {
        rbody = GetComponent<Rigidbody2D>();      // Rigidbody2D を得る
        animator = GetComponent<Animator>();      // Animator を得る
    }

    // Update is called once per frame
    void Update()
    {
        if (isMoving == false)
        {
            axisH = Input.GetAxisRaw("Horizontal");      // 左右キー入力
            axisV = Input.GetAxisRaw("Vertical");        // 上下キー入力
        }
        // キー入力から移動角度を求める
        Vector2 fromPt = transform.position;
        Vector2 toPt = new Vector2(fromPt.x + axisH, fromPt.y + axisV);
        angleZ = GetAngle(fromPt, toPt);
        // 移動角度から向いている方向とアニメーション更新
        int dir;
        if (angleZ >= -45 && angleZ < 45)
        {
            // 右向き
            dir = 3;
        }
        else if (angleZ >= 45 && angleZ <= 135)
        {
            // 上向き
            dir = 2;
        }
        else if (angleZ >= -135 && angleZ <= -45)
        {
            // 下向き
            dir = 0;
        }
        else
        {
            // 左向き
            dir = 1;
        }
        if(dir != direction)
        {
            direction = dir;
            animator.SetInteger("Direction", direction);
        }
```

```
        }

        void FixedUpdate()
        {
            // 移動速度を更新する
            rbody.velocity = new Vector2(axisH, axisV). normalized * speed;
        }

        public void SetAxis(float h, float v)
        {
            axisH = h;
            axisV = v;
            if (axisH == 0 && axisV == 0)
            {
                isMoving = false;
            }
            else
            {
                isMoving = true;
            }
        }
    }
```

◆ 変数

speedはキャラクターの移動速度です、publicを付けてUnityエディターから変更可能にしています。

directionはアニメーションを切り替えるための変数です。先ほど作ったアニメーション推移のパラメーターの値になります。

axisHとaxisV、angleZは入力された縦横軸の値と進行方向の角度を保存する変数です。この値をもとにプレイヤーキャラクターを移動させます。rbody、animatorはそれぞれRigidbody2DとAnimatorを保持しておくための変数です。

◆ GetAngle メソッド

GetAngleメソッドは引数（Vector2型）の2点から角度を計算して返します。axisHとaxisVの値から移動しているかを判断（どちらかが0でなければ移動中と判断）し、移動中であればMathfクラスのAtan2メソッドを使って角度を計算しています。また、停止中であれば以前の向き（angleZの値）を返すようにしています。

Mathfクラスは数学計算のためのさまざまなメソッドを持っているクラスで、今回使うAtan2メソッドは、三角関数を使って引数（Y座標とX座標）で指定した点への角度を返してくれるメソッドです。三角関数について説明すると少し長くなるので、442ページの「ゲームのための三角関数」を参照してください。

トップビューアクションゲームの基本システムを作ろう

◆ Start メソッド

Start メソッドでは Rigidbody2D と Animator を取ってきて変数に入れています。

◆ Update メソッド

Update メソッドでは、Input クラスの GetAxisRaw メソッドで上下左右の移動軸を取得しています。サイドビューゲームでは "Horizontal" として横軸を取りましたが、今回は "Vertical" を指定して垂直軸の値も取ることにします。また、現在プレイヤーキャラクターがいる位置をもとに、縦軸と横軸のベクトルを足して進行方向の点を計算して、Vector2 型の toPt 変数に入れています。

さらに GetAngle メソッドで移動角度を得て、移動角度から向きとその向きのアニメーションの値（下：0 ／左：1 ／上：2 ／右：3）を int 型の dir 変数に入れます。dir の値が direction と違う場合、Animator クラスの SetInteger メソッドでパラメーターを設定します。

SetInteger メソッドの引数は 2 つで、パラメーター名（アニメーターで作ったパラメーター名）とその値です。

◆ FixedUpdate メソッド

Update メソッドで入力された axisH と axisV の値と、速度である speed 変数の値を掛けてベクトルを計算して移動させています。speed の前にある normalized はベクトルの長さを最大で 1 にするための処理です。これがないと斜めの移動が上下左右の移動よりも速くなってしまいます。

◆ SetAxis メソッド

SetAxis メソッドはバーチャルパッドから呼ばれるメソッドです。Input.GetAxisRaw メソッドの代わりに、横移動のための変数 axisH と、縦移動のための変数 axisV とに値を書き込んでいます。バーチャルパッドは後ほど作ります。

参照 「ゲームのための三角関数」 （442 ページ）

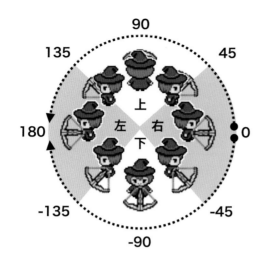

ここで、アニメーションの向きと角度の関係をまとめておきます。確認しておいてください。

ゲームを実行しよう

ゲームを実行してみてください。パソコンの方向キーを押すと上下左右にプレイヤーキャラクターがアニメーションをしながら移動します。

所持アイテムを管理する仕組みを作ろう

続いて、プレイヤーキャラクターがアイテムを持つことができるような仕組みを作っていきましょう。

プレイヤーキャラクターが持つことができるアイテムは「金のカギ」「銀のカギ」「矢」「ランタン」の4種類です。ダメージの回復アイテムである「ライフ」は所持アイテムではないので、ここでは実装しません。

カギはドアを開けるアイテム、矢はプレイヤーが発射して攻撃に使用するアイテム、ライトはダンジョンの暗闇を明るく照らすアイテムです。これらのアイテムはシーンが変わっても持ち続ける必要がありますので、アイテムを保持するスクリプトを作って管理するようにしましょう。

以下のようなItemKeeperスクリプトを作ってください。

```
using System.Collections;
using System.Collections.Generic;
using UnityEngine;

public class ItemKeeper : MonoBehaviour
{
    public static int hasGoldKeys = 0;      // 金カギの数
    public static int hasSilverKeys = 0;    // 銀カギの数
```

```
    public static int hasArrows = 0;          // 矢の数
    public static int hasLights = 0;          // ライトの数

    // Start is called before the first frame update
    void Start()
    {

    }

    // Update is called once per frame
    void Update()
    {

    }
}
```

◆ 変数

　各アイテムの所持数を保存するint型の変数を4つ持っています。シーンが変わっても保持されるようにstatic変数にしています。またpublicを付けて外部からアクセスできるようにしています。

参照▶「終了するまで値が保持されるstatic変数」　135ページ

弓と矢のゲームオブジェクトを作ろう

　弓と矢のゲームオブジェクトを作りましょう。弓と矢の画像アセットをシーンビューにドラッグ＆ドロップしてゲームオブジェクトを作り、どちらもSprite Rendererの［Order in Layer］を「3」にしておきましょう。

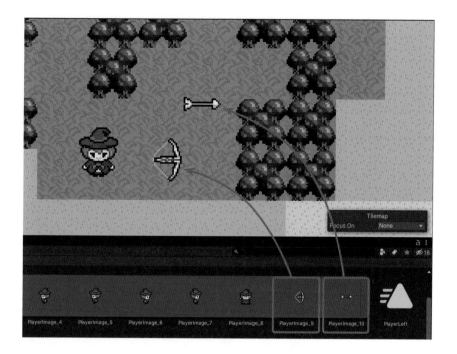

◆ 弓

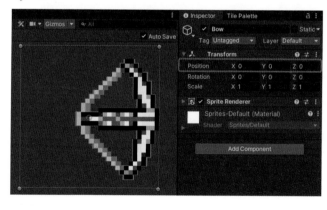

弓の名前を「Bow」に変更し、[Position] の値をすべて「0」に設定しておいてください。弓はこのあとでプレイヤーキャラクターの子として配置しますが、ゲームオブジェクトの位置を「0」にしておかないと配置がずれるので、正しく設定してください。

◆ 矢

矢の名前は「Arrow」に変更し、「Arrow」タグと「Arrow」レイヤーを作って設定してください。タグとレイヤーはこのあとの接触判定で使いますので、忘れずに設定しておいてください。[Order in Layer] の値は「3」にしておきます。

参照 「ゲームオブジェクトをグループ分けする仕組み（レイヤー）」 94 ページ

参照 「ゲームオブジェクトを区別する仕組み（タグ）」 97 ページ

　矢には Rigidbody 2D と Circle Collider 2D をアタッチしておきましょう。Rigidbody2D の［Gravity Scale］を「0」にして、Circle Collider 2D の範囲は矢の先端部分になるように調整します。

◆ プレハブ化

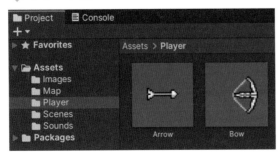

　最後に弓と矢を Player フォルダーにプレハブ化して完了です。
　シーンビュー上にある弓と矢のゲームオブジェクトは必要ないので、削除しておいてください。

矢を発射するスクリプトを作ろう

　次にプレイヤーに矢を発射させるスクリプトを作りましょう。「ArrowShoot」という以下のようなスクリプトをPlayerフォルダーに作って、シーンビューのPlayerにアタッチしてください。

```
using System.Collections;
using System.Collections.Generic;
using UnityEngine;

public class ArrowShoot : MonoBehaviour
{
    public float shootSpeed = 12.0f;      // 矢の速度
    public float shootDelay = 0.25f;      // 発射間隔
    public GameObject bowPrefab;          // 弓のプレハブ
    public GameObject arrowPrefab;        // 矢のプレハブ
    bool inAttack = false;                // 攻撃中フラグ
    GameObject bowObj;                    // 弓のゲームオブジェクト

    // 攻撃
    public void Attack()
    {
        // 矢を持っている & 攻撃中ではない
        if (ItemKeeper.hasArrows > 0 && inAttack == false)
        {
            ItemKeeper.hasArrows -= 1; // 矢を減らす
            inAttack = true; // 攻撃フラグを立てる
            // 矢を撃つ
            PlayerController playerCnt = GetComponent<PlayerController>();
            float angleZ = playerCnt.angleZ; // 回転角度
            // 矢のゲームオブジェクトを作る(進行方向に回転)
            Quaternion r = Quaternion.Euler(0, 0, angleZ);
            GameObject arrowObj = Instantiate(arrowPrefab, transform.position, r);
            // 矢を発射するベクトルを作る
            float x = Mathf.Cos(angleZ * Mathf.Deg2Rad);
            float y = Mathf.Sin(angleZ * Mathf.Deg2Rad);
            Vector3 v = new Vector3(x, y) * shootSpeed;
            // 矢に力を加える
            Rigidbody2D body = arrowObj.GetComponent<Rigidbody2D>(); body.AddForce(v, ForceMode2D.Impulse);
            // 攻撃フラグを下ろす遅延実行
            Invoke("StopAttack", shootDelay);
        }
    }

    // 攻撃停止
    public void StopAttack()
    {
        inAttack = false;           // 攻撃フラグを下ろす
```

トップビューアクションゲームの基本システムを作ろう

```
    }

    // Start is called before the first frame update
    void Start()
    {
        // 弓をプレイヤーキャラクターに配置
        Vector3 pos = transform.position;
        bowObj = Instantiate(bowPrefab, pos, Quaternion.identity);
        bowObj.transform.SetParent(transform);  // 弓の親にプレイヤーキャラクターを設定する
    }

    // Update is called once per frame
    void Update()
    {
        if (Input.GetButtonDown("Fire3"))
        {
            // 攻撃キーが押された
            Attack();
        }
        // 弓の回転と優先順位
        float bowZ = -1; // 弓の Z 値 ( キャラクターの前にする )
        PlayerController plmv = GetComponent<PlayerController>();
        if (plmv.angleZ > 30 && plmv.angleZ < 150)
        {
            // 上向き
            bowZ = 1; // 弓の Z 値 ( キャラクターの後ろにする )
        }
        // 弓の回転
        bowObj.transform.rotation = Quaternion.Euler(0, 0, plmv.angleZ);
        // 弓の優先順位
        bowObj.transform.position = new Vector3(transform.position.x, transform.position.y, bowZ);
    }
}
```

◆ 変数

　shootSpeed 変数は矢の速度、shootDelay 変数は一度矢を発射してからの待ち時間の設定です。public を付けてインスペクタービューから設定できるようにしています。

　bowPrefab、arrowPrefab はそれぞれ、弓と矢のプレハブを設定する変数です。ここにはインスペクタービューから先ほど作った弓と矢のプレハブを設定します。

　inAttack は攻撃中のフラグです。極端な連射を防ぐために次に矢を発射できるまでの時間を設定します。

◆ Attack メソッド

Attack メソッドは、Update メソッドから呼ばれている攻撃処理（矢を撃つ）を行うメソッドです。ItemKeeper クラスの hasArrows 変数を確認して、「0以上であり、なおかつ inAttack が false（攻撃中ではない）」場合に発射可能となります。

矢が発射可能であれば、矢の数を1減らし、攻撃フラグ（inAttack）を立てます。攻撃フラグが true の間は矢の発射処理が実行されません。

矢を発射する際には、その方向を知るために PlayerController クラスを GetComponent メソッドで取得し、angleZ を参照しています。そして arrowPrefab（プレハブ）から Instantiate メソッドで矢のゲームオブジェクトを作ります。このとき、angleZ の角度に回転させ、angleZ をもとに矢を発射するベクトルを作り、AddForce メソッドで力を加えて矢を発射しています。

ベクトルの作成には Mathf クラスの三角関数、Sin（サイン）メソッドと Cos（コサイン）メソッドを使っています。三角関数の解説は付録 PDF を読んでください。

参照 「ゲームのための三角関数」 付録 PDF（v ページ参照）

発射後、Invoke メソッドで StopAttack メソッドを遅延実行し、その中で攻撃フラグ（inAttack）を下ろします。これで矢の発射処理が再度実行できるようになります。

Unity エディターから、Bow と Arrow のプレハブを設定しておいてください。

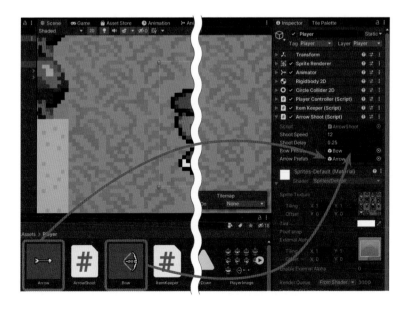

◆ Start メソッド

Startメソッドでは、bowPrefabから作った弓のゲームオブジェクトをプレイヤーキャラクターの子として配置しています。

◆ Update メソッド

Updateメソッドでは、発射ボタンが押されたことをInputクラスのGetButtonDownメソッドで確認して、Attackメソッドを呼んでいます。そのとき、GetButtonDownメソッドの引数として"Fire3"を指定しています。キーボードでは、デフォルトで［左Shift］キーが割り振られていますが、Input Managerで変更が可能です。

参照▶「いろいろな装置からの入力をサポートする Input クラスと Input Manager」　75 ページ

次に、プレイヤーキャラクターの移動方向に弓を回転させるため、PlayerControllerクラスのangleZ変数を参照しています。また上向きの場合、弓をプレイヤーキャラクターの奥に表示するために、position.Zの値を1に設定しています。このようにOrder in Layerの値が同じ場合、Z値が大きいほうが奥に表示されます。

参照▶「表示の優先順位を知ろう」　32 ページ

矢をコントロールするスクリプトを作ろう

発射された矢をコントロールするスクリプトを作ります。「ArrowController」というスクリプトをPlayerフォルダーに作って矢のプレハブにアタッチしてください。

```
using System.Collections;
using System.Collections.Generic;
using UnityEngine;

public class ArrowController : MonoBehaviour
{
    public float deleteTime = 2; // 削除時間

    // Start is called before the first frame update
    void Start()
    {
        Destroy(gameObject, deleteTime); // 一定時間で消す
    }

    // Update is called once per frame
```

```
    void Update()
    {

    }

    // ゲームオブジェクトに接触
    private void OnCollisionEnter2D(Collision2D collision)
    {
        transform.SetParent(collision.transform);              // 接触したゲームオブジェクトの子にする
        GetComponent<CircleCollider2D>().enabled = false;      // 当たりを無効化する
        GetComponent<Rigidbody2D>().simulated = false;         // 物理シミュレーションを無効化する
    }
}
```

　Startメソッドで Destroyメソッドを呼ぶことにより、発射された矢が deleteTime変数に設定された時間（初期値2秒）でシーンから削除されます。

　また、矢が何かのゲームオブジェクトに接触した場合は、そのゲームオブジェクトの子になり、当たりと物理シミュレーションを無効化しています。Rigidbody2Dと CircleCollider2Dには enabledという bool型の変数があり、これに falseを設定することで無効化できます。なお逆に、trueを設定すると有効化できます。

　これにより、矢が当たったゲームオブジェクトに突き刺さったような状態になります。

◆ レイヤーの接触設定を編集する

　これで、プレイヤーキャラクターは矢を発射できるようになったのですが、このままでは1つまずいことがあります。矢はプレイヤーキャラクターのいる位置から発射されるため、その瞬間にプレイヤーキャラクターに接触して止まってしまいます。これを回避するためにレイヤーどうしの当たり判定を変更します。

　メニューから、［Edit］→［Project Settings…］を選択してプロジェクト設定ウィンドウを開きます。左のタブから［Physics2D］を選択し、さらに［Layer Collision Matrix］を展開してください。するとレイヤーの名前が並んだチェックボックスが表示されるので、ここで、Playerと Arrowが交差する部分のチェックボックスをオフにしてください。

トップビューアクションゲームの基本システムを作ろう

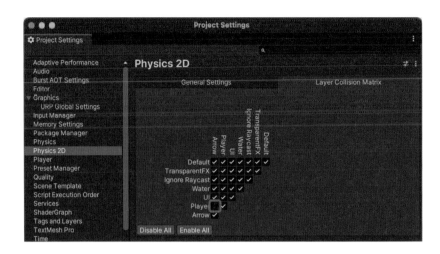

これでPlayerとArrowのレイヤーが設定されているゲームオブジェクトどうしは接触しなくなります。

ゲームを実行しよう

それでは、ゲームを実行して矢の発射を確認してみましょう。確認のため、一時的にItemKeeperのhasArrowsを0以上の数値にしておいてください。

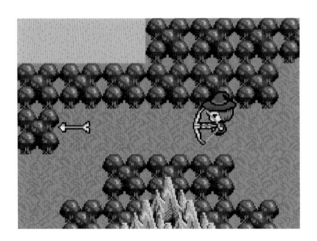

ゲームが開始されるとプレイヤーキャラクターに弓がくっついた状態になっており、パソコンの方向キーを押すと弓は移動方向を向きます。［左Shift］キーを押すと移動方向に向かって矢が発射されますが、壁に当たった矢はそこで止まり、しばらくすると消えてなくなります。

プレイヤーキャラクターを追尾するカメラを作ろう

プレイヤーキャラクターを中心に捉えて移動するカメラのスクリプトを作りましょう。「CameraManager」スクリプトをPlayerフォルダーに作りMain Cameraにアタッチしてください。特に制限など加える必要がないので、サイドビューよりスクリプトはシンプルです。

```
using System.Collections;
using System.Collections.Generic;
using UnityEngine;

public class CameraManager : MonoBehaviour
{
    // Use this for initialization
    void Start ()
    {

    }

    // Start is called before the first frame update
    void Update ()
    {
        GameObject player = GameObject.FindGameObjectWithTag("Player");
        if(player != null)
        {
            // プレイヤーの位置と連動させる
            transform.position = new Vector3(player.transform.position.x,
                        player.transform.position.y, -10);
        }
    }
}
```

◆ Update メソッド

FindGameObjectWithTag メソッドでプレイヤーキャラクターを探し、プレイヤーキャラクターが見つかった場合、その位置に合わせてカメラの位置を変更します。ゲームオーバーになってプレイヤーがシーンから消えた場合、カメラ位置はそのままになります。なおZ軸を-10にしていますが、これはカメラの表示優先をプレイヤーよりも上にするためです。

参照▶ 「表示の優先順位を知ろう」 32 ページ

プレイヤーのダメージ処理を作ろう

後ほど「プレイヤーに向かってくる敵キャラ」を作りますが、その敵キャラに接触したときのダメージ処理をここで先に作っておきましょう。サイドビューゲームでは「ダメージ床」や敵に触れると1発でゲームオーバーになりましたが、今回はプレイヤーキャラクターにHP（ヒットポイント）を持たせて、3回敵キャラに接触したらゲームオーバーになるようにします。また、敵キャラに接触してダメージを受けた場合、プレイヤーキャラクターはHPが1つ減り、敵キャラから離れるようにヒットバックするような演出にしましょう。

ダメージ対応はPlayerControllerスクリプトを更新して行います。以下にスクリプトの更新内容を示します。

8.4 プレイヤーキャラクターを作ろう **311**

トップビューアクションゲームの基本システムを作ろう

```
using System.Collections;
using System.Collections.Generic;
using UnityEngine;

public class PlayerController : MonoBehaviour
{
        ～  省略  ～
    // ダメージ対応
    public static int hp = 3;          // プレイヤーの HP
    public static string gameState;    // ゲームの状態
    bool inDamage = false;             // ダメージ中フラグ

    // p1 から p2 の角度を返す
    float GetAngle(Vector2 p1, Vector2 p2)
    {
        ～  省略  ～
    }

    // Start is called before the first frame update
    void Start()
    {
        ～  省略  ～
        // ゲームの状態をプレイ中にする
        gameState = "playing";
    }

    // Update is called once per frame
    void Update()
    {
        // ゲーム中以外とダメージ中は何もしない
        if (gameState != "playing" || inDamage)
        {
            return;
        }
        ～  省略  ～
    }

    void FixedUpdate()
    {
        // ゲーム中以外は何もしない
        if (gameState != "playing")
        {
            return;
        }
        if (inDamage)
        {
            // ダメージ中点滅させる
            float val = Mathf.Sin(Time.time * 50);
            if (val > 0)
            {
```

```
                // スプライトを表示
                gameObject.GetComponent<SpriteRenderer>().enabled = true;
            }
            else
            {
                // スプライトを非表示
                gameObject.GetComponent<SpriteRenderer>().enabled = false;
            }
            return; // ダメージ中は操作による移動させない
        }

        // 移動速度を更新する
        rbody.velocity = new Vector2(axisH, axisV).normalized * speed;
    }

    public void SetAxis(float h, float v)
    {
        ～ 省略 ～
    }


    // 接触
    void OnCollisionEnter2D(Collision2D collision)
    {
        if (collision.gameObject.tag == "Enemy")
        {
            GetDamage(collision.gameObject);
        }
    }

    // ダメージ
    void GetDamage(GameObject enemy)
    {
        if (gameState == "playing")
        {
            hp--; // HP を減らす
            if (hp > 0)
            {
                // 移動停止
                rbody.velocity = new Vector2(0, 0);
                // 敵キャラの反対方向にヒットバックさせる
                Vector3 v = (transform.position - enemy.transform.position).normalized; rbody.AddForce(new
Vector2(v.x * 4, v.y * 4), ForceMode2D.Impulse);
                // ダメージフラグ ON
                inDamage = true;
                Invoke("DamageEnd", 0.25f);
            }
            else
            {
                // ゲームオーバー
                GameOver();
```

```
                }
            }
        }
        // ダメージ終了
        void DamageEnd()
        {
            inDamage = false;                               // ダメージフラグ OFF
            gameObject.GetComponent<SpriteRenderer>().enabled = true;   // スプライトを元に戻す
        }
        // ゲームオーバー
        void GameOver()
        {
            gameState = "gameover";
            // ゲームオーバー演出
            GetComponent<CircleCollider2D>().enabled = false;      // プレイヤーあたりを消す
            rbody.velocity = new Vector2(0, 0);                    // 移動停止
            rbody.gravityScale = 1;                                // 重力を戻す
            rbody.AddForce(new Vector2(0, 5), ForceMode2D.Impulse); // プレイヤーを上に少し跳ね上げる
            animator.SetBool("IsDead", true);                      // アニメーションを切り替える
            Destroy(gameObject, 1.0f);                             // 1 秒後にプレイヤーを消す
        }
    }
```

◆ 変数

　プレイヤーのヒットポイントを記録する hp 変数とプレイヤーキャラクターの状態を表すパラメーター gameState 変数を追加しています。hp はシーンが変わっても値が保持されるように static 変数にしています。

参照 「終了するまで値が保持される static 変数」　135 ページ

　また UI 表示のために外部から参照する必要があるので、public を付けています。gameState 変数の使い方はサイドビューゲームとまったく同じです。

◆ Start メソッド

　ゲーム状態（gameState 変数）に "playing" を設定してプレイ中にしています。

◆ Update メソッド

　gameState が "playing" でなければ、すぐに return でメソッドを抜けて何も行いません。この対応もサイドビューゲームとまったく同じです。またダメージ中（inDamage が true）の場合もメソッドを抜けて何も行いません。

◆ FixedUpdate メソッド

gameStateが"playing"でなければすぐにreturnでメソッドを抜けて何も行いません。inDamageフラグがtrueの場合、「プレイヤーキャラクターを点滅させる」という演出を行っています。点滅のための対応が以下のスクリプトです。

```
float val = Mathf.Sin(Time.time * 50);
```

まずTime.time * 50について見てみましょう。Timeクラスは時間に関するいろいろな対応をしてくれるクラスです。そのtime変数はゲームが起動したときからの時間を秒単位で保持しています。その経過時間を引数にして、MathfクラスのSin（サイン）メソッドを呼びます。Sinメソッドは三角関数のサイン値を返してくれるメソッドです。

参照 「ゲームのための三角関数」 付録 PDF（ⅴページ参照）

Sinメソッドに連続的に加算される値を渡すと、0〜1〜0〜−1〜0……のように繰り返し変動する値を返します。その値が0以上か以下かに応じて、Sprite Rendererのenabled変数にtrueとfalseを交互に入れることで表示／非表示を繰り返し、点滅しているように見せています。

また、Time.timeに掛け算する数字を大きくするほど点滅の間隔は短くなります。数字を変えて試してみましょう。

このあと、ダメージ中（inDamageがtrue）ならばreturnでメソッドを抜けて、キー操作による移動処理を行わないようにします。

◆ OnCollisionEnter2D メソッド

敵キャラには識別用に「Enemy」タグを付けるようにしています。そこでEnemyタグにより「敵キャラに接触した」と判断して、GetDamageメソッドを呼び、その中でダメージ対応を行っています。

◆ GetDamage メソッド

gameStateが"playing"（ゲーム中）の場合に処理を行います。hpをマイナス1して、inDamageフラグをtrueにして、ダメージを受けたときに接触した敵キャラと反対方向のベクトルを作ります。敵から自分に向かうベクトルを作ると考えればわかりやすいでしょう。

ここで使っている、normalizedという変数ですが、これはベクトルを正規化したものです。

ベクトルの大きさを1にする「正規化」

以前、XとYでベクトルを作ることと、ベクトルで速さが表されることを説明しました。

参照 「座標とベクトル」 79 ページ

　単純にゲーム中の位置を表すVector3を引き算しただけではxとyは1以上の大きな数字になります。normalizedは「速さ」の部分、つまりベクトルの大きさを1とし、xとyを1以下にしたベクトルに変換したものです。これを「単位ベクトル」といいます。速さの部分が1になるので、ここに希望する速度の値を掛け算（ここでは4を掛けています）することでその速度で移動させることができるのです。

　AddForceメソッドで力を与えてヒットバックさせています。その後、Invokeメソッドで0.25秒後にDamageEndメソッドを呼んで、その中でダメージ終了処理をしています。

　そしてhpが0以下になった場合、GameOverメソッドを呼んでその中でゲームオーバーの処理をしています。

◆ GameOver メソッド

　ゲームオーバーの対応はサイドビューゲームとほとんど同じです。gameStateを"gameover"に書き換え、アニメーションを切り替えて遅延実行でプレイヤーキャラクターのゲームオブジェクトを消しています。

　ここまでできたら、ヒエラルキービューの「Player」をPlayerフォルダーにドラッグ＆ドロップしてプレハブ化しておいてください。

Chapter 09

トップビュー
アクションゲームを
バージョンアップしよう

完成データのダウンロード

　この章で作成するプロジェクトの完成データは、以下のアドレスからダウンロードできます。

* https://www.shoeisha.co.jp/book/download/4600/read

9.1　シーンからシーンへ移動しよう

　マップとプレイヤーキャラクターができたので、次は複数のシーンを行き来できる仕組みを作りましょう。それぞれの出入り口が連動してシーンの読み込みを行うようにします。

　シーン移動関係はRoomManagerというフォルダーを作ってその中に保存することにします。さっそくプロジェクトビューにRoomManagerフォルダーを作っておきましょう。

出入り口のゲームオブジェクトとスクリプトを作ろう

　まずは、「プレイヤーキャラクターが接触するとシーンを移動する」ためのゲームオブジェクトとスクリプトを作りましょう。

　ヒエラルキービュー左上の［＋］ボタンから、［Create Empty］で空オブジェクトを1つシーンに配置してください。名前を「Exit」として、見やすくするために何かアイコンを付けておきましょう。また「Exit」というタグを作って設定しておいてください。

参照 「ゲームオブジェクトを区別する仕組み（タグ）」 99 ページ

参照 「カラーアイコンを付けよう」 214 ページ

コンポーネントとしては、Circle Collider 2Dをアタッチしてサイズを少し小さめに調整してください。[Is Trigger]はオンにしておきます。

ここまでできたら、マップの出入り口のタイルの上あたりに設置してください。平行移動ツールを使うと移動しやすいはずです。

次に、以下のような内容のExitスクリプトをRoomManagerフォルダーに作って、先ほどシーンに配置したExitゲームオブジェクトにアタッチしましょう。

```csharp
using System.Collections;
using System.Collections.Generic;
using UnityEngine;

// 出入り口の位置
public enum ExitDirection
{
    right,      // 右方向
    left,       // 左方向
    down,       // 下方向
    up,         // 上方向
}

public class Exit : MonoBehaviour
{
    public string sceneName = "";                       // 移動先のシーン
    public int doorNumber = 0;                          // ドア番号
    public ExitDirection direction = ExitDirection.down;  // ドアの位置

    // Start is called before the first frame update
    void Start()
    {

    }

    // Update is called once per frame
    void Update()
```

```
    {

    }

    void OnTriggerEnter2D(Collider2D collision)
    {
        if (collision.gameObject.tag == "Player")
        {

        }
    }
}
```

◆ 列挙型

　まず、クラス定義の前に書いてある「enum」という記述ですが、これは「列挙型」というものを定義するためのキーワードです。

```
public enum ExitDirection
{
    right,  // 右方向
    left,   // 左方向
    down,   // 下方向
    up,     // 上方向
}
```

　列挙型はこのように、「{ }」（波カッコ）内に、「,」（カンマ）で区切って定義したい名前を書くことで、その名前をスクリプトの中で意味を持って使えるようにする仕組みです。この場合、出口の方向を「right」「left」「down」「up」という名前で定義しています。enumのあとにある「ExitDirection」が型名です。つまりenumを使って独自の型を作ることができるのです。

　ここでは出入り口の方向として、4方向を定義しています。頭にpublicが付いているので、どのスクリプトからでも使うことができるようになっています。実際の使い方はこのあとのスクリプトで説明します。

　なお、列挙型の値を表す場合は、

```
ExitDirection.right
（列挙型）.（名前）
```

のように、列挙型名と名前を「.」（ドット）でつないで表現します。

◆ 変数

publicが付いた変数は3つあります。sceneNameは移動させるシーンの名前。doorNumber変数は出入り口の番号を設定する変数です。シーンを移動した先の同じ番号の場所にプレイヤーキャラクターを出現させるようにします。directionはプレイヤーが出てくる向きです。ExitDirection.downと指定することで、「プレイヤーキャラクタ　が出入り口の下から出てくる」ことを表せます。これらのパラメーターは配置後にインスペクタービューから設定します。

◆ OnTriggerEnter2D メソッド

接触したゲームオブジェクトのタグが「Player」の場合、シーンの移動を行います。移動させるクラスはこのあと作るので、今はif文だけを書いておきます。

部屋を管理するゲームオブジェクトを作ろう

部屋（シーン）を管理するゲームオブジェクトとクラスを作ります。まず空オブジェクトを1つシーンに配置してください。名前は「RoomManager」としておきます。

次にRoomManagerスクリプトをRoomManagerフォルダーに作り、先ほどシーンに配置したRoomManagerゲームオブジェクトにアタッチしましょう。以下がRoomManagerスクリプトの内容です。

```
using System.Collections;
using System.Collections.Generic;
using UnityEngine;
using UnityEngine.SceneManagement;

public class RoomManager : MonoBehaviour
{
    // static 変数
    public static int doorNumber = 0;   // ドア番号

    // Start is called before the first frame update
    void Start()
```

```
    {
        // プレイヤーキャラクター位置
        // 出入り口を配列で得る
        GameObject[] enters = GameObject.FindGameObjectsWithTag("Exit");
        for (int i = 0; i < enters.Length; i++)
        {
            GameObject doorObj = enters[i];           // 配列から取り出す
            Exit exit = doorObj.GetComponent<Exit>(); // Exit クラス取得
            if (doorNumber == exit.doorNumber)
            {
                // ==== ドア番号同じ ====
                // プレイヤーキャラクター出入り口に移動
                float x = doorObj.transform.position.x;
                float y = doorObj.transform.position.y;
                if (exit.direction == ExitDirection.up)
                {
                    y += 1;
                }
                else if (exit.direction == ExitDirection.right)
                {
                    x += 1;
                }
                else if (exit.direction == ExitDirection.down)
                {
                    y -= 1;
                }
                else if (exit.direction == ExitDirection.left)
                {
                    x -= 1;
                }
                GameObject player = GameObject.FindGameObjectWithTag("Player");
                player.transform.position = new Vector3(x, y);
                break;  // ループを抜ける
            }
        }
    }


    // Update is called once per frame
    void Update()
    {

    }

    // シーン移動
    public static void ChangeScene(string scnename, int doornum)
    {
        doorNumber = doornum;   // ドア番号を static 変数に保存
        SceneManager.LoadScene(scnename);   // シーン移動
    }
}
```

トップビューアクションゲームをバージョンアップしよう

シーンの読み込みを行うため、クラスの前に、

```
using UnityEngine.SceneManagement;
```

を記述するのを忘れないようにしてください。

◆ 変数

static変数を1つ定義しています。doorNumberはプレイヤーが出入りする出入り口の番号を記録する変数です。この変数はstatic変数なので、シーンをまたいでもその値が保持されます。

参照 「終了するまで値が保持される static 変数」 135 ページ

◆ Start メソッド

Startメソッドでは、まずFindGameObjectsWithTagメソッドを使って "Exit" というタグが付けられたゲームオブジェクトを探しています。FindGameObjectsWithTagメソッドは指定したタグを持つゲームオブジェクトを**配列**で返してくれます。

なお、以前使ったFindGameObjectWithTagメソッドではありません、「Objects」というように「s」が付いています。FindGameObjectsWithTagメソッドは、指定したタグが付いている、シーン上のすべてのゲームオブジェクトを配列で返してくれます。

◆ 配列

配列とは、「変数が数珠つなぎになった箱に入れられているようなもの」です。

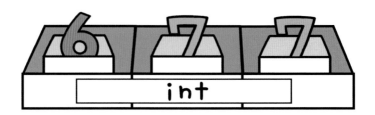

配列は以下のように宣言します。整数（int型）の配列を宣言して、1～5の数字を1から順番に入れています。

```
int[]    nums = [1, 2, 3, 4, 5];
（型名） （変数名） （値）
```

`int[]`が型名です。通常の型名の後ろに「[ ]」（角カッコ）を書きます。配列に入れる値も角カッコでくくり、カンマで区切って書きます。

配列に入れられた値を取り出すには以下のように書きます。

```
int  num1 = nums[0];    // num1 には数字の 1 が入る
int  num2 = nums[1];    // num2 には数字の 2 が入る
int  num3 = nums[2];    // num3 には数字の 3 が入る
int  num4 = nums[3];    // num4 には数字の 4 が入る
int  num5 = nums[4];    // num5 には数字の 5 が入る
```

配列の変数名（nums）の後ろに、[順番]のように角カッコでくくって順番の数字を書きます。このとき順番は1からではなく、0から始まることに気を付けてください。

◆ for ループ

配列に入れられたゲームオブジェクトを順番に取り出すために、ここではforループという構文を使っています。

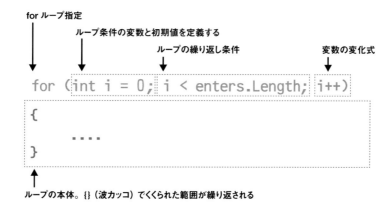

このように、`for(……)`で始まり`{ }`で囲まれた部分が、同じ処理を繰り返し行う「ループ処理」です。ループはプログラムでよく使う基本的な処理なので覚えておいてください。

forループは「()」（丸カッコ）の中に「;」（セミコロン）で区切って3つの条件を書きます。1つ目は繰り返しを行うための条件にする変数であり、通常は`int`型を使います。ここでは`int`型の`i`という変数を初期値0として定義しています。

2つ目はループを継続させる条件です。`enters.Length`というのは配列の長さ、つまり入っている値の数です。条件指定としては「変数`i`が配列の数よりも小さい」となっています。`i`の初期値が0で配列数が4だとすると、「iが0、1、2、3であれば`{ }`（波カッコ）の処理が実行される」というわけです。

3つ目は繰り返し条件に使う変数の「変化式」です。i++とはint型の変数に「1ずつ加算する」という処理になります。これは「インクリメント」といい、数を1ずつ増やす処理を簡単に書くための書式です。逆に減らす場合は「i--」のようにマイナス記号を2つ続けて書きます。これを「デクリメント」といいます。

　変数iは、0から始まって1、2、3、4、5……と変化していきます。しかし、2つ目の繰り返し条件が「配列の数以下まで」となっているので、i変数が配列の数と同じになることはありません。

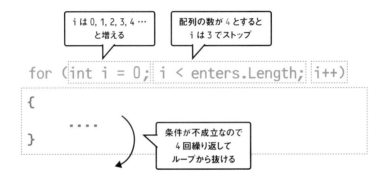

　forループの中で行っている処理は、「配列からゲームオブジェクトを取り出し、アタッチされているExitクラスを取り出す」というものです。そして、Exitクラスの持つdoorNumber変数と自分の持つdoorNumber変数が同じ値であれば、プレイヤーキャラクターの位置をExitゲームオブジェクトの位置に変更しています。なお、Exitと同じ位置に配置してしまうとシーンが移動した直後にExitに当たってしまうので、出口の方向（ExitDirection）をチェックしてそれぞれの方向に1ずらした位置に配置するようにしています。

　最後に「break;」という記述がありますが、ループ中にこの記述があると、条件にかかわらず強制的に繰り返し処理を終了させることができます。同じ番号が見つかったらそれ以上ループを回す意味はありませんから、その時点でループ処置を終了するということですね。

ゲームオブジェクトを探すFind系メソッド

シーンにある特定のゲームオブジェクトを探すためのメソッドとして、「Find〜」という単語が頭に付く検索メソッドがいくつかあります。ここではそれを紹介しておきましょう。

```
GameObject obj = GameObject.Find(" ゲームオブジェクトの名前 ");
```

GameObject.Find メソッドは、引数で渡した名前のゲームオブジェクトを1つ返してくれます。ただし有効になっているゲームオブジェクトに限ります。また同じ名前のゲームオブジェクトが複数あった場合はそのどれか1つだけを返します。検索はシーンの全オブジェクトを対象にするため、かなり負荷がかかります。

```
Transform trans = this.transform.Find(" ゲームオブジェクトの名前 ");
GameObject obj = trans.gameObject;
```

Transform コンポーネントが持っている Find メソッドです。これは自分の子になっているゲームオブジェクトの Transform コンポーネントを返します。返されるのが Transform なので、ゲームオブジェクトが必要な場合は、gameObject 変数を参照します。

```
GameObject obj = GameObject.FindGameObjectWithTag(" タグの名前 ");
```

FindGameObjectWithTag メソッドは引数で渡したタグの設定されたゲームオブジェクトを1つ返してくれます。検索対象をタグにしている以外は Find メソッドと同じです。

```
GameObject[] objects = GameObject.FindGameObjectsWithTag(" タグの名前 ");
```

FindGameObjectsWithTag メソッドは引数で渡したタグの設定されたゲームオブジェクトをすべて配列で返してくれます。戻り値が配列になっている以外は FindGameObjectWithTag メソッドと同じです。

◆ ChangeScene メソッド

ChangeScene メソッドは引数で指定された doornum（ドア番号）を自分の変数に保存して、scenename（シーン名）シーンの読み込みを行っています。外部から呼ぶために public を付けています。なお、自身の static 変数に値を書き込んでいるので、メソッドにも static を付けておく必要があります。static の付いたメソッドを **static メソッド** といい、呼び出すためには、

```
RoomManager.ChangeScene("WorldMap", 1);
```

トップビューアクションゲームをバージョンアップしよう

のようにクラス名とメソッド名を「.」（ドット）でつないで記述します。

RoomManagerクラスのChangeSceneメソッドはExitクラスのOnTriggerEnter2Dメソッドで使います。先ほどif文の中にこのように追記してください。

```
void OnTriggerEnter2D(Collider2D collision)
    {
        if (collision.gameObject.tag == "Player")
        {
            RoomManager.ChangeScene(sceneName, doorNumber);
        }
    }
```

設定されたパラメーターを引数にして、RoomManagerクラスのChangeSceneメソッドを呼んでいます。

▶staticメソッド

通常、クラスの中のメソッドを使う場合、

```
MyClass myclass = new MyClass();
```

のように、newで変数を作ってから使います。

一方、staticメソッドはnewで変数を作る必要がなく、クラス名だけでメソッドが使えます。これは、static変数がゲーム起動中ずっと存在しているのと同じように、staticメソッドもゲーム起動中、ずっと存在しているためです。そのため、staticメソッド内でアクセスする変数はstatic変数でなければいけません。

ここまでできたら、ヒエラルキービューのRoomManagerとExitをPrefabフォルダーにドラッグ＆ドロップしてプレハブ化しておいてください。

出入り口を配置しよう

PrefabフォルダーのRoomManagerをヒエラルキービューに1つ配置し、同じくPrefabフォルダーのExitを作った各シーンの出入り口上に配置してください。

Exitの[Scene Name]は移動先のシーン名に、[Door Number]は0よりも大きい数字（他と重複しなければ何番でもいい）にします。[Direction]は、出口としてプレイヤーキャラクターを上下左右のどこから出現させたいかを考えて設定してください。

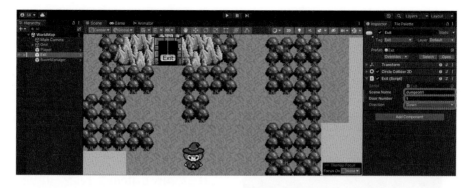

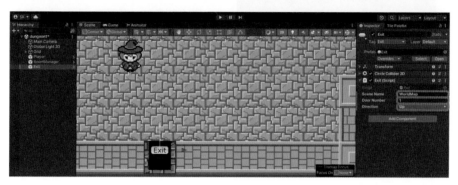

ゲームを実行しよう

　ゲームを実行すると、それぞれの出入り口から各シーンにプレイヤーが移動できるように
なっているはずです。うまくいかない場合は、クラスやパラメーター設定をもう一度見直し
てみてください。

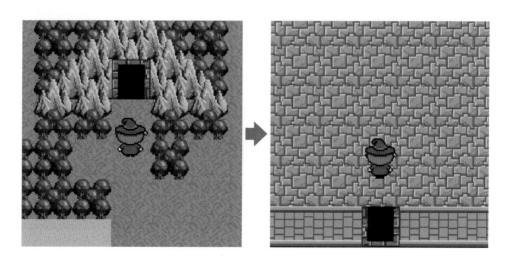

トップビューアクションゲームをバージョンアップしよう

ドアを作ろう

次は、出入り口をふさぐドアを作ります。カギを持っている状態で接触することで開けられるようにします。ドアは後ほど作る配置アイテムと同じ扱いにするため、Item フォルダーを作って必要なデータはその中に保存するようにしましょう。

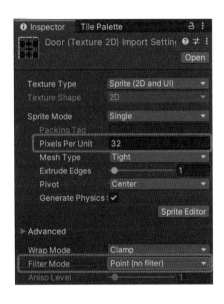

ドアの画像は「Door」と「DoorGold」の2つです。「Door」が銀のカギで開くドア、「DoorGold」が金のカギで開くドアにします。これらの画像も Item フォルダーに移動させておいてください。ドアも 32 × 32 ピクセルのドット絵として 画像を作っているので、[Pixels Per Unit] を「32」に、[Filter Mode] を [Point(no filter)] に設定しておきましょう。

画像の設定ができたら「Door」と「DoorGold」をシーンビューにドラッグ＆ドロップして、ドアのゲームオブジェクトを作ります。アタッチするコンポーネントは Box Collider 2D です。Sprite Renderer の [Order in Layer] を「1」に設定しておきます。

またドアを区別するタグとして「Door」を設定しておきましょう。

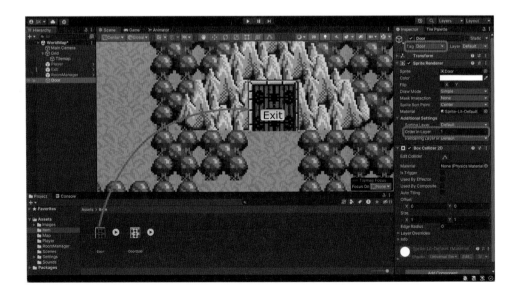

ドアはカギを持っていれば開けられるようにします。そのためのスクリプトを作りましょう。以下のような内容のDoorスクリプトをItemフォルダーに作り、シーンビューのDoorにアタッチしてください。

```csharp
using System.Collections;
using System.Collections.Generic;
using UnityEngine;

public class Door : MonoBehaviour
{
    public int arrangeId = 0;        // 配置の識別に使う
    public bool IsGoldDoor = false;  // 金のドア

    // Start is called before the first frame update
    void Start()
    {

    }

    // Update is called once per frame
    void Update()
    {

    }

    private void OnCollisionEnter2D(Collision2D collision)
    {
        if (collision.gameObject.tag == "Player")
        {
            // カギを持っている
            if (IsGoldDoor)
            {
                if (ItemKeeper.hasGoldKeys > 0)
                {
                    ItemKeeper.hasGoldKeys--;        // 金のカギを 1 つ減らす
                    Destroy(this.gameObject);        // ドアを開ける ( 削除する )
                }
            }
            else
            {
                if (ItemKeeper.hasSilverKeys > 0)
                {
                    ItemKeeper.hasSilverKeys--;      // 銀のカギを 1 つ減らす
                    Destroy(this.gameObject);        // ドアを開ける ( 削除する )
                }
            }
        }
    }
}
```

トップビューアクションゲームをバージョンアップしよう

◆ 変数

追加している変数は2つです。arrangeId変数は次の章で配置データを保存するために使う変数です。詳しくは次章で説明します。IsGoldDoor変数はこのドアが金のドアで、金のカギで開くことを設定するフラグです。

◆ OnCollisionEnter2D メソッド

接触したゲームオブジェクトのタグが"Player"であれば、IsGoldDoorフラグとItemKeeperのhasGoldKeysかhasSilverKey変数に記録されているカギの数を確認します。そして0より大きい場合カギの数を1つ減らし、ドア（自分自身）を削除して「ドアが開いた」ことにします。金のドアはインスペクタービューで［Is Gold Door］にチェックを入れておいてください。

ここまでできたら、ヒエラルキービューの2つのドアのゲームオブジェクトをPrefabフォルダーにドラッグ＆ドロップして、プレハブ化しておいてください。

ドアを配置しよう

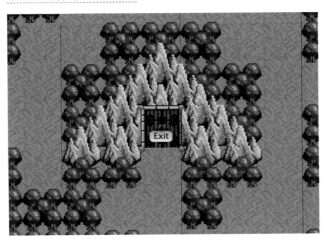

ドアのプレハブをワールドマップの出入り口の前に配置しておきます。片方からドアを開ければ反対側からもドアは開いているはずなので、移動先のシーンに配置する必要はありません。

9.2 配置アイテムを作ろう

ここからは、ゲームに必要なアイテムを作っていきます。アイテムはマップに配置して、プレイヤーキャラクターが触れることで取得できるようにします。また、宝箱を作ってその中にアイテムを隠しておける仕組みも作りましょう。

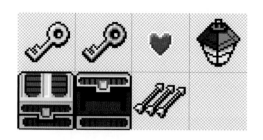

今回作るアイテムは「金のカギ」「銀のカギ」「矢」「ライフ」「ランタン」の5種類です。アイテム画像もマルチスプライトとして画像アセットを用意しています。Items画像をItemフォルダーに移動させ、Sprite Editorで32×32ピクセルにスライスしておいてください。

参照 ▶ 「マルチスプライトを作ろう」 270 ページ

アイテムのゲームオブジェクトを作ろう

　まずは、プレイヤーが宝箱から取得するアイテムとなるゲームオブジェクトを作りましょう。金のカギ、銀のカギ、矢、ライフ、ランタンの画像アセットをシーンビューにドラッグ＆ドロップしてゲームオブジェクトを作ります。それぞれの名前として、金のカギは「GoldKey」、銀のカギは「SilverKey」、矢は「Arrow」、ライフは「Life」、ランタンは「Light」としておきます。また、Itemタグを作って各ゲームオブジェクトに設定しておきましょう。

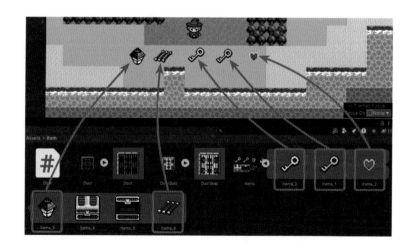

参照 ▶ 「ゲームオブジェクトを区別する仕組み（タグ）」 97 ページ

　次に、コンポーネントをアタッチし、設定を行います。まずSprite Rendererの［Order in Layer］は「5」に設定しておきましょう。これはアイテム取得の演出時に最前面で表示させるためです。

続いて Rigidbody 2D をアタッチして［Gravity Scale］を「0」にし、CircleCollider 2D を
アタッチして［Is Trigger］をオンにします。なお、当たりの範囲はゲームオブジェクトより
少しだけ大きめにしておきましょう。これはこのあと作る「宝箱」から出たときに当たりが
プレイヤーキャラクターに当たるようにするためです。

　同じように、「矢」「ライフ」「ランタン」も設定してください。

アイテム管理スクリプト（ItemData）を作ろう

　アイテムのためのスクリプトを作りましょう。以下のような内容の ItemData スクリプト
を Item フォルダーに作り、アイテムのゲームオブジェクトにアタッチしましょう。

```
using System.Collections;
using System.Collections.Generic;
using UnityEngine;

// アイテムの種類
public enum ItemType
{
    arrow,       // 矢
    GoldKey,     // 金のカギ
    Silverkey,   // 銀のカギ
    life,        // ライフ
    light,       // ライト
}

public class ItemData : MonoBehaviour
{
    public ItemType type;
    public int count = 1;
    public int arrangeId = 0;

    // Start is called before the first frame update
    void Start()
    {

    }

    // Update is called once per frame
    void Update()
    {

    }
    // 接触
    void OnTriggerEnter2D(Collider2D collision)
    {
        if (collision.gameObject.tag == "Player")
        {
            if (type == ItemType.GoldKey)
            {
                // 金のカギ
                ItemKeeper.hasGoldKeys += count;
            }
            else if (type == ItemType.Silverkey)
            {
                // 銀のカギ
                ItemKeeper.hasSilverKeys += count;
            }
            else if (type == ItemType.arrow)
            {
                // 矢
                ArrowShoot shoot = collision.gameObject.GetComponent<ArrowShoot>();
```

```
            ItemKeeper.hasArrows += count;
        }
        else if (type == ItemType.life)
        {
            // ライフ
            if (PlayerController.hp < 3)
            {
                // HP が 3 以下の場合加算する
                PlayerController.hp++;
            }
        }
        else if (type == ItemType.light)
        {
            // ライト
            ItemKeeper.hasLights += count;
        }
        // アイテム取得演出
        // 当たりを消す
        gameObject.GetComponent<CircleCollider2D>().enabled = false;
        // アイテムの Rigidbody2D を取ってくる
        Rigidbody2D itemBody = GetComponent<Rigidbody2D>();
        // 重力を戻す
        itemBody.gravityScale = 2.5f;
        // 上に少し跳ね上げる演出
        itemBody.AddForce(new Vector2(0, 6), ForceMode2D.Impulse);
        // 0.5 秒後に削除
        Destroy(gameObject, 0.5f);
    }
}
}
```

◆ 列挙型

列挙型を使って、アイテムの種類を定義しています。

参照▶「列挙型」 **319 ページ**

◆ 変数

　列挙型で定義した ItemType 型の type 変数を1つ定義しています。アイテムを所得したときにこの変数で何のアイテムなのかが判断できます。count にはアイテムが矢の場合に取得できる数を設定しておきます。

　arrangeId 変数は、後ほど配置データを保存するための変数です。詳しくは次章で解説します。

◆ OnTriggerEnter2D メソッド

プレイヤーとの接触時にアイテムを取得した演出として、アイテムのゲームオブジェクトを上に少し跳ね上げて、0.5秒後に削除します。

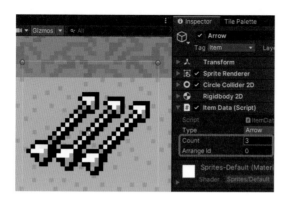

このとき、各アイテムの [Type] が適切に設定してあることを確認してください。

また 矢 のItem Data(Script)の [Count] は「3」にしておきましょう。これにより、「矢を拾うと所持数が3つ増える」ようになります。

ここまでできたら、ヒエラルキービューのゲームオブジェクトをItemsフォルダーにドラッグ＆ドロップしてプレハブ化し、シーンビュー上のゲームオブジェクトは削除しておきましょう。

宝箱を作ろう

次にアイテムを収めておく宝箱を作ります。アイテムボックス画像（Items_4）をシーンビューにドラッグ＆ドロップしてゲームオブジェクトを作ります。

ゲームオブジェクトの名前は「ItemBox」に変更し、「ItemBox」タグを作って設定します。

Sprite Rendererの [Order in Layer] は「2」にしておきましょう。

アタッチするコンポーネントはCircle Collider 2Dです。「宝箱」なのでBox Collider 2Dでもいいのですが、プレイヤーキャラクターが接触したときにできるだけ引っかかりにくくしてマップを動きやすくするために円形の当たりにしておきます。

トップビューアクションゲームをバージョンアップしよう

宝箱管理スクリプト（ItemBox）を作ろう

アイテムボックスのためのスクリプトを作りましょう。以下のような内容のItemBoxスクリプトをItemフォルダー内に作り、シーンビューのItemBoxにアタッチしましょう。

```
using System.Collections;
using System.Collections.Generic;
using UnityEngine;

public class ItemBox : MonoBehaviour
{
    public Sprite openImage;        // 開いた画像
    public GameObject itemPrefab;   // 出てくるアイテムのプレハブ
    public bool isClosed = true;    // true= 閉まっている false= 開いている
    public int arrangeId = 0;       // 配置の識別に使う

    // Start is called before the first frame update
    void Start()
    {

    }

    // Update is called once per frame
    void Update()
    {

    }

    void OnCollisionEnter2D(Collision2D collision)
    {
        if (isClosed && collision.gameObject.tag == "Player")
        {
            // 箱が閉まっている状態でプレイヤーに接触
            GetComponent<SpriteRenderer>().sprite = openImage;
            isClosed = false; // 開いてる状態にする
            if(itemPrefab != null)
            {
                // アイテムをプレハブから作る
                Instantiate(itemPrefab, transform.position, Quaternion.identity);
            }
        }
    }
}
```

◆ 変数

openImageは開いたときのスプライトを設定しておく変数、itemPrefabはこの宝箱から出すアイテムのプレハブを配置したあとに設定する変数です。

openImageには、Unityエディター上で、宝箱の開いた画像を設定しておいてください。

isClosedは宝箱が「閉じている(true)」か「開いている(false)」かを記録するフラグです。arrangeId変数は次章で配置データを保存するために使う変数です。

◆ OnCollisionEnter2D メソッド

プレイヤーとの接触時に箱が閉まっているかをチェックしてアイテムをプレハブから作成する処理を行います。宝箱の画像を開いている絵に変更し、プレハブからInstantiateメソッドでアイテムを作ります。

if文で「itemPrefabがnullかどうか」(プレハブが設定されているか)を確認しており、nullならばアイテムは出現せずに空っぽの宝箱を作ることができます。作られたアイテムは、直後にプレイヤーキャラクターに接触して取得されます。

ここまでできたら宝箱をプレハブ化しておいてください。

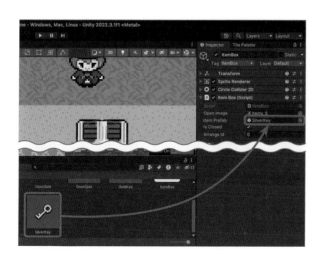

宝箱を使うには、シーンに配置した宝箱のItem Box (Script)の[Item Prefab]に出したいアイテムのプレハブを設定します。

トップビューアクションゲームをバージョンアップしよう

ゲームを実行しよう

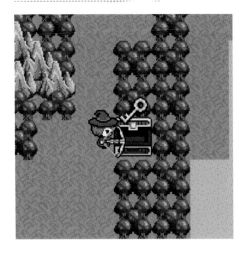

　宝箱にカギを設定してゲームを開始してみましょう。プレイヤーキャラクターが宝箱に接触すると、宝箱が開いてカギが飛び出してきます。

9.3　敵キャラを作ろう

　次は、「プレイヤーキャラクターに向かって襲ってくる敵キャラクター」を作りましょう。敵キャラクターは通常は停止しており、プレイヤーキャラクターが一定距離に接近するとプレイヤーキャラクターに向かって移動してきて、接触することでプレイヤーキャラクターにダメージが加わるようにします。

　敵キャラクターに関連するデータは、Enemyフォルダーの中に保存します。そのためここでEnemyフォルダーを作っておきましょう。

敵キャラのゲームオブジェクトを作ろう

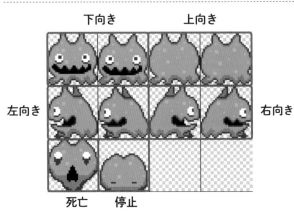

下向き　　　上向き

左向き　　　　　　　　右向き

死亡　　停止

　敵キャラクターの画像も、マルチスプライトにできるように用意しています。Imagesフォルダーにある「EnemyImage」が敵キャラクターの画像です。EnemyImage画像はEnemyフォルダーに移動させておきましょう。

　スプライトの構成は、下段

に停止のパターンがある以外はプレイヤーキャラクターとほぼ同じです。プレイヤーキャラクターと同じく32×32ピクセルのドット絵として描いてあるので、Sprite Editorでスライスしてください。

参照 「マルチスプライトを作ろう」 270 ページ

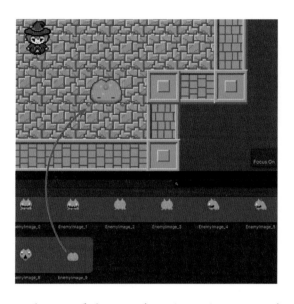

敵キャラクターは最初、アニメーションをせずに止まっているようにします。まずそのための停止パターンを作りましょう。マルチスプライトの中から、「EnemyImage_9」をシーンビューにドラッグ＆ドロップしてゲームオブジェクトを作ってください。ゲームオブジェクトの名前は「Enemy」にしておきましょう。

　ゲームオブジェクトができたら、必要なコンポーネントをアタッチしていきましょう。Circle Collider 2DとRigidbody 2Dをアタッチします。各コンポーネントは以下の図のように調整してください。

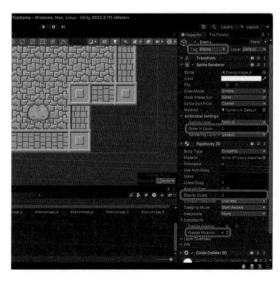

「Enemy」タグを作って設定し、Sprite Rendererの[Order in Layer]は「2」に、Rigidbody 2Dの[Gravity Scale]は「0」に、[Freeze Rotation]の[Z]はオンにしておきましょう。

敵キャラクターのアニメーションを作ろう

次は、待機のアニメーションを作っていきます。敵キャラクターのゲームオブジェクトを選択しながらアニメーションウィンドウを開いてください。

ウィンドウの真ん中にある［Create］ボタンを押すとアニメーションクリップを保存するダイアログが開きます。Enemyフォルダーを指定して「EnemyIdle」という名前で保存しましょう。

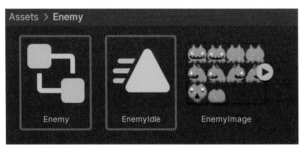

すると、Enemy（ゲームオブジェクトと同じ名前）というアニメーションコントローラーファイルとEnemyIdleと名前を付けたアニメーションクリップファイルの2つのファイルができているはずです。

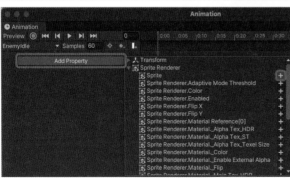

［Add Property］ボタンを押して、Sprite Rendererの［Sprite］右側にある［＋］ボタンを押してください。これで待機パターン1コマだけのアニメーションができ上がります。

続いて上下左右の移動アニメーションを作っていきましょう。アニメーションパターンの作り方はプレイヤーキャラクターと同じです。

参照 「プレイヤーキャラクターのアニメーションを作ろう」 115 ページ

　次は、必要な画像アセットをシーンビューにドラッグ＆ドロップしてアニメーションクリップを作ります。アニメーションクリップの名前は以下のようにして、Enemyフォルダーに保存してください。

向き	使用する画像アセット	アニメーションクリップ名
下向き	EnemyImage_0 ～ EnemyImage_1	EnemyDown
上向き	EnemyImage_2 ～ EnemyImage_3	EnemyUp
左向き	EnemyImage_4 ～ EnemyImage_5	EnemyLeft
右向き	EnemyImage_6 ～ EnemyImage_7	EnemyRight

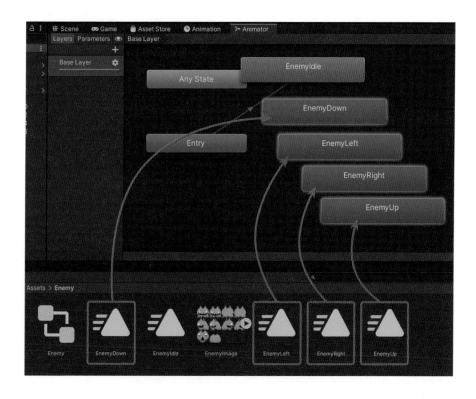

　アニメーションクリップができたら、シーンビューのゲームオブジェクトとプロジェクトビューのアニメーションコントローラーを削除します。また、EnemyDown、EnemyUp、EnemyLeft、EnemyRightのアニメーションクリップは、アニメーションビューを開いてそ

トップビューアクションゲームをバージョンアップしよう

こにドラッグ＆ドロップで入れておきましょう。

　最後にアニメーションウィンドウを開き、そこから死亡パターンを追加してください。

参照▶「待機、ゴール、ゲームオーバーのアニメーションを作ろう」　124 ページ

　アニメーションクリップの名前は「EnemyDead」として保存してください。

　最初と最後のフレームに「EnemtImage_8」をドラッグ＆ドロップします。

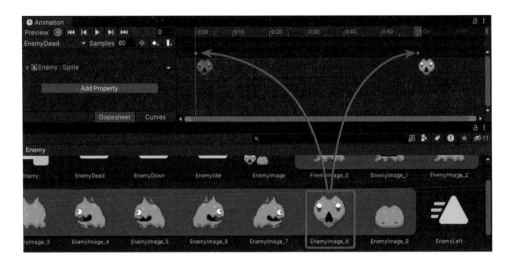

　敵キャラのアニメーターコントローラーを設定します。「Enemy」（アニメーターコントローラー）をダブルクリックしてアニメータービューを表示してください。

　プレイヤーと同じように「透明になるカラー」アニメーションも追加しておきましょう。

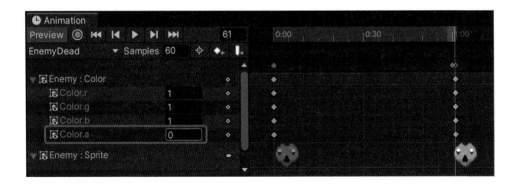

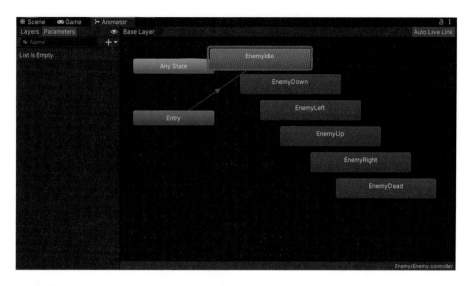

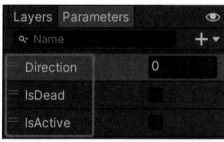

パラメーターを追加します。追加するパラメーターはInt型の「Direction」、Bool型の「IsDead」、Bool型の「IsActive」の3つです。

Directionが向きの切り替え、IsDeadが死亡、IsActiveが待機から移動への切り替えフラグになります。

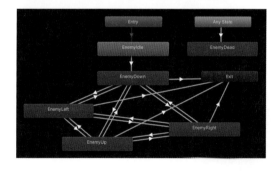

アニメーションクリップは図のように接続してください。

EnemyIdleとEnemyDownを　接続、さらにEnemyDown、EnemyUp、EnemyLeft、EnemyRightの4つのアニメーションもそれぞれに推移できるようにつなぎます。

そして、EnemyDown、EnemyUp、EnemyLeft、EnemyRightからExitに接続し、Any StateからEnemyDeadに接続します。もしAny StateやExitが見つからない場合は、画面を縮小して探してみてください。

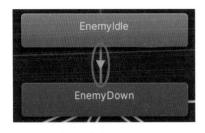

EnemyIdle から EnemyDown に推移する設定を
します。EnemyIdle から FnemyDown につながる
矢印を選択してください。

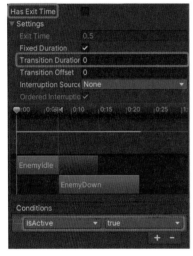

Has Exit Time のチェックを外し、Transition
Duration を 0 にします。

Conditions の＋ボタンを押してパラメーターを
追加し、プルダウンメニューから IsActive を選択
します。その右のプルダウンメニューで true を選
択します。

これでパラメーター IsActive の値が true の場合に
EnemyIdle から EnemyDown に推移することにな
ります。

続いて移動方向の切り替え設定をしましょう。

方向の値は以下のように決めておきます（プレイヤーの場合と同じ設定です）。

- 下方向：0 ／左方向：1 ／上方向：2 ／右方向：3

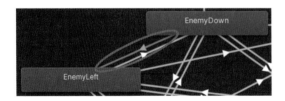

EnemyDown から EnemyLeft に推
移する設定をします。EnemyDown
から EnemyLeft につながる矢印を選
択してください。

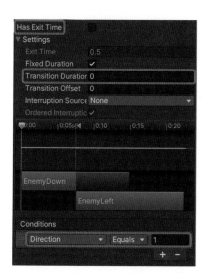

Has Exit Timeのチェックを外し、Transition Durationを0にします。

Conditionsの［＋］ボタンを押してパラメーターを追加し、プルダウンメニューからDirectionを選択します。右のプルダウンメニューで［Equals］を選択し、値は「1」にします。

同様に先ほどの仕様に合わせてEnemyDown、EnemyUp、EnemyLeft、EnemyRightの4つのアニメーションをつなぐ矢印の設定も行ってください。

移動から待機に戻る設定をします。Exitにつながる矢印4つに同じ設定をします。

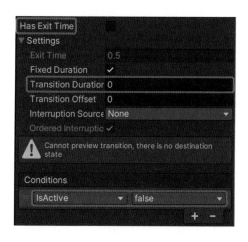

Has Exit Timeに付いているチェックを外し、Transition Durationを0にします。

Conditionsの［＋］ボタンを押してパラメーターを追加し、プルダウンメニューから［IsActive］を選択します。そしてその右のプルダウンメニューで［false］を選択します。

これでパラメーター［IsActive］の値が「false」の場合にExitに推移することになります。Exitに推移したアニメーションは自動的にEntryに移動し、最初のアニメーションクリップであるEnemyIdleに戻ります。

Any StateからEnemyDeadへの矢印はこのようにしておいてください。

Conditionsは [IsDead] [true] に設定します。

敵キャラのスクリプト (EnemyController) を作ろう

敵キャラクターを動かすためのスクリプトを作ります。EnemyControllerスクリプトを作って、Enemyフォルダーに保存し、シーンビューのEnemyにアタッチしてください。以下がEnemyControllerスクリプトの内容です。

```
using System.Collections;
using System.Collections.Generic;
using UnityEngine;

public class EnemyController : MonoBehaviour
{
    // ヒットポイント
    public int hp = 3;
    // 移動スピード
    public float speed = 0.5f; // 反応距離
    public float reactionDistance = 4.0f;
    float axisH;                // 横軸値 (-1.0 ~ 0.0 ~ 1.0)
    float axisV;                // 縦軸値 (-1.0 ~ 0.0 ~ 1.0)
    Rigidbody2D rbody;          // Rigidbody 2D
    Animator animator;          // Animator
    bool isActive = false;      // アクティブフラグ
    public int arrangeId = 0;   // 配置の識別に使う

    // Start is called before the first frame update
    void Start()
    {
```

```
        rbody = GetComponent<Rigidbody2D>();     // Rigidbody2D を得る
        animator = GetComponent<Animator>();      // Animator を得る
    }

    // Update is called once per frame
    void Update()
    {
        // 移動値初期化
        axisH = 0;
        axisV = 0;
        // Player のゲームオブジェクトを得る
        GameObject player = GameObject.FindGameObjectWithTag("Player");
        if (player != null)
        {
            // プレイヤーとの距離チェック
            float dist = Vector2.Distance(transform.position, player.transform.position);
            if (dist < reactionDistance)
            {
                isActive = true;     // アクティブにする
            }
            else
            {
                isActive = false;     // 非アクティブにする
            }
            // アニメーションを切り替える
            animator.SetBool("IsActive", isActive);
            if (isActive)
            {
                animator.SetBool("IsActive", isActive);
                // プレイヤーへの角度を求める
                float dx = player.transform.position.x - transform.position.x;
                float dy = player.transform.position.y - transform.position.y;
                float rad = Mathf.Atan2(dy, dx);
                float angle = rad * Mathf.Rad2Deg;
                // 移動角度でアニメーションを変更する
                int direction;
                if (angle > -45.0f && angle <= 45.0f)
                {
                    direction = 3;     // 右向き
                }
                else if (angle > 45.0f && angle <= 135.0f)
                {
                    direction = 2;     // 上向き
                }
                else if (angle >= -135.0f && angle <= -45.0f)
                {
                    direction = 0;     // 下向き
                }
                else
                {
```

トップビューアクションゲームをバージョンアップしよう

```
                        direction = 1;      // 左向き
                    }
                    animator.SetInteger("Direction", direction);
                    // 移動するベクトルを作る
                    axisH = Mathf.Cos(rad) * speed;
                    axisV = Mathf.Sin(rad) * speed;
                }
            }
            else
            {
                isActive = false;
            }
        }

        void FixedUpdate()
        {
            if (isActive && hp > 0)
            {
                // 移動
                rbody.velocity = new Vector2(axisH, axisV).normalized;
            }
            else
            {
                rbody.velocity = Vector2.zero;
            }
        }

        void OnCollisionEnter2D(Collision2D collision)
        {
            if (collision.gameObject.tag == "Arrow")
            {
                // ダメージ
                hp--;
                if (hp <= 0)
                {
                    // 死亡
                    // 当たりを消す
                    GetComponent<CircleCollider2D>().enabled = false;
                    // 移動停止
                    rbody.velocity = Vector2.zero;
                    // アニメーションを切り替える
                    animator.SetBool("IsDead", true);
                    // 0.5秒後に消す
                    Destroy(gameObject, 0.5f);
                }
            }
        }
    }
```

◆ 変数

最初にある変数hpは敵キャラのヒットポイントです。この数字が0になれば「死亡」となります。

speedとそれ以降のアニメーション名、axisH、axisV、rbody、animatorなどもプレイヤーキャラクターと同じです。

reactionDistanceはプレイヤーを追いかけるようになる「反応距離」です。敵キャラを配置後、個別に反応距離を編集できるようにpublicを付けています。

isActiveは敵キャラがプレイヤーを追いかけてくるフラグです。trueの場合にプレイヤーキャラクターを追いかけます。

arrangeId変数はChapter 10で配置データを保存するために使う変数です。

◆ Start メソッド

Rigidbody2DとAnimatorを取ってきて変数に入れています。

◆ Update メソッド

FindGameObjectWithTagメソッドでプレイヤーキャラクターを探し、見つかった場合に以下の処理をしています。常にプレイヤーキャラクターを探すのはゲームオーバーになってプレイヤーがシーンから消えてしまったときのための対応です。プレイヤーキャラクターが見つからなかった場合、敵キャラがアクティブ状態（プレイヤーキャラクターを追いかけている）なら非アクティブにし、移動を停止させます。

プレイヤーキャラクターが見つかった場合、isActiveがtrueかfalseかにより処理が分かれています。trueの場合、プレイヤーキャラクターに向かう角度をMathfクラスのAtan2メソッドで三角関数を使って求め、その角度によりDirectionのパラメーター値を設定しています。

角度からMathfクラスのCosメソッドとSinメソッドで縦横の移動ベクトルを計算し、移動速度を掛け算した値をaxisHとaxisVに設定し、FixedUpdateメソッドで速度を更新しています。

参照 ▶「ゲームのための三角関数」　付録PDF（vページ参照）

isActiveがfalseの場合、プレイヤーキャラクターとの距離をチェックし、反応距離以下になればisActiveをtrueにしてプレイヤーキャラクターを追跡するようになります。

◆ FixedUpdate メソッド

isActiveがtrueで、hpが0より大きい場合、速度を変更してプレイヤーキャラクターに向かって移動させ、そうでなければ速度のベクトルを0にして停止させています。

◆ OnCollisionEnter2D メソッド

敵キャラがプレイヤーキャラクターの放った矢に当たった場合の処理です。接触したゲームオブジェクトのタグが"Arrow"であることを確認し、敵キャラのhpを1減算して、0以下になれば死亡アニメーションに切り替えてから、0.5秒後にゲームオブジェクトを削除しています。削除はDestroyメソッドを使って遅延実行することにより行っています。

当たりを無効化しているのは、敵キャラ死亡後にプレイヤーキャラクターが接触してもダメージを受けないようにするためです。

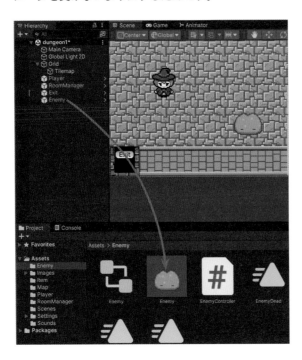

ここまでできたら、敵キャラクターをプレハブ化しておいてください。

9.4 UIとゲームを管理する仕組みを作ろう

ここまでで、ゲームに必要なゲームオブジェクトをひと通り作りました。最後に、サイドビューゲームと同じようにゲームとUIを管理するための仕組みを作っていきましょう。

UI関連のデータはUIManagerフォルダーを作って、その中に保存します。使用する画像も随時このフォルダーに移動して整理しておきましょう。

ゲームの UI を作ろう

まずはゲームに必要なUIを作りましょう。各アイテムの所持数と残りHPを表示するUIとゲームオーバー表示、リトライボタン、それからサイドビューゲームと同じようにタッチ操作でプレイヤーキャラクターを操作できるようにバーチャルパッドと攻撃ボタンを作ります。

アイテムの所持数を表示しよう

矢とカギの所持数を表示するImageとTextオブジェクトを作ります。まずヒエラルキービューから ［＋］→［UI］→［Image］でCanvasとImageを追加してください。Imageの名前は「ItemImage」に変更しておきましょう。

参照 「5.1 ゲームの UI（ユーザーインターフェイス）を作ろう」 138 ページ

［Render Mode］を［Screen Space - Camera］に変更し、［Main Camera］を［Render Camera］に設定してから、Canvasの［Order in Layer］を「10」に設定してください。

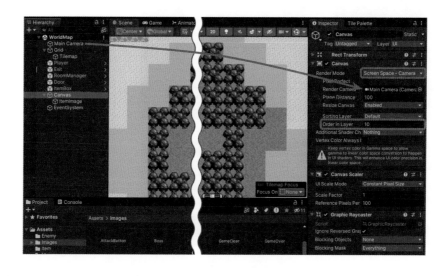

ItemImageに使用する画像は「ItemImage」です。Canvasの下にある「ItemImage」を選択して、プロジェクトビューのItemImageの「Image(Script)」→「Source Image」に設定してください。そのとき、[Set Native Size] ボタンを押せば画像のオリジナルサイズに変更されます。また、「Preserve Aspect」のチェックボックスをオンにして縦横比が固定されるようにしておきましょう。画像は画面左上に移動させ、その位置に固定表示します。そのために「Rect Transform」の「Anchor Presets」を左上に設定しておきましょう。

UIを追加したらゲーム画面のサイズを設定しましょう。Gameタブの下、左から3つ目のプルダウンメニューからゲーム実行中のサイズを「Full HD(1920 x 1080)」に設定してゲーム画面サイズを1920 x 1080に固定しておきます。

さらに、ItemImageの子としてアイテム数を表示するテキストを[UI]→[Legacy]→[Text] から4つ配置します。各テキストオブジェクト

の Text コンポーネントを調整して、テキストを見やすくしておきましょう。名前はそれぞれ
「ArrowText」「SilverKeyText」「GoldKeyText」「LightText」としておきます。

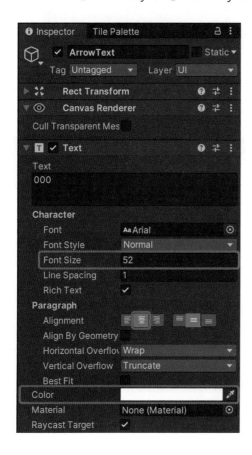

テキストは以下のように調整しておい
てください。

- Font Size：52
- Alignment：左右中央ぞろえ
- Color：白

プレイヤーの HP を表示しよう

次にプレイヤーの HP を表示するイメージを作ります。使用する画像は「Life」です。この
画像はマルチスプライトとして使いますので、Sprite Editor でスライスしておいてください。

参照 「マルチスプライトを作ろう」 270 ページ

このとき「Automatic」でスライスすれば 4 つにスライスされるようになっています。左
から HP が 0 → 1 → 2 → 3 の絵になっています。

トップビューアクションゲームをバージョンアップしよう

　ImageをCanvasに1つ配置して名前を「LifeImage」に変更します。[Source Image]に
「Life_0」を設定し、画像をオリジナルサイズに設定します。

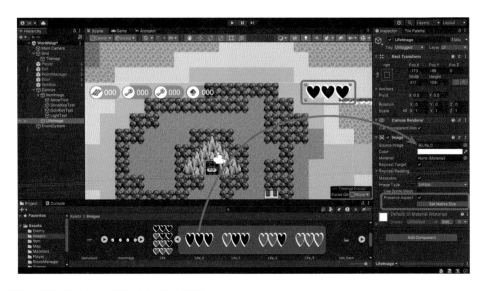

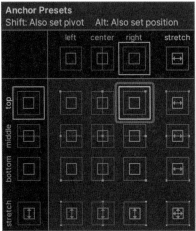

　HP表示画像は画面右上に固定するので、[Rect
Transform]の[Anchor Presets]を右上に設定
しておきましょう。

ゲームステータスを表示しよう

　サイドビューゲームと同じように、ゲームスタート〜ゲームオーバー／ゲームクリア時の表示を作りましょう。Canvasの下にImageを追加します。

　プロジェクトビューのGameStart画像をImage（Script）の［Source Image］に設定してください。［Set Native Size］ボタンを押せば画像のオリジナルサイズに変更されます。位置は画面中央の少し上くらいにし、［Rect Transform］の［Anchor Presets］を中央上に設定しておきましょう。

リトライボタンを追加しよう

　続いて、ゲームオーバーになったときにやり直しができるリトライボタンを追加しましょう。

　Canvasの下にボタンを追加して名前を「RetryButton」に変更します。ボタン画像としてbuttonを設定し、［Text］は「RETRY」と設定します。

スマートフォンでの操作 UI を作ろう

　スマートフォンで操作できるようにサイドビューゲームと同じような操作UIを作りましょう。ここで必要なUIは移動用のバーチャルパッドと攻撃ボタンです。

360 度バーチャルパッドを設定しよう

　バーチャルパッドの画像はサイドビューゲームのときと異なりますが、UIの構成は同じです。

参照▶「7.7 マウス／タッチパネル操作に対応させよう」　248 ページ

　Canvasの下にPanelを配置して、その下に移動用のバーチャルパッドを配置しましょう。[UI]→[Image]を画面の左下に配置し（画像はVirtualPad4Dを使用）名前を「VirtualPadBase」に変更、その子としてもう1つImageを配置（画像はVirtualPadTabを使用）して名前を「VirtualPad」に変更します。

　攻撃ボタンは[UI]→[Legacy]→[Button]を追加して画面の右下に配置し（画像はAttackButtonを使用）名前を「AttackButton」に変更します。それぞれの[Rect Transform]の[Anchor Presets]もサイドビューと同じように設定しておいてください。

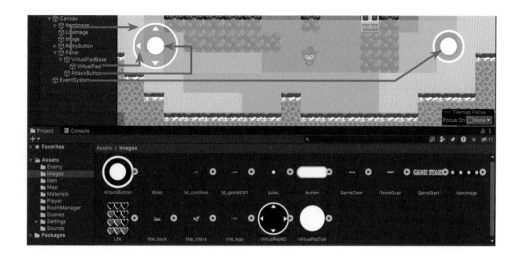

VirtualPadスクリプトもサイドビューのものをそのまま使います。サイドビューゲームの
プロジェクトからコピーしてきたら、VirtualPadにアタッチしましょう。今回はプレイヤー
キャラクターを上下左右に移動させるので、[Is 4D Pad]のチェックボックスをオンにして
おいてください。

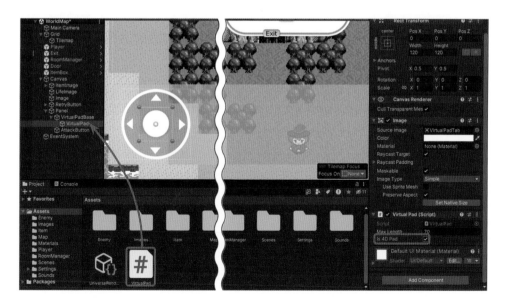

[VirtualPad]を選択してEvent Triggerコンポーネントを追加してください。追加でき
たら、[Add New Event Type]ボタンをクリックして、「Pointer Down」「Drag」「Pointer
Up」の3つを追加します。

それから、[＋]ボタンをクリックしてリストを追加し、None(Object)にヒエラルキー

ビューの「VirtualPad」をドラッグ&ドロップします。

さらに Pointer Down、Drag、Pointer Up の [None Function] のブルダウンメニューから、それぞれ [VirtualPad] → [PadDown()]、[VirtualPad] → [PadDrag()]、[VirtualPad] → [PadUp()] を選択します。

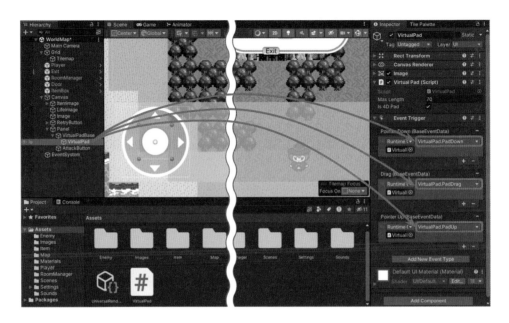

攻撃ボタンを設定しよう

それでは、VirtualPad クラスを少し更新しましょう。以下のような Attack メソッドを追加します。その中では Player にアタッチしている ArrowShoot クラスの Attack メソッドを呼んでいます。VirtualPad クラスに攻撃の呼び出しを中継させることで、別シーンにこの UI を使うときの設定を簡単にしています。

```
using System.Collections;
using System.Collections.Generic;
using UnityEngine;
using UnityEngine.UI;

public class VirtualPad : MonoBehaviour
{
    ～  省略  ～

    // 攻撃
    public void Attack()
    {
```

```
            GameObject player = GameObject.FindGameObjectWithTag("Player");
            ArrowShoot shoot = player.GetComponent<ArrowShoot>();
            shoot.Attack();
        }
    }
```

　「AttackButton」を選択してEvent Triggerコンポーネントを追加してください。追加でき
たら、[Add New Event Type]ボタンをクリックしてPointer Downを追加します。[+]ボ
タンをクリックしてリストを追加し、[None(Object)]にヒエラルキービューの「VirtualPad」
をドラッグ&ドロップします。そして[Pointer Down] → [None Function]のプルダウン
メニューから[VirtualPad.Attack]を選択します。

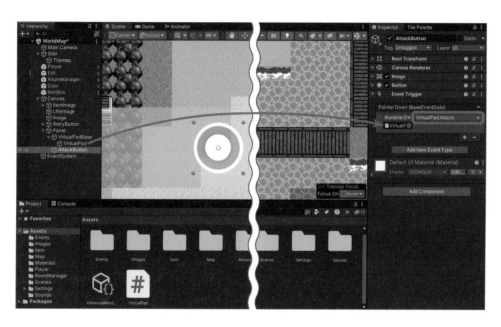

　これでバーチャルパッドと攻撃ボタンでプレイヤーキャラクターの操作が可能になります。

ゲームのUIを管理するスクリプトを作ろう

　次にゲームUIを管理するスクリプトをUIManagerフォルダーに作り、Canvasにアタッチ
しましょう。先ほど作ったアイテムやHPの表示更新を行います。以下がUIManagerの更新
分です。

```
using System.Collections;
using System.Collections.Generic;
using UnityEngine;
using UnityEngine.SceneManagement;
```

9

トップビューアクションゲームをバージョンアップしよう

```csharp
using UnityEngine.UI;

public class UIManager : MonoBehaviour
{
    int hasSilverKeys = 0;              // 銀のカギの数
    int hasGoldKeys = 0;                // 金のカギの数
    int hasArrows = 0;                  // 矢の所持数
    int hasLights = 0;                   // ライトの所持数
    int hp = 0;                         // プレイヤーの HP
    public GameObject SilverKeyText;    // 銀のカギ数を表示する Text
    public GameObject GoldKeyText;      // 金のカギ数を表示する Text
    public GameObject arrowText;        // 矢の数を表示する Text
    public GameObject lightText;        // ライトの数を表示する Text
    public GameObject lifeImage;         // HP の数を表示する Image
    public Sprite life3Image;           // HP3 画像
    public Sprite life2Image;           // HP2 画像
    public Sprite life1Image;           // HP1 画像
    public Sprite life0Image;           // HP0 画像
    public GameObject mainImage;        // 画像を持つ GameObject
    public GameObject retryButton;      // リトライボタン
    public Sprite gameOverSpr;          // GAME OVER 画像
    public Sprite gameClearSpr;         // GAME CLEAR 画像
    public GameObject inputPanel;       // バーチャルパッドと攻撃ボタンを配置した操作パネル
    public string retrySceneName = "";  // リトライするシーン名

    // アイテム数更新
    void UpdateItemCount()
    {
        // 矢
        if (hasArrows != ItemKeeper.hasArrows)
        {
            arrowText.GetComponent<Text>().text = ItemKeeper.hasArrows.ToString();
            hasArrows = ItemKeeper.hasArrows;
        }
        // 銀のカギ
        if (hasSilverKeys != ItemKeeper.hasSilverKeys)
        {
            SilverKeyText.GetComponent<Text>().text = ItemKeeper.hasSilverKeys.ToString();
            hasSilverKeys = ItemKeeper.hasSilverKeys;
        }
        // 金のカギ
        if (hasGoldKeys != ItemKeeper.hasGoldKeys)
        {
            GoldKeyText.GetComponent<Text>().text = ItemKeeper.hasGoldKeys.ToString();
            hasGoldKeys = ItemKeeper.hasGoldKeys;
        }
        // ライト
        if (hasLights != ItemKeeper.hasLights)
        {
            lightText.GetComponent<Text>().text = ItemKeeper.hasLights.ToString();
```

```
                hasLights = ItemKeeper.hasLights;
        }
    }


    // HP 更新
    void UpdateHP()
    {
        // Player 取得
        if (PlayerController.gameState != "gameend")
        {
            GameObject player = GameObject.FindGameObjectWithTag("Player");
            if (player != null)
            {
                if (PlayerController.hp != hp)
                {
                    hp = PlayerController.hp;
                    if (hp <= 0)
                    {
                        lifeImage.GetComponent<Image>().sprite = life0Image;
                        // プレイヤー死亡！
                        retryButton.SetActive(true);    // ボタン表示
                        mainImage.SetActive(true);       // 画像表示
                                                        // 画像を設定する
                        mainImage.GetComponent<Image>().sprite = gameOverSpr;
                        inputPanel.SetActive(false);    // 操作 UI 非表示
                        PlayerController.gameState = "gameend";   // ゲーム終了
                    }
                    else if (hp == 1)
                    {
                        lifeImage.GetComponent<Image>().sprite = life1Image;
                    }
                    else if (hp == 2)
                    {
                        lifeImage.GetComponent<Image>().sprite = life2Image;
                    }
                    else
                    {
                        lifeImage.GetComponent<Image>().sprite = life3Image;
                    }
                }
            }
        }
    }

    // リトライ
    public void Retry()
    {
        // HP を戻す
        PlayerController.hp = 3;
        // ゲーム中に戻す
```

```
        SceneManager.LoadScene(retrySceneName);    // シーン移動
    }

    // 画像を非表示にする
    void InactiveImage()
    {
        mainImage.SetActive(false);
    }

    // Start is called before the first frame update
    void Start()
    {
        UpdateItemCount();  // アイテム数更新
        UpdateHP();         // HP 更新
        // 画像を非表示にする
        Invoke("InactiveImage", 1.0f);
        retryButton.SetActive(false);  // ボタン非表示
    }

    // Update is called once per frame
    void Update()
    {
        UpdateItemCount();  // アイテム数更新
        UpdateHP();         // HP 更新
    }
}
```

　UIとシーンの移動を扱うため、

```
using UnityEngine.SceneManagement;
using UnityEngine.UI;
```

を先頭に追記するのを忘れないようにしてください。

◆ 変数

　矢、銀のカギ、金のカギ、ランタンの数と、プレイヤーのライフを記録する変数を4つ追加しています。これらはスクリプト内だけで利用するので、publicを付ける必要はありません。

　次の5つのGameObject変数はCanvasに配置したUIのための変数です。inputPanelはバーチャルパッドと攻撃ボタンを配置したパネルです。後ほどUnityエディターで設定しておきましょう。

　4つのSprite型変数はHPの画像です。resetButtonはボタン用のゲームオブジェクト、gameOverSprはゲームオーバー表示のImage、gameClearSprはゲームクリア表示のImageです。これらも後ほどUnityエディターで設定します。ゲームクリアの対応はこのあとの章で行います。

retrySceneNameには、ゲームオーバーした場合にリトライボタンから移動させるシーン名を入力します。これらも後ほどUnityエディターで設定します。

◆ UpdateItemCount メソッド

static変数であるItemKeeperが持っている各アイテム数と、自分自身の同名変数の数をチェックして、異なっている場合にテキストの表示を更新しています。

◆ UpdateHP メソッド

static変数であるPlayerController.gameStateをチェックして、値が"gameend"でない場合、プレイヤーキャラクターをFindGameObjectWithTagメソッドで探して、自分自身の同名変数の数が異なっているときにHP表示の画像を更新しています。

HPが0以下になっている場合は、「GAME OVER」を表示して、操作UIを非表示にします。

◆ Retry メソッド

ゲームオーバーになったときにStage1を読み込んで最初から始めるためのメソッドです。Canvasに配置したリトライボタンからこのメソッドを呼び出すように設定しておいてください。

参照▶ 「5.1 ゲームの UI（ユーザーインターフェイス）を作ろう」 138 ページ

Canvasに配置した各UIをUIManagerにドラッグ＆ドロップで設定し、ライフ画像とゲームクリア、ゲームオーバーの画像もドラッグ＆ドロップで設定しましょう。

◆ InactiveImage メソッド

StartメソッドでInvokeメソッドを使い「GAME START」の表示を非表示にするためのメソッドです。

◆ Start メソッド／Update メソッド

StartメソッドとUpdateメソッドではUpdateItemCountメソッドとUpdateHPメソッドを呼んでいます。これはアイテム数とHPの表示更新するためのメソッドになります。

ここまでできたら、CanvasをUIManagerフォルダーにプレハブ化しておいてください。

◆ 他のシーンにプレハブを配置する

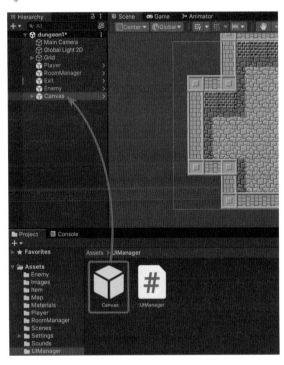

このプレハブ化したCanvasを他のシーンに配置する場合、UIManagerプレハブをシーンにドラッグ＆ドロップして追加します。そのとき、シーンビューとヒエラルキービューのどちらでもかまいません。

それから、インスペクタービューのCanvasから「Render Camera」に「Main Camera」を設定します。これでCanvasのUIがカメラに合うようになります。

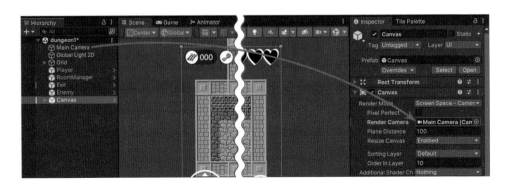

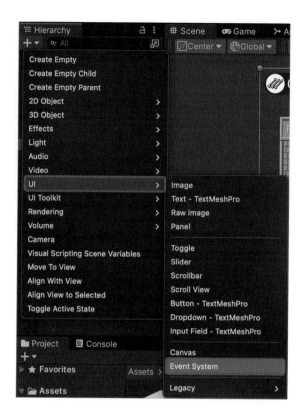

最後に、ヒエラルキービューの
［＋］→［UI］→［Event System］
を選択して、ヒエラルキービュー
にEvent Systemを追加してくだ
さい。これがないとUIが操作に反
応してくれないので、忘れずに追
加してください。ただし、すでに
Event Systemがある場合は必要あ
りません。

ダンジョンにライトを設置しよう

　このゲームのプロジェクトを作成するときに「2D（URP）」のテンプレートを選択しました。
これは「ユニバーサルレンダリングパイプライン（URP）」という新しい描画方式です。
　2D（URP）でプロジェクトを作ると2Dゲームでライトを設置することができます。先ほど
作ったアイテムに「ランタン」がありましたね。シーンを暗くして、ランタンのアイテムを持っ
た状態で明かりを灯せるようにしてみます。

　ではライトの設定を行ってみましょう。とはいえ実は、プロジェクトを作った段階ですで
にシーンにライトが置かれています。
　作ったダンジョンのシーンを開いてください。シーンを開いたらヒエラルキービューにあ
る「Global Light 2D」というゲームオブジェクトを選択してください。これがライトのゲー
ムオブジェクトです。

トップビューアクションゲームをバージョンアップしよう

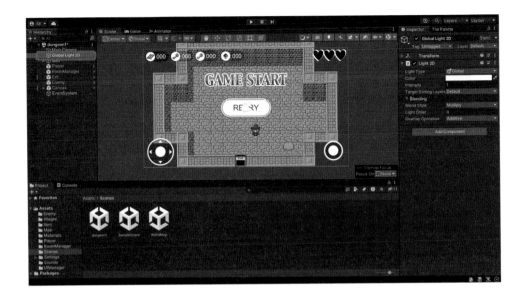

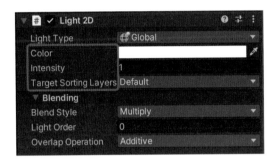

インスペクタービューに「Light 2D」というコンポーネントがアタッチされています。

このLight 2Dコンポーネントの設定を変えることでライトを変化させることができます。

基本的なパラメーターを説明します。

Light Typeのプルダウンメニューからライトの種類を選択できます。種類によって設定できる項目が変化しますが、共通の設定として［Color］［Intensity］［Target Sorting Layers］があります。

- Color：ライトの色をカラーピッカーから選択できます。
- Intensity：ライトの強さです。1が標準で、0にすれば真っ暗な状態になり、1より大きい数値にすれば強く光が当たり、いわゆるホワイトアウト状態にできます。
- Target Sorting Layers：ライトの影響を与えるレイヤーを指定できます。このレイヤーは当たり設定のときに使ったレイヤーとはまた別の機能です。

選択できるライトは以下の4つです。

◆ Global

　シーン全体を照らす太陽光のようなライトで、Global Light 2Dに設定されています。ライトはいくつも追加することができますが、シーンに配置できるGlobalライトは1つだけです。2つ以上のGlobalライトを配置するとエラーになります。またGlobalライトはシーン全体を照らしますので、シーンのどこに置いても同じように照らしてくれます。

◆ Freeform

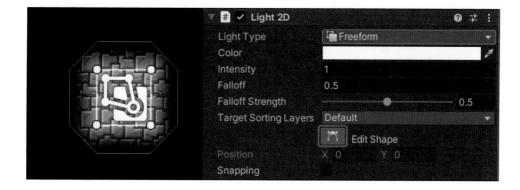

　パスを使って自由にライトの範囲を設定できます。Edit Shapeボタンを押せば、点で囲まれたパスを編集することができ、そのパスの形がライトの範囲になります。Freeformのときに設定できる以下のパラメーターがあります。

- Falloff：ライトの減衰範囲を設定できます。値が大きいほど減衰範囲が広くなります。
- Falloff Strength：ライト境界のぼかし具合を0〜1の範囲で設定できます。値が小さいほど境界がくっきりと、大きいほど境界はぼやけた感じになります。

9　トップビューアクションゲームをバージョンアップしよう

◆ Sprite

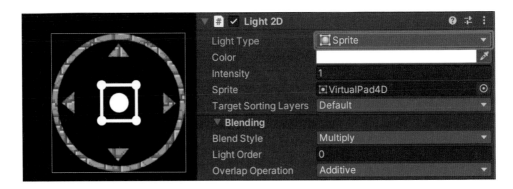

　Spriteに画像を設定することでその画像の形がライトの範囲になります。画像の不透明部分が明るく、透明部分が暗くなります。

◆ Spot

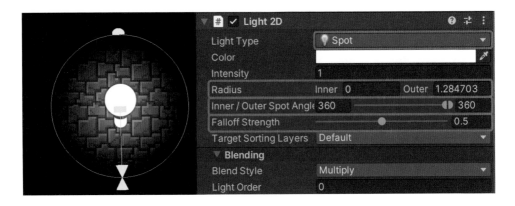

　ゲームオブジェクトの原点を中心に円形のライトを設定できます。ライトの範囲は以下のパラメーターを変更することで変形できます。

- Radius Inner ／ Outer：Radius はその右側の Inner と Outer の2つの数値でライトの影響範囲を変更することができます。Outer によりライトで照らされる円の半径を、Inner によりIntensity で設定した値の強さで光る半径を設定できます。この編集は直接数値を変更する以外にも、シーンに配置されているライトオブジェクトの黄色い半円（Outer）と黄色い長方形（Inner）をマウスで移動させることでも変更できます。

- Inner/Outer Spot Angle：ライトの内側の角度と外側の角度を変更できます。内側の光は Intensity で設定した値の強さで光り、外側に向かうにつれて徐々に減衰し、外側の角度の部分で真っ暗になります。この数値を調整することで扇状のライトを作ることができます。この編集は直接数値を変更する以外にも、シーンに配置されているライトオブジェクトの黄色い三角形をマウスで移動させることでも変更できます。
- Falloff Strength:Radius Inner と Outer の境界のぼかし具合を 0 〜 1 の範囲で設定できます。値が小さいほど境界がくっきりと、大きいほど境界はぼやけた感じになります。

それではダンジョンのシーンで具体的に Light 2D を使ってみましょう。
まず、ダンジョン内を照らすランタンのゲームオブジェクトを作りましょう。

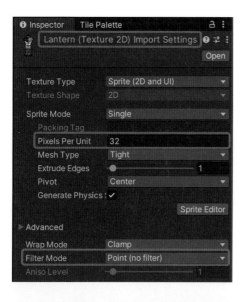

Images フォルダーにある［Lantern］を選択して以下のように設定します。

- Pixels Per Unit：32
- Filter Mode：Point(no filter)

Lantern をシーンビューにドラッグ＆ドロップしてゲームオブジェクトを作ります。

ゲ ー ム オ ブ ジ ェ ク ト に は BoxCollider2D を ア タ ッ チ し て、 Sprite Renderer の［Order in Layer］を「2」に設定します。

トップビューアクションゲームをバージョンアップしよう

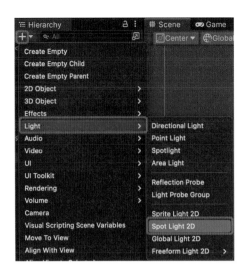

Light2Dのゲームオブジェクトはヒエラルキービューの［＋］ボタンから表示されるメニューにあるLightの中から、サブメニューとして選択できます。ここから［Spot Light 2D］を選択しましょう。

追加されたLight 2DはLanternゲームオブジェクトの子として配置し、［Transform Position］の［x］を「0」に、［y］を「0.2」に、［z］を「0」に調整します。

　ここでひとまず、Light 2Dコンポーネントの設定として［Radius Inner］を「0.3」に、［Radius Outer］を「3.5」にしておきます。

　ライトの値は、最終的にゲーム画面を作るときに調整しましょう。

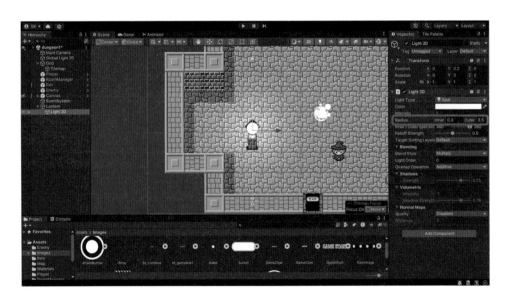

　Global Light 2Dの Light 2Dコンポーネントにある、［Intensity］を「0」に設定します。これでシーン全体が真っ暗になり、先ほど作ったランタン（Lantern）の周りだけが明るくなっています。

　また同時にMain CameraのCameraコンポーネントにある［Background］でカメラの背景色を黒にしておきましょう。これでゲームを実行したときにゲーム画面全体が真っ暗になります。

9

トップビューアクションゲームをバージョンアップしよう

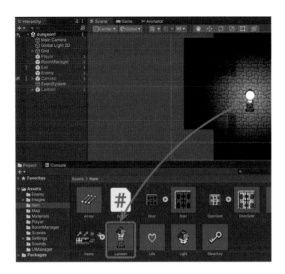

ランタンはヒエラルキービューから Prefab フォルダーへドラッグ＆ドロップでプレハブ化しておきます。これでこのプレハブからランタンを作ることができます。

プレイヤーキャラクターにライトを設定しよう

続いてプレイヤーがライトを持ってダンジョンを移動できるようにしましょう。アイテムにランタンがありましたが、ランタンアイテムを持っている場合にダンジョンでライトが使える設定にしてみたいと思います。

プレイヤーのプレハブを編集します。ダブルクリックで開いて編集状態にしてください。

ヒエラルキービューの［＋］ボタンから［Light］→［Spot Light 2D］を選択してプレイヤーの子としてスポットライトを追加します。

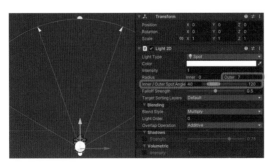

プレイヤーのプレハブに追加された Light 2D の設定を以下のように変更します。

- Radius Outer：7
- Inner/Outer Spot Angle：40、120

それから、プレイヤーのゲームオブジェクトは Light 2D の影響を受けないようにします。

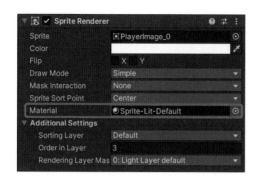

　プレイヤーのゲームオブジェクトを選択して、インスペクタービューのSprite Renderer
を見てください。[Material] に [Sprite-Lit-Default] が設定されています。右側の◉ボタ
ンをクリックして、これを表示されるリストから [Sprite-Default] に変更してください。

　これでゲームオブジェクトがライトの影響を受けることなく表示されるようになります。

　また、弓のプレハブのSprite Rendererの [Material] も同じように [Sprites-Default]
に変更してライトの影響を受けないようにしておきましょう。

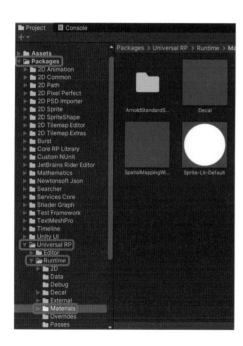

　ライトの影響を受けるように戻したい場合
は [Material] にまた [Sprite-Lit-Default]
を設定すればいいのですが、再度◉ボタ
ンをクリックしてもリストに [Sprite-Lit-
Default] は表示されません。

　[Sprite-Lit-Default] はプロジェクト
ビューの [Packages] → [Universal
RP] → [Runtime] → [Materials] の中に
ありますので、これをSprite Rendererの
[Material] にドラッグ＆ドロップして設定
してください。

トップビューアクションゲームをバージョンアップしよう

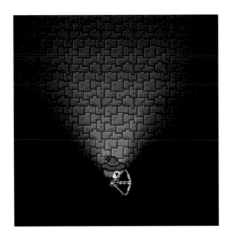

　これで扇状のライトが設定できましたが、このままではライトは上方向だけで他の方向を照らすことはできません。ランタンアイテムの使用をスクリプトで制御しましょう。

　PlayerLightControllerスクリプトを新しく作成してLight 2Dにアタッチし、スクリプトを開いて、以下のように更新してください。

```csharp
using System.Collections;
using System.Collections.Generic;
using UnityEngine;
using UnityEngine.Rendering.Universal;          // Light 2D を使うのに必要

public class PlayerLightController : MonoBehaviour
{
    Light2D light2d;                            // Light 2D
    PlayerController playerCnt;                  // PlayerController スクリプト
    float lightTimer = 0.0f;                    // ライトの消費タイマー

    // Start is called before the first frame update
    void Start()
    {
        light2d = GetComponent<Light2D>();                           // Light 2D を取得
        light2d.pointLightOuterRadius = (float)ItemKeeper.hasLights;  // アイテムの数でライト距離を変更
        playerCnt = GameObject.FindObjectOfType<PlayerController>();  // PlayerController 取得
    }
    // Update is called once per frame
    void Update()
    {
        // ライトをプレイヤーに合わせて回転させる
        transform.localEulerAngles = new Vector3(0, 0, playerCnt.angleZ - 90);
        if (ItemKeeper.hasLights > 0)                       // ライトを持っている
        {
            lightTimer += Time.deltaTime;                   // フレーム時間を加算
            if (lightTimer > 10.0f)                         // 10 秒経過
            {
                lightTimer = 0.0f;                          // タイマーリセット
                ItemKeeper.hasLights--;                     // ライトアイテムを減らす
                light2d.pointLightOuterRadius = ItemKeeper.hasLights;  // アイテムの数でライト距離を変更
            }
        }
```

```
    }
    public void LightUpdate()
    {
        light2d.pointLightOuterRadius = ItemKeeper.hasLights;    // アイテムの数でライト距離を変更
    }
}
```

　ItemDataクラスのOnTriggerEnter2Dでライトを取った後（334ページ）に以下のように追記してください。これでライトを取ったらすぐにライトの設定が更新されます。


```
// ライト
ItemKeeper.hasLights += 1;
GameObject.FindObjectOfType<PlayerLightController>().LightUpdate();
```

◆ using UnityEngine.Rendering.Universal;

　スクリプトでLight 2Dを扱うにはこの記述が必要になるので、スクリプトの先頭に追加します。

◆ 変数

　変数を3つ定義してあります。`light2D`変数はLight2Dコンポーネントを入れる変数です。`playerCnt`変数は`PlayerController`を入れる変数。Float型の`lightTimer`はライトの時間を測るための変数です。

◆ Start メソッド

　まず`GetComponent`メソッドでアタッチされているLight2Dコンポーネントを取得し、ライトの距離をライトアイテムの数で更新しています。Light 2Dの種類がSpotの場合、インスペクタービューから設定できるRadius Outerは`pointLightOutRadius`変数として定義されています。ここでは`pointLightOuterRadius`しか使っていませんが、他の変数も紹介しておきましょう。Light TypeがSpotの場合、以下の変数が使えます。

- `pointLightOuterRadius`：Radius Outer の設定です。ライトが照らす円の外側の半径です。
- `pointLightInnerRadius`：Radius Inner の設定です。Intensity の強さで照らされる半径です。
- `pointLightOuterAngle`：Outer Spot Angle の設定です。ライトが照らす円の外角度です。
- `pointLightInnerAngle`：Inner Spot Angle の設定です。 Intensity の強さで照らされる角度です。
- `falloffIntensity`：Falloff Strength の設定です。Radius Inner と Outer の境界のぼかし具合を 0 〜 1 の範囲で設定できます。

ライトの共通設定であるIntensity（光の強さ）はintensity変数（float型）、Color（光の色）はcolor変数（Color型）で設定できます。例えば以下のようにスクリプトを書けば、光を半分、色を赤にできます。

```
light2d.intensity = 0.5f;
light2d.color = new Color(1, 0, 0, 1);
```

Startメソッドの3行目ではGameObjectクラスのFindObjectOfTypeメソッドでPlayerControllerを取得して変数に入れています。

◆ Updateメソッド

Updateメソッドではまず、transformのlocalEulerAnglesでライトの角度をプレイヤーの向きと同じ方向に向けています。localEulerAnglesはVector3型の変数です。プレイヤーの角度はangleZ変数に保持されているので、この角度をVector3のz値として設定しますが、ライトを扇状にした場合、上向きになるのでangleZ - 90として90度（反時計回りの回転値）を入れています。

ランタンアイテムの扱いですが、ここでは「ランタンを1つ持っていれば灯りが1m先を照らす」ということにしているのでItemKeeperのhasLightsをそのままpointLightOuterRadiusの値として設定しています。またランタンアイテムは10秒ごとに1個消費されていくようにしています。

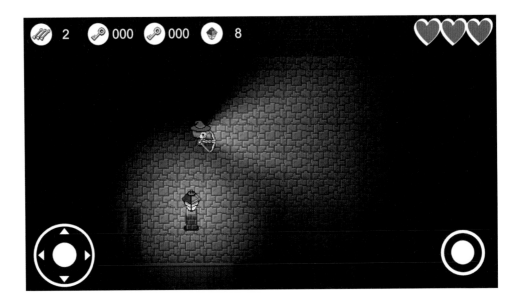

ライトが必要ないワールドマップなどで
は、Playerの子になっているLight2Dはイン
スペクタービューでチェックボックスをオフ
にして無効化しておいてください。

　ここではスクリプトでのLight2Dの扱いを説明するために便宜上このような仕様にしてい
ますが、ゲームとしてはさまざまな仕様が考えられるはずなので、各自いろいろと検討して
みてください。

ライトの影を設定しよう

　Light 2Dはライトで照らされるゲームオブジェクトに影を落とすこともできます。敵キャ
ラに影がつくように設定してみましょう。

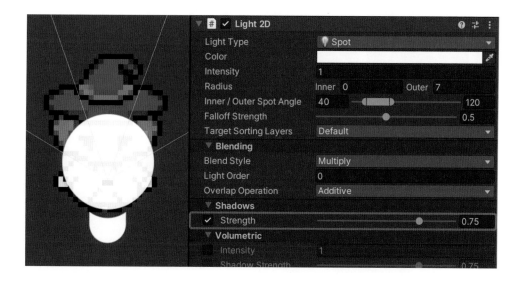

　プレイヤーのプレハブを開いて編集状態にしてください。Light 2Dに［Shadows］という
項目があるので、そこの［Strength］にチェックを入れてください。これでこのライトで照
らされたゲームオブジェクトに影が表示されます。［Strength］の右側にあるスライダーは影
の濃さです。0 〜 1までの値を設定できます。

9のマーク、縦書き：トップビューアクションゲームをバージョンアップしよう

まだ、このままでは影は表示されません。影を表示するゲームオブジェクトに1つコンポーネントをアタッチする必要があります。

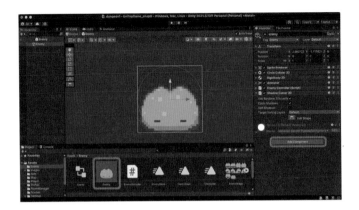

影を表示したいのは敵キャラなので、敵キャラのプレハブをダブルクリックで編集状態にして［Add Component］ボタンをクリックしてください。

［Add Component］ボタンから［Rendering］→［2D］→［Shadow Caster 2D］をアタッチしてください。

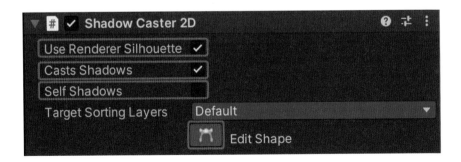

Shadow Caster 2Dコンポーネントには以下のパラメーターがあります。

- Casts Shadows：このチェックボックスがオンの場合、投射されたライトの光による影を描画します。オフの場合影は投影されません。
- Edit Shape：影を形作るパス編集することができます。ボタンを押すとマウスでスプライトの

周囲にあるパスの点を移動、追加でき、自由に形状を作成できます。影はこのパスの形に投影されます。

- Self Shadows：このチェックボックスがオンの場合、スプライト自身に影が描画されます。
- User Renderer Silhouette：このチェックボックスがオンの場合、スプライトの不透明部分をスプライト自身の影として描画します。オフの場合は Edit Shape で編集されたパスの形をスプライト自身の影として描画します。

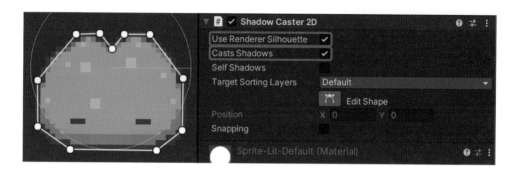

Edit Shape でパスの形をこのように編集し、パラメーターは [User Renderer Silhouette] と [Casts Shadows] にチェックを入れておきます。

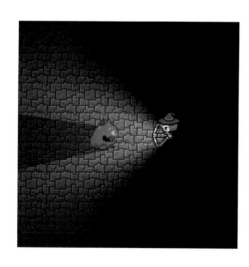

これでゲームを実行してみてください。ライトで照らされたゲームオブジェクトにライトの動きに合わせて影が投影されます。

ここまでで、トップビューゲームの基本的なところはできました。しかし敵やアイテムを配置して部屋を行き来するとわかるかもしれませんが、前の部屋に戻るとすでに取ったアイテムが復活しています。これは各シーンの状態が保存されていないからです。

Chapter 10 では「シーンの変化状態を保存する処理」と「ボスキャラステージ」を作ってゲームを完成させましょう。

Chapter 10

トップビューゲームを仕上げよう

完成データのダウンロード

　この章で作成するプロジェクトの完成データは、以下のアドレスからダウンロードできます。

- https://www.shoeisha.co.jp/book/download/4601/read

 10.1　タイトル画面を追加しよう

　サイドビューゲームと同じように、トップビューゲームにもタイトル画面を作りましょう。さらにトップビューゲームには、コンティニュー機能を実装してみます。タイトル画面に「ゲームスタート」と「コンティニュー」の2つのボタンを配置して、「コンティニュー」からゲームを始めるとゲームを途中から再開できるようなセーブ機能を持たせていきます。

タイトルシーンを作ろう

　まずタイトル画面のシーンとUIを作ります。

　最初に、新しいシーンを作りましょう。[File] メニューの [New Scene] → [New Scene] を表示します。ライトは使わないので [Basic 2D (Built-in)] を選択してください。シーン名は「Title」にします。[Build Settings] を開き、プロジェクトビューの「Title」シーンをドラッグ＆ドロップして、Scenes In Buildの一番上に追加してください。

参照 「シーンを Scene In Build に登録しよう」　42 ページ

　タイトル関連のデータは、Title フォルダーを作ってその中に保存します。さっそく Title フォルダーを作っておきましょう。使用する画像も、随時 Title フォルダーに移動して整理しておきましょう。

タイトル画面の UI を作ろう

　次に、タイトル画面の UI を作ります。タイトル画面用の画像としては、背景画像（title_back）、キャラクター画像（title_chara）、ロゴ（title_logo）、GAME START ボタン（gamestart）、CONTINUE ボタン（continue）を用意しています。タイトル画面に「背景画像」「キャラクター画像」「タイトルロゴ」「GAME START ボタン」「CONTINUE ボタン」の 5 つの UI オブジェクトを配置してください。作り方は Chapter 6 を参考にしてください。

参照 「6.2 タイトル画面を追加しよう」　162 ページ

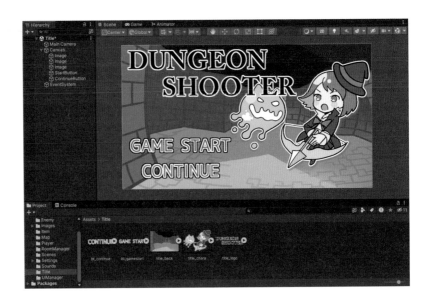

タイトル画面の管理スクリプトを作ろう

今回のタイトル画面では、ゲームを最初から始めるだけではなく、続きから始める機能も作ります。そこで、タイトル用のスクリプトを作って対応していきます。

TitleManagerスクリプトをTitleフォルダーに作り、ヒエラルキービューのCanvasにアタッチします。

アタッチできたら、TitleManagerスクリプトを開いて編集します。以下がTitleManager
スクリプトの更新内容です。

```csharp
using System.Collections;
using System.Collections.Generic;
using UnityEngine;
using UnityEngine.UI;
using UnityEngine.SceneManagement;

public class TitleManager : MonoBehaviour
{
    public GameObject startButton;      // スタートボタン
    public GameObject continueButton;   // コンティニューボタン

    // Start is called before the first frame update
    void Start()
    {

    }

    // Update is called once per frame
    void Update()
    {

    }

    // スタートボタン押し
    public void StartButtonClicked()
    {

    }

    // 続きからボタン押し
    public void ContinueButtonClicked()
    {

    }
}
```

UIの対応とシーンを読み込むため、最初に

```csharp
using UnityEngine.UI;
using UnityEngine.SceneManagement;
```

の2行を追加するのを忘れないようにしてください。

◈ **変数**

　GAME STARTボタンとCONTINUEボタンのゲームオブジェクトを変数として追加します。あとからUnityエディターでヒエラルキービューのStartButtonとContinueButtonを設定します。

◈ **StartButtonClicked メソッド／ ContinueButtonClicked メソッド**

　StartButtonClickedとContinueButtonClickedというpublicを付けたメソッドを2つ追加しています。それぞれGAME STARTボタン、CONTINUEボタンを押したときのメソッドです。これらのメソッドは空のままにしておいてください。今後、コンティニュー処理を作る際に追記します。

　GAME STARTボタンとCONTINUEボタンをTitleManagerのpublic変数に設定して追記するのも忘れないようにしてください。

GAME START ボタンを設定しよう

　ヒエラルキービューで「StartButton」を選択し、インスペクタービューでButtonコンポーネントの [On Click()] の [＋] ボタンでイベントを追加します。ゲームオブジェクトとしてはCanvasを設定し、ポップアップメニューから、[TitleManager] → [StartButtonClicked()] を選択します。

CONTINUE ボタンを設定しよう

ContinueButton も StartButton と同じように設定します。ContinueButton ではポップアップメニューから、[TitleManager] → [ContinueButtonClicked()] を選択します。

10

トップビューゲームを仕上げよう

10.2 ゲームデータを保存しよう

ここからは、ゲームを続きから始める仕組みを作っていきます。

これまではシーン変更後の変数の値を保持しておくために、static変数を使っていました。

参照 「終了するまで値が保持されるstatic変数」 135ページ

しかし、一度ゲームを閉じてしまうとstatic変数の値も消えてしまいます。ゲームを閉じたあとも、再開時に続きから始めるためには、データをどこかに保存しておく必要があります。

このゲームで保存するデータは「所持しているアイテム数」「プレイヤーのHP」「現在のシーン名」「配置されているアイテム」「入ったドア番号」「開いたドア」「倒した敵」です。また、ゲームデータの保存はシーンの移動時に自動的に行われるようにしましょう。

◆ PlayerPrefsを使ってデータを保存／読み込みしよう

まずは「所持しているアイテム数」「プレイヤーのHP」「現在のシーン名」「入ったドア番号」を保存できるようにしましょう。これらは数値（アイテム数、ドア番号）と文字列（シーン名）が保存できれば可能です。そのような場合には、PlayerPrefsクラスを使うのが便利です。

データを保存するPlayerPrefsクラス

PlayerPrefsクラスは、数値や文字列を、指定したキー（文字列）に関連付けて保存／読み込みするためのクラスです。PlayerPrefsクラスで保存したデータはゲームを閉じても消えません。保存できるデータ型はfloat、int、stringの3種類です。

例えば、int型を保存する場合は、

```
PlayerPrefs.SetInt( キー , 数値 );
```

のように、int型の読み込みは、

```
int  val = PlayerPrefs.GetInt( キー );
```

のように行います。

またfloat型ならば、

```
    PlayerPrefs.SetFloat( キー , 小数値 );
    float  val = PlayerPrefs.GetFloat( キー );
```

文字列 (string型) ならば、

```
    PlayerPrefs.SetString( キー , 文字列 );
    string  str = PlayerPrefs.GetString( キー );
```

を使います。

◆ アイテム数の保存と読み込みを作ろう

　まず、所持しているアイテム数を保存／読み込みしましょう。アイテム数の記録は ItemKeeper クラスで行っているため、ItemKeeper クラスを以下のように更新してください。

```
using System.Collections;
using System.Collections.Generic;
using UnityEngine;

public class ItemKeeper : MonoBehaviour
{
    public static int hasGoldKeys = 0;      // 金カギの数
    public static int hasSilverKeys = 0;    // 銀カギの数
    public static int hasArrows = 0;        // 矢の数
    public static int hasLights = 10;       // ライトの数

    // Start is called before the first frame update
    void Start()
    {
        // アイテムを読み込む
        hasGoldKeys = PlayerPrefs.GetInt("GoldKeys");
        hasSilverKeys = PlayerPrefs.GetInt("SilverKeys");
        hasArrows = PlayerPrefs.GetInt("Arrows");
    }

    // Update is called once per frame
    void Update()
    {

    }

    // アイテムを保存する
    public static void SaveItem()
    {
        PlayerPrefs.SetInt("GoldKeys", hasGoldKeys);
```

```
            PlayerPrefs.SetInt("SilverKeys", hasSilverKeys);
            PlayerPrefs.SetInt("Arrows", hasArrows);
        }
    }
```

◆ Start メソッド

　Startメソッドでは、アイテム数を変数に読み込む処理を行っています。PlayerPrefsクラスのGetIntメソッドを使って各変数に値を入れています。

◆ SaveItem メソッド

　SaveItemメソッドではアイテム数を保存しています。例えば、矢の場合は"Arrows"という文字列をキーにして、PlayerPrefsクラスのSetIntメソッドにより「所持している矢の数」を保存しています。SaveItemメソッドは外部から呼ぶため、publicとstaticを付けています。

　これで、アイテム数を保存したいタイミングでSaveItemメソッドを呼ぶと、ゲームを終了しても再開時にアイテム数が再現されるようになります。後ほど、RoomManagerクラスのChangeSceneメソッドで呼ぶようにしていきましょう。

プレイヤーHPの保存と読み込みを作ろう

　次はプレイヤーのHPの保存と読み込みを行います。HPの更新はPlayerControllerクラスで行っているので、PlayerControllerクラスを以下のように更新してください。

```
using System.Collections;
using System.Collections.Generic;
using UnityEngine;

public class PlayerController : MonoBehaviour
{
    ～　省略　～

    // Use this for initialization
    void Start()
    {
        ～　省略　～
        // HP の更新
        hp = PlayerPrefs.GetInt("PlayerHP");
    }

    // Update is called once per frame
    void Update()
    {
```

```
        ～  省略  ～
    }
    void FixedUpdate()
    {
        ～  省略  ～
    }
    public void SetAxis(float h, float v)
    {
        ～  省略  ～
    }
    // p1 から p2 の角度を返す
    float GetAngle(Vector2 p1, Vector2 p2)
    {
        ～  省略  ～
    }
    // 接触（物理）
    private void OnCollisionEnter2D(Collision2D collision)
    {
        ～  省略  ～
    }
    // ダメージ
    void GetDamage(GameObject enemy)
    {
        if (gameState == "playing"
        {
            hp--;   // HP を減らす
            // HP の更新
            PlayerPrefs.SetInt("PlayerHP", hp);
            if (hp > 0)
            {
                ～  省略  ～
            }
            else
            {
                ～  省略  ～
            }
        }
    }
    // ダメージ終了
    void DamageEnd()
    {
        ～  省略  ～
    }
    // ゲームオーバー
    void GameOver()
    {
        ～  省略  ～
    }
}
```

◆ Start メソッド

Start メソッドでは、PlayerPrefs.GetInt メソッドを使い、"PlayerHP" キーで保存され
ている数値を読み込んで、hp 変数に入れています。

◆ GetDamage メソッド

GetDamage メソッドでは、hp が更新されたあとで PlayerPrefs.SetInt メソッドにより数
値を保存しています。

◆ ItemData クラス

さらに、ItemData クラスの OnTriggerEnter2D メソッドも更新しましょう。ライフ
アイテムを取ったあとに、PlayerPrefs.SetInt メソッドを使って "PlayerHP" キーで
PlayerController.hp を保存するようにします。

```
～　省略　～

public class ItemData : MonoBehaviour
{
    ～　省略　～

    // 接触（物理）
    private void OnTriggerEnter2D(Collider2D collision)
    {
        if (collision.gameObject.tag == "Player")
        {
            if (type == ItemType.key)
            {

                ～　省略　～

            }
            else if (type == ItemType.arrow)
            {

                ～　省略　～

            }
            else if (type == ItemType.life)
            {
                // ライフ
                if (PlayerController.hp < 3)
                {
                    // HP が 3 以下の場合加算する
                    PlayerController.hp++;
                    // HP の更新
```

```
                    PlayerPrefs.SetInt("PlayerHP", PlayerController.hp);
                }
            }

          ～  省略  ～

            }
        }
    }
```

これで、ゲームを終了しても再開時にプレイヤーのHPが再現されるようになりました。

JSONを使って部屋の配置を記録しよう

　続いて、各シーンに配置された「ドアの状態」「アイテム（取得されたかどうか）」「敵（倒したかどうか）」を保存できるようにします。アイテム数などであれば**PlayerPrefs**クラスを使って数値を保存すればよいのですが、シーンの配置物に関してはそうはいきません。

　今回は、**JSON**（ジェイソン）というデータ形式を使って配置データを保存します。

> **JSONとは？**
>
> 　JSONとは、JavaScript Object Notationの略で、テキスト形式で書かれたデータの書式です。簡単な構造で扱いやすいため、アプリやインターネットでのデータ保存／やり取りに広く利用されています。
>
> 　JSONが具体的にどのようなものか、例を見てみましょう。このように、「{ }」（波カッコ）でくくった中に「"キー" : 値」という形でデータを書き、複数のデータを「,」（カンマ）でつないでいきます。
>
> ```
> {
>     "hp" : 100,
>     "name" : "ユニ",
>     "speed" : 10.3,
>     "isMoveing" : true
> }
> ```
>
> 　扱えるデータ型は、数値、文字列、真偽値（true ／ false）、null（「何もない」を示す）、配列などです。「{ }」でくくったデータをさらに入れ子にすることもできます。

　Unityには**JsonUtility**というクラスがあり、簡単にJSON形式を使うことができます。配置データを保存するには、**JsonUtility**クラスを使ってJSON形式（テキスト）にして、

それをPlayerPrefsクラスを使ってテキストとして保存します。JSONはテキストなので、PlayerPrefsクラスのSetStringメソッドで読み書きすることができます。

ここでは「開いたドア」「開いた宝箱」「取られたアイテム」「倒した敵」の情報を保存しましょう。保存する情報はゲームオブジェクトを特定する「番号」と「種類」です。

「番号」はChapter 9までに作ったDoor、ItemBox、ItemData、EnemyControllerクラス内のarrangeId変数を使います。「種類」は各ゲームオブジェクトのタグを利用します。

◆ 配置物を記録するスクリプト（SaveData）を作ろう

JSONを記録するにはまず、保存したいJSONと同じ構造を持ったクラスを定義する必要があります。SaveDataという名前でスクリプトをRoomManagerフォルダーに作って以下のように更新してください。

```
using System.Collections;
using System.Collections.Generic;
using UnityEngine;

[System.Serializable]
public class SaveData
{
    public int arrangeId = 0;        // 配置 ID
    public string objTag = "";       // 配置物のタグ
}

[System.Serializable]
public class SaveDataList
{
    public SaveData[] saveDatas;     // SaveData の配列
}
```

クラスが2つ定義されています。クラスの前に書かれている、[System.Serializable]というのは「このクラスは保存する対象です」という意味です。ひとまず、JSONにするために必要な記述だと考えておけばよいでしょう。

SaveDataクラスが配置物1つのデータ、SaveDataListがそれらを複数入れた配列を持つデータです。これらのクラスは、JSON形式（テキスト）のデータをクラスに変換した場合の型を定義しています。

それでは例として、「arrangeIdが1、objTagが"Item"」と「arrangeIdが2、objTagが"Item"」というデータがJSONになったときを見てみましょう。次のようなテキストになります。

```
{"saveDatas":[{"arrangeId":1,"objTag":"Item"},{"arrangeId":2,"objTag":"Item"}]}
```

少し見やすいように改行やタブを入れて書き直してみると、以下のような内容になります。

```
{
    "saveDatas":[
        {
            "arrangeId":1,
            "objTag":"Item"
        },
        {
            "arrangeId":2,
            "objTag":"Item"
        }
    ]
}
```

JSONを手書きする場合の注意点

　この本では、JSONテキストを直接書くことはありません。しかし、テキストエディターなどでJSONデータを手書きする場合、最後のデータの終わりに「,」（カンマ）を付けないように気を付けましょう。

　もし「,」を付けるとエラーになってしまいます。

次にJSONデータを読み書きして、配置データを管理するスクリプトを作りましょう。SaveDataManagerスクリプトをRoomManagerフォルダーに作って、RoomManagerのプレハブにアタッチしておいてください。以下がSaveDataManagerの内容です。

```csharp
using System.Collections;
using System.Collections.Generic;
using UnityEngine;

public class SaveDataManager : MonoBehaviour
{
    public static SaveDataList arrangeDataList;     // 配置データ

    // Start is called before the first frame update
    void Start()
    {
        // SaveDataList 初期化
        arrangeDataList = new SaveDataList();
        arrangeDataList.saveDatas = new SaveData[] { };
        // シーン名を読み込む
        string stageName = PlayerPrefs.GetString("LastScene");
```

```csharp
// シーン名をキーにして保存データを読み込む
string data = PlayerPrefs.GetString(stageName);
if (data != "")
{
    // --- セーブデータが存在する場合 ---
    // JSON から SaveDataList に変換する
    arrangeDataList = JsonUtility.FromJson<SaveDataList>(data);
    for (int i = 0; i < arrangeDataList.saveDatas.Length; i++)
    {
        SaveData savedata = arrangeDataList.saveDatas[i]; // 配列から取り出す
        // タグのゲームオブジェクトを探す
        string objTag = savedata.objTag;
        GameObject[] objects = GameObject.FindGameObjectsWithTag(objTag);
        for (int ii = 0; ii < objects.Length; ii++)
        {
            GameObject obj = objects[ii]; // 配列から GameObject を取り出す
            // GameObject のタグを調べる
            if (objTag == "Door")          // ドア
            {
                Door door = obj.GetComponent<Door>();
                if (door.arrangeId == savedata.arrangeId)
                {
                    Destroy(obj);   // arrangeId が同じなら削除
                }
            }
            else if (objTag == "ItemBox")    // 宝箱
            {
                ItemBox box = obj.GetComponent<ItemBox>();
                if (box.arrangeId == savedata.arrangeId)
                {
                    box.isClosed = false;    // arrangeIdd が同じなら開く
                    box.GetComponent<SpriteRenderer>().sprite = box.openImage;
                }
            }
            else if (objTag == "Item")        // アイテム
            {
                ItemData item = obj.GetComponent<ItemData>();
                if (item.arrangeId == savedata.arrangeId)
                {
                    Destroy(obj);    // arrangeId が同じなら削除
                }
            }
            else if (objTag == "Enemy")       // 敵
            {
                EnemyController enemy = obj.GetComponent<EnemyController>();
                if (enemy.arrangeId == savedata.arrangeId)
                {
                    Destroy(obj);     // arrangeId が同じなら削除
                }
            }
```

```
            }
        }
    }
}

// Update is called once per frame
void Update()
{

}

// 配置 Id のセット
public static void SetArrangeId(int arrangeId, string objTag)
{
    if(arrangeId == 0 || objTag == "")
    {
        // 記録しない
        return;
    }
    // 追加するために 1 つ多い SaveData 配列を作る
    SaveData[] newSavedatas = new SaveData[arrangeDataList.saveDatas.Length + 1];
    // データをコピーする
    for (int i = 0; i < arrangeDataList.saveDatas.Length; i++)
    {
        newSavedatas[i] = arrangeDataList.saveDatas[i];
    }
    // SaveData 作成
    SaveData savedata = new SaveData();
    savedata.arrangeId = arrangeId; // Id を記録
    savedata.objTag = objTag;       // タグを記録
    // SaveData 追加
    newSavedatas[arrangeDataList.saveDatas.Length] = savedata;
    arrangeDataList.saveDatas = newSavedatas;
}

// 配置データの保存
public static void SaveArrangeData(string stageName)
{
    if (arrangeDataList.saveDatas != null && stageName != "")
    {
        // SaveDataList を JSON データに変換
        string saveJson = JsonUtility.ToJson(arrangeDataList);
        // シーン名をキーにして保存
        PlayerPrefs.SetString(stageName, saveJson);
    }
}
```

10

トップビューゲームを仕上げよう

◆ 変数

先ほど定義したSaveDataList型の変数をpublic、staticを付けて宣言しています。この変数にJSONから変換したデータが入れられます。

◆ Start メソッド

まず、arrangeDataList変数を初期化するために、arrangeDataListとその中にあるsaveDataList配列を空の状態で作ります。

次にPlayerPrefsに保存されているシーン名を読み込んでいます。配置データはシーンごとにJSONにし、シーン名をキーとしてPlayerPrefs.SetStringメソッドで保存されています。JSONデータ（テキスト）の読み込みには、PlayerPrefs.GetStringメソッドを使います。ここで空文字が帰ってくれば、セーブデータはなしと判断して何もしません。

空文字でなければ、データが保存されているものとして、テキストのJSONデータから、JsonUtilityクラスを使ってSaveDataListクラスに変換します。

JsonUtilityクラスはJSONとオブジェクトを交互に変換するクラスです。JSONデータ（テキスト）からオブジェクトに変換するにはFromJsonメソッドを使います。以下のように型（クラス名）を指定し、引数に変換元になるJSONデータ（テキスト）を渡すことで対応したクラスのオブジェクトに変換してくれます。

```
オブジェクト = JsonUtility.FromJson< 型 >(JSON テキスト );
```

JSONから変換されたオブジェクトは、クラスに定義したarrangeDataList変数に入れておきます。arrangeDataListのsavaDatasはSaveDataの配列になっています。配列に入っている数だけforループを回し、配置データの対応を行います。

参照 ▶ 「for ループ」 323 ページ

ループの中ではarrangeDataList.saveDatasから順番にSaveDataを取り出し、FindGameObjectsWithTagメソッドでそのタグが付けられたゲームオブジェクトを探します。FindGameObjectsWithTagメソッドは見つかったゲームオブジェクトを配列に入れて返してくれるので、再びforループを回してゲームオブジェクトを順番に取り出します。

ゲームオブジェクトへの対応は、タグを使ってif文で分岐させています。それぞれ、arrangeIdが同じ場合に以下の対応を行っています。

- ドアとアイテムと敵の場合は、Destroy メソッドでシーンから削除します
- 宝箱の場合、isClosed に false を入れ、画像を変更することで開いた状態にします

◆ SetArrangeId メソッド

SetArrangeId メソッドは、「開いたドア」「開いた宝箱」「取ったアイテム」「倒した敵」の arrangeId（配置物を識別するための数値）とタグを SaveDataList に記録しておくメソッドです。このメソッドを必要に応じて呼ぶことで記録を行うわけです。

最初に、arrangeId が0か、objTag が""（空文字）なら記録せずにそのままメソッドを抜けます。

arrangeDataList.saveDatas は SaveData の配列です。arrangeDataList.saveDatas の現在の数より1つ多い配列を作り、SaveData を新しく作成して、arrangeId と objTag をそれぞれ設定してから配列に追加します。

◆ SaveArrangeData メソッド

SaveArrangeData メソッドはシーン名をキーにして JSON データを保存するメソッドです。

arrangeDataList.saveDatas が null でなければデータがあると判断して、arrangeDataList を JSON（テキスト）に変換し、PlayerPrefs.SetString メソッドでシーン名をキーにして保存します。クラスを JSON に変換するは JsonUtility クラスの ToJson メソッドを使います。

ToJson メソッドは、以下のように引数に変換元となるクラスのオブジェクトを渡すことで JSON データ（テキスト）に変換してくれます。

```
JSON テキスト = JsonUtility.ToJson( オブジェクト );
```

あとは SaveDataManager クラスの SetArrangeData メソッドと SaveArrangeData メソッドを以下の場所で呼びます。

◆ 開いた宝箱の保存

ItemBox クラスの OnCollisionEnter2D メソッドで開いた宝箱を保存します。このメソッドは、宝箱が開いてアイテムを作成したときに呼ばれます。引数には自分（宝箱）の arrangeId とタグを渡します。

```
public class ItemBox : MonoBehaviour
{
    ～ 省略 ～
    public int arrangeId = 0;        // 配置の識別に使う

    ～ 省略 ～

    // 接触（物理）
```

```
    private void OnCollisionEnter2D(Collision2D collision)
    {
        if (isClosed && collision.gameObject.tag == "Player")
        {
            // 箱が閉まっている状態でプレイヤーに接触
            GetComponent<SpriteRenderer>().sprite = openImage;
            isClosed = false;    // 開いてる状態にする
            if(itemPrefab != null)
            {
                // アイテムをプレハブから作る
                Instantiate(itemPrefab, transform.position, Quaternion.identity);
            }
            // 配置 Id の記録
            SaveDataManager.SetArrangeId(arrangeId, gameObject.tag);
        }
    }
}
```

◆ 取ったアイテムの保存

ItemDataクラスのOnTriggerEnter2Dメソッドで、取ったアイテムを保存します。このメソッドはアイテムを取ったときに呼ばれます。引数には自分（アイテム）のarrangeIdとタグを渡します。

```
public class ItemData : MonoBehaviour
{
    ～ 省略 ～

    public int arrangeId = 0;        // 配置の識別に使う

    ～ 省略 ～

    // 接触
    void OnTriggerEnter2D(Collider2D collision)
    {
        if (collision.gameObject.tag == "Player")
        {
            ～ 省略 ～
            // 配置 Id の記録
            SaveDataManager.SetArrangeId(arrangeId, gameObject.tag);
        }
    }
}
```

開いたドアの保存

DoorクラスのOnCollisionEnter2Dメソッドで、開いたドアを保存します。このメソッドはドアを開けたときに呼びます。引数には自分（ドア）のarrangeIdとタグを渡します。

```
public class Door : MonoBehaviour
{
    public int arrangeId = 0;       // 配置の識別に使う

    // Start is called before the first frame update
    void Start()
    {

    }

    // Update is called once per frame
    void Update()
    {

    }
    void OnCollisionEnter2D(Collision2D collision)
    {
        if(collision.gameObject.tag == "Player")
        {
            // カギを持っている
            if (IsGoldDoor)
            {
                if (ItemKeeper.hasGoldKeys > 0)
                {
                    ItemKeeper.hasGoldKeys--;       // 金のカギを 1 つ減らす
                    Destroy(this.gameObject);       // ドアを開ける ( 削除する )
                    // 配置 Id の記録
                    SaveDataManager.SetArrangeId(arrangeId, gameObject.tag);
                }
            }
            else
            {
                if (ItemKeeper.hasSilverKeys > 0)
                {
                    ItemKeeper.hasSilverKeys--;     // 銀のカギを 1 つ減らす
                    Destroy(this.gameObject);       // ドアを開ける ( 削除する )
                    // 配置 Id の記録
                    SaveDataManager.SetArrangeId(arrangeId, gameObject.tag);
                }
            }
        }
    }
}
```

◆ 倒した敵の保存

EnemyControllerのOnCollisionEnter2Dメソッドで、倒した敵を保存します。引数には自分（敵）のarrangeIdとタグを渡します。

```
public class EnemyController : MonoBehaviour
{
    ～ 省略 ～
    void OnCollisionEnter2D(Collision2D collision)
    {
        if (collision.gameObject.tag == "Arrow")
        {
            // ダメージ
            hp--;
            if (hp <= 0)
            {
                ～ 省略 ～
                // 配置 Id の記録
                SaveDataManager.SetArrangeId(arrangeId, gameObject.tag);
            }
        }
    }
}
```

◆ ステージの移動時にデータを保存する

ステージの移動はRoomManagerクラスのChangeSceneメソッドで行っています。RoomManagerクラスのChangeSceneメソッドを以下のように更新してください。

```
public class RoomManager : MonoBehaviour
{
    ～ 省略 ～

    // シーン移動
    public static void ChangeScene(string scnename, int doornum)
    {
        doorNumber = doornum;    // ドア番号を static 変数に保存
        string nowScene = PlayerPrefs.GetString("LastScene");
        if (nowScene != "")
        {
            SaveDataManager.SaveArrangeData(nowScene);        // 配置データを保存
        }
        PlayerPrefs.SetString("LastScene", scnename);    // シーン名を保存
        PlayerPrefs.SetInt("LastDoor", doornum);         // ドア番号を保存
        ItemKeeper.SaveItem();                           // アイテムを保存

        SceneManager.LoadScene(scnename);    // シーン移動
```

```
            }
    }
```

　配置データを保存するため、シーンを変更する前にSaveDataManagerクラスの
SaveArrangeDataメソッドを呼んで配置データを保存しています。SaveArrangeDataメソッ
ドに渡す引数は、PlayerPrefsクラスのGetStringメソッドに"LastScene"キーを渡して得
られる「現在のシーン名」を使います。シーン名が空文字（保存されていない）でなければ、
SaveDataManagerクラスのSaveArrangeDataメソッドを呼んで保存を実行します。

　次にPlayerPrefsクラスのSetStringメソッドを使い、"LastScene"キーでこれから移
動するシーン名を保存します。ドア番号はPlayerPrefsクラスのSetIntメソッドを使い
"LastDoor"キーでドア番号を保存しています。

　シーンの移動時に、アイテムを保存するItemKeeperクラスのSaveItemメソッドを呼ぶこ
とで、その部屋で獲得したアイテムを保存します。

ゲームのコンティニュー処理を作ろう

　タイトル画面のCONTINUEボタンを押した際に、ゲームを途中から開始できるようにし
ましょう。またそれと同時に、GAME STARTボタンから始めた場合には記録をクリアする処
理も追加します。TitleManagerスクリプトを以下のように更新してください。

```
public class TitleManager : MonoBehaviour
{
    public GameObject startButton;      // スタートボタン
    public GameObject continueButton;   // コンティニューボタン
    public string firstSceneName;       // ゲーム開始シーン名

    // Start is called before the first frame update
    void Start()
    {
        string sceneName = PlayerPrefs.GetString("LastScene");      // 保存シーン
        if(sceneName == "")
        {
            continueButton.GetComponent<Button>().interactable = false; // 無効化
        }
        else
        {
            continueButton.GetComponent<Button>().interactable = true; // 有効化
        }
    }

    // Update is called once per frame
    void Update()
    {
```

```
        }

        // GAME START ボタン押し
        public void StartButtonClicked()
        {
            // セーブデータをクリア
            PlayerPrefs.DeleteAll();
            // HP を戻す
            PlayerPrefs.SetInt("PlayerHP", 3);
            // ステージ情報をクリア
            PlayerPrefs.SetString("LastScene", firstSceneName); // シーン名初期化
            RoomManager.doorNumber = 0;

            SceneManager.LoadScene(firstSceneName);
        }

        // CONTINUE ボタン押し
        public void ContinueButtonClicked()
        {
            string sceneName = PlayerPrefs.GetString("LastScene");      // 保存シーン
            RoomManager.doorNumber = PlayerPrefs.GetInt("LastDoor");    // ドア番号
            SceneManager.LoadScene(sceneName);
        }
    }
```

◆ 変数

　変数を1つ追加しています。firstSceneNameはゲームの開始シーン名を設定する変数です。Unityエディターから設定できるようにpublicを付けています。後ほどシーン名を設定しておいてください（この場合は"WorldMap"になりますね）。

◆ Start メソッド

　PlayerPrefs.GetStringメソッドで保存されているシーン名を取り出し、シーン名が空文字（保存されていない）の場合、CONTINUEボタンを無効化しています。
　ButtonゲームオブジェクトからGetComponentメソッドでButtonコンポーネントを取り出し、interactable変数にfalseを設定することでボタンを押せなくできます。trueを設定すれば押せるようになります。

◆ StartButtonClicked メソッド

　アイテム、プレイヤーHP、ステージ情報をPlayerPrefsに初期値設定、または削除することで保存データを初期化しています。PlayerPrefsクラスのDeleteAllメソッドを呼ぶことで記録した全データを削除することができます。

その後、プレイヤーのHPやシーン名を初期値にしています。これでセーブ情報が何もない状態で最初のシーンからゲームが開始されます。

◆ ContinueButtonClicked メソッド

`PlayerPrefs.GetString`メソッドで保存されているシーン名と、`PlayerPrefs.GetInt`メソッドで保存されているドア番号を取り出し、シーンを読み込むことでゲームを途中のステージから開始しています。

◆ ゲームのリトライ処理

`UIManager`クラスの`Retry`メソッドも以下のように更新しましょう。`PlayerPrefs.SetInt`で保存しているプレイヤーHPを3に戻しています。

```
public class UIManager : MonoBehaviour
{
    ～ 省略 ～

    // リトライ
    public void Retry()
    {
        // HP を戻す
        PlayerPrefs.SetInt("PlayerHP", 3);

        // ゲーム中に戻す
        SceneManager.LoadScene(retrySceneName);    // シーン移動
    }
}
```

保存できる配置データを作ろう

それでは、保存できる配置データを作ってみましょう。配置できるゲームオブジェクトとしては以下のものがあり、それぞれ別のタグが設定されているはずです。またそれぞれには`arrangeId`という`int`型の変数を持つスクリプトがアタッチされていますね。スクリプト名もあわせて示します。

ゲームオブジェクト	タグ	arrangeIdを持つスクリプト
ドア	Door	Door
アイテム	Item	ItemData
宝箱	ItemBox	ItemBox
敵	Enemy	EnemyController

例えば、宝箱が2つ配置されているなら、ItemBoxの`arrangeId`にそれぞれ、1以上で重複しない数字を設定しておきます。タグが違うなら、重複しても大丈夫です。

　この状態でタイトル画面のGAME STARTボタンからゲームを始めてください。ゲーム中に取ったアイテムや開いたドアの情報が各シーンを出入りするごとに保存、再現されます。

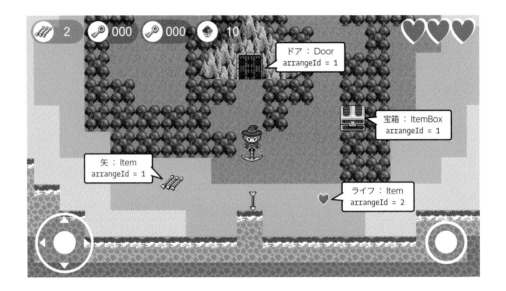

　また、再度タイトル画面のCONTINUEボタンでゲームを始めれば、アイテム数やアイテムの配置、現在いる部屋が再現された状態でゲームが開始されます。

10.3　ボスステージを作ろう

　続いて、ステージの最後で待ち構えるボスキャラと、ボスステージ用のシーンを作りましょう。ボスキャラは以下のような仕様にしましょう。

- プレイヤーキャラクターが触れるとダメージを受ける
- プレイヤーキャラクターが接近すると弾を発射して攻撃する
- HPを設定する。矢を一定数撃ち込むと倒せる

　ボスキャラに関連するデータは、Bossフォルダーを作ってその中に保存します。ここでBossフォルダーを作っておいてください。使用する画像も随時Bossフォルダーに移動して整理していきましょう。

ボスキャラのゲームオブジェクトを作ろう

まず、ボスキャラの画像アセットを準備しましょう。「Boss」がボスキャラ用の画像です。

マルチスプライトになっているので、以下の設定で画像をスライスしてください。

- Sprite Mode：Multiple
- Pixels Per Unit：32
- Filter Mode：Point(no filter)

できたら［Sprite Editor］ボタンを押してSprite Editorを開きましょう。

［Type］を［Automatic］に、［Pivot］を［Bottom］に設定して［Slice］ボタンを押してスライスしてください。

10

トップビューゲームを仕上げよう

「Boss_0」～「Boss_1」が待機、「Boss_2」～「Boss_3」が攻撃、「Boss_4」が死亡のアニメーションパターンになります。

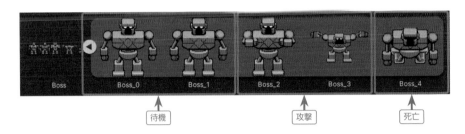

ラスボス用のシーンとして、「BossStage」という名前で新しくシーンを作ります、ライトを使うので[New Scene]では、[Lit 2D(URP)]を選択してください。シーンができたらBuild Settingsに登録しておきましょう。

ボスキャラのアニメーションを作ろう

ボスキャラには、先ほどスプライトのスライスで紹介したように、以下の3つのアニメーションを作ります。

- 待機：2パターンで体を動かすアニメーション
- 攻撃：構えから攻撃の2パターンのアニメーション
- 死亡：前のめりに倒れこむ1パターンのアニメーション

まず、待機アニメーションを作って、それをボスキャラのゲームオブジェクトにします。「Boss_0」と「Boss_1」をシーンビューにドラッグ＆ドロップしてゲームオブジェクトとアニメーションデータを作りましょう。その際、待機アニメーションクリップ名は「BossIdle」にします。

また、配置したボスキャラのゲームオブジェクトは「Boss」、アニメーションコントローラーは「BossAnime」にリネームしておきましょう。

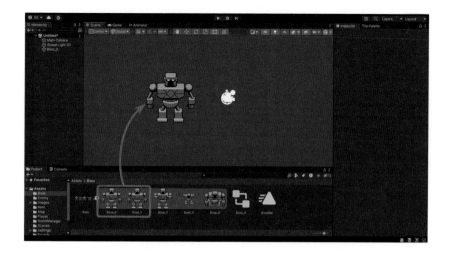

　Sprite Rendererの [Order in Layer] を「2」に設定し、Circle Collider 2Dをアタッチしておきましょう。なお、ボスキャラは移動させないので、Rigidbody 2Dはアタッチしません。

　ボスキャラには「Enemy」タグを設定します。また「Enemy」レイヤーを作り設定しておいてください。これはこのあとで「ボスが発射する弾」との当たり設定に使います。

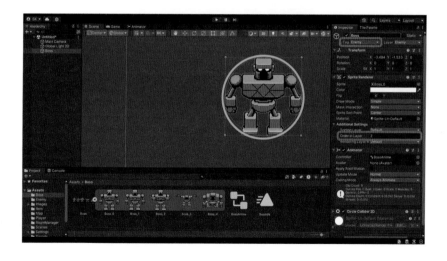

　続いて、弾の発射口になるゲームオブジェクトをボスキャラの子として設置し、そこから弾が発射されるようにします。同じことをサイドビューゲームの固定砲台でやりましたね。作り方はそちらを参照してください。

参照 ▶「7.4 固定砲台を作ろう」　229 ページ

トップビューゲームを仕上げよう

10

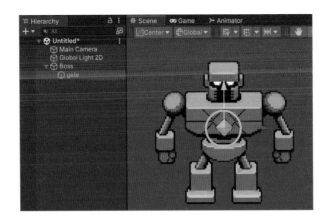

発射口の名前は「gate」とし、位置はボスキャラゲームオブジェクトの中央付近にしておきます。

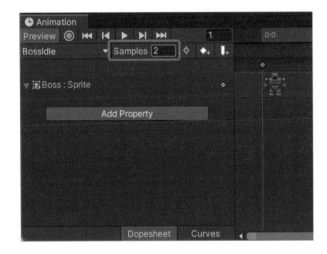

次に、アニメーションウィンドウを開いて待機アニメーションの速度を調整します。［Samples］を「2」に設定して1秒間に2コマに調整します。

◆ 攻撃アニメーション

「Boss_2」と「Boss_3」をシーンビューにドラッグ＆ドロップしてアニメーションデータを作ります。アニメーションクリップ名は「BossAttack」にします。

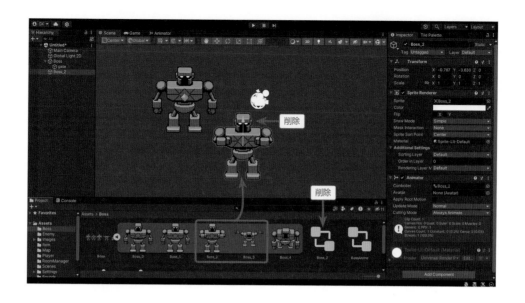

攻撃パターンのゲームオブジェクトとアニメーションコントローラーは必要ないので削除しておいてください。

次に、アニメーションウィンドウを開いて攻撃アニメーションの調整をします。まず、[Samples]を「4」に変更し、アニメーション速度を少しゆっくりにします。

Boss_3をドラッグ&ドロップで3フレーム目の位置に1コマ追加します。すると、最終フレームのパターンが追加されます。

10
トップビューゲームを仕上げよう

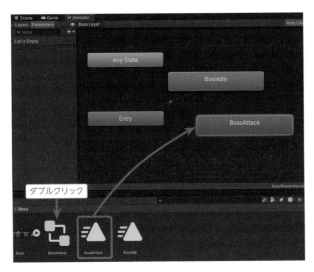

アニメーター（BossAnime）をダブルクリックして開き、その中に攻撃アニメーションのアニメーションクリップ（BossAttack）をドラッグ＆ドロップして入れましょう。

◆ 死亡アニメーション

　最後は倒されたときに表示する死亡アニメーションです。死亡アニメーションは1コマだけのパターンで、「Boss_4」画像を使います。

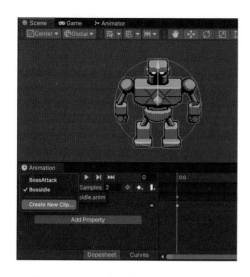

　ボスキャラのゲームオブジェクトを選択して Animation ウインドウを開き、新しいアニメーションクリップを作成します。アニメーションクリップの名前は「BossDead」にしておきます。

　[Add Property] ボタンから Sprite と Color を追加し、Sprite の最初と最後のフレームには Boss_4 をドラッグ＆ドロップし、最終フレームを選択して [Color.a] を 0 に設定します。

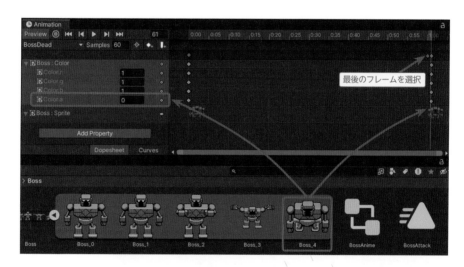

　今回ボスキャラのアニメーション推移はアニメーションコントローラーではなく、スクリプトから行ってみましょう。

ボスキャラが発射する弾オブジェクトを作ろう

　次にボスキャラの発射する「弾」を作りましょう。基本的には今まで作ってきた、「砲弾」やプレイヤーの撃つ「矢」と一緒です。

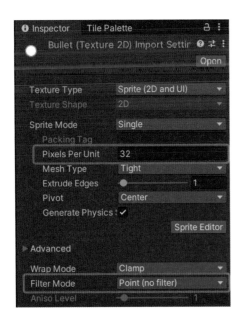

「Bullet」画像を以下のように設定します。

- Pixels Per Unit：32
- Filter Mode：Point(no filter)

「bullet」をシーンビューにドラッグ＆ド
ロップしてゲームオブジェクトを作ります。
弾には「Enemy」タグと、「Bullet」レイヤー
を作り、設定してください。また、発射した
ときにボスキャラの上に表示されるように、
Sprite Rendererの［Order in Layer］を「3」
に設定します。

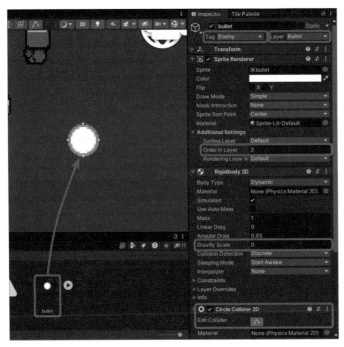

　最後にRigidbody2D
をアタッチし［Gravity
Scale］を「0」に設
定して、さらにCircle
Collider2Dをアタッ
チして範囲を調整しま
しょう。

◆ 弾の接触設定

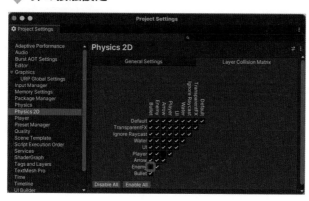

ボスキャラと弾が接触しないように、接触の設定を行います。[Edit] → [Project Settings…] から「Project Settings」ウィンドウを開き、[Physics 2D] タブの [Layer Collision Matrix] で、EnemyとBulletが交差するチェックボックスをオフにして、2つのレイヤーが接触しないようにしておきましょう。

なお、状況的には起こりませんが、弾どうしが接触しないようにBulletどうしが交差する箇所もオフにしておいてもよいでしょう。

弾を制御するためのスクリプトを作ろう

弾を制御するためのスクリプトを作って、bulletにアタッチしましょう。名前は「BulletController」としておきます。以下がスクリプトの内容です。

```
using System.Collections;
using System.Collections.Generic;
using UnityEngine;

public class BulletController : MonoBehaviour
{
    public float deleteTime = 3.0f;     // 削除する時間指定

    // Start is called before the first frame update
    void Start()
    {
        Destroy(gameObject, deleteTime);     // 削除設定
    }

    // Update is called once per frame
    void Update()
    {

    }

    private void OnCollisionEnter2D(Collision2D collision)
    {
```

```
            Destroy(gameObject);    // 何かに接触したら消す
        }
    }
```

◆ Start メソッド

スクリプトはシンプルです。public変数で削除時間を設定し、Startメソッド内でDestroy
メソッドを呼び、時間指定で削除設定をしています。

◆ OnCollisionEnter2D メソッド

OnCollisionEnter2Dメソッドでは、「何かに接触したら消す」ようにしています。
ここまでできたら、Bulletをプレハブ化しておいてください。

ボスキャラのスクリプトを作ろう

ボスキャラを制御するスクリプトを作ります。「BossController」スクリプトを作っ
てシーンビューのBossキャラのゲームオブジェクトにアタッチしてください。以下が
BossControllerスクリプトの内容です。

```
using System.Collections;
using System.Collections.Generic;
using UnityEngine;

public class BossController : MonoBehaviour
{
    // ヒットポイント
    public int hp = 10;
    // 反応距離
    public float reactionDistance = 7.0f;

    public GameObject bulletPrefab;      // 弾
    public float shootSpeed = 5.0f;      // 弾の速度

    // 攻撃中フラグ
    bool inAttack = false;

    // Start is called before the first frame update
    void Start()
    {
    }

    // Update is called once per frame
    void Update()
    {
        if(hp > 0)
```

```
        {
            // Player のゲームオブジェクトを得る
            GameObject player = GameObject.FindGameObjectWithTag("Player");
            if (player != null)
            {
                // プレイヤーとの距離チェック
                Vector3 plpos = player.transform.position;
                float dist = Vector2.Distance(transform.position, plpos);
                if (dist <= reactionDistance && inAttack == false)
                {
                    // 範囲内＆攻撃中ではない＆ HP 攻撃
                    inAttack = true;
                    // アニメーションを切り替える
                    GetComponent<Animator>().Play("BossAttack");
                }
                else if (dist > reactionDistance && inAttack)
                {
                    inAttack = false;
                    // アニメーションを切り替える
                    GetComponent<Animator>().Play("BossIdle");
                }
            }
            else
            {
                inAttack = false;
                // アニメーションを切り替える
                GetComponent<Animator>().Play("BossIdle");
            }
        }
    }

    private void OnCollisionEnter2D(Collision2D collision)
    {
        if (collision.gameObject.tag == "Arrow")
        {
            // ダメージ
            hp--;
            if (hp <= 0)
            {
                // 死亡！
                // 当たりを消す
                GetComponent<CircleCollider2D>().enabled = false;
                // アニメーションを切り替える
                GetComponent<Animator>().Play("BossDead");
                // 1 秒後に消す
                Destroy(gameObject, 1);
            }
        }
    }
    // 攻撃
```

```
void Attack()
{
    // 発射口オブジェクトを取得
    Transform tr = transform.Find("gate");
    GameObject gate = tr.gameObject;
    // 弾を発射するベクトルを作る
    GameObject player = GameObject.FindGameObjectWithTag("Player");
    if(player != null)
    {
        float dx = player.transform.position.x - gate.transform.position.x;
        float dy = player.transform.position.y - gate.transform.position.y;
        // アークタンジェント2関数で角度（ラジアン）を求める
        float rad = Mathf.Atan2(dy, dx);
        // ラジアンを度に変換して返す
        float angle = rad * Mathf.Rad2Deg;
        // Prefabから弾のゲームオブジェクトを作る（進行方向に回転）
        Quaternion r = Quaternion.Euler(0, 0, angle);
        GameObject bullet = Instantiate(bulletPrefab, gate.transform.position, r);
        float x = Mathf.Cos(rad);
        float y = Mathf.Sin(rad);
        Vector3 v = new Vector3(x, y) * shootSpeed;
        // 発射
        Rigidbody2D rbody = bullet.GetComponent<Rigidbody2D>();
        rbody.AddForce(v, ForceMode2D.Impulse);
    }
}
}
```

◆ 変数

　hp（ヒットポイント）やreactionDistance（反応距離）は敵キャラと同じ用途で使います。その次の弾のプレハブやスピードのパラメーターもプレイヤーキャラクターのものと同じです。次のinAttackは、攻撃中かどうかを判断するためのフラグです。

◆ Updateメソッド

　まず、hpをチェックし、0より大きい場合、倒されていないと判断して、次の処理に進みます。FindGameObjectWithTagメソッドでプレイヤーキャラクターを探して、見つかればプレイヤーキャラクターとの距離を確認し、反応距離以下で、かつinAttackフラグがfalse（攻撃中ではない）ならば攻撃アニメーションに切り替えます。スクリプトでアニメーションを切り替えるにはAnimatorのPlayメソッドを使います。GetComponentでアタッチしてあるAnimatorコンポーネントを取得し、Playメソッドを呼びます。引数はアニメーションクリップ名を指定します。アニメーションクリップ名はアニメーターでクリップを選択したときにインスペクターの上に表示されている名前になります。

　また、プレイヤーキャラクターとの距離が反応距離以上で、かつ**inAttack**フラグが**true**（攻撃中）であれば待機アニメーションに切り替えます。この時も Animator コンポーネントを取得し、**Play**メソッドを呼びます。**Play**メソッドの引数は待機のアニメーションクリップ名である"**BossIdle**"です。

◆ OnCollisionEnter2D メソッド

　矢が当たった判定を行っています。矢のゲームオブジェクトが当たった場合はhpを1つ減らし、hpが0以下になれば死亡アニメーションに切り替えて、1秒後に自分自身を消しています。

◆ Attack メソッド

　Attackメソッドはボスキャラからプレイヤーキャラクターに向かって弾を発射するメソッドです。発射口とプレイヤーキャラクターとの位置から発射する角度を割り出し、プレハブから弾のゲームオブジェクトを作って、**Rigidbody2D**の**AddForce**メソッドで力を加えて発射しています。

　発射する位置はボスキャラに追加した**gate**オブジェクトからです。角度の計算には三角関数を使っています。詳しくは付録PDFを参考にしてください。

参照▶「ゲームのための三角関数」　付録 PDF（v ページ参照）

　さて、この**Attack**メソッドは**BossController**のどこからも呼ばれていませんね。今までのパターンだと、プレイヤーキャラクターと接近した段階で**Attack**メソッドを呼んでもいいのですが、このボスキャラは発射するアニメーションに1秒間の「溜め」を作っています。つまりアニメーションの2コマ目開始時点で発射したいのです。

　Unityではアニメーションのフレームにイベントを設定して、アニメーションクリップが設定されているゲームオブジェクトのメソッドを呼び出すことができます。今回はそれを使ってみましょう。

アニメーションにイベントを設定しよう

　シーンビューのボスキャラを選択して、アニメーションウィンドウを開いてください。左上のポップアップメニューから攻撃アニメーションである、「BossAttack」を選択します。

　タイムラインをクリックして、攻撃を発動させるフレームを選択します。イベント追加ボタンをクリックすると、選択している時間位置にイベントを表す長方形のマークが追加されます。

　追加されたイベントマークを選択すると、インスペクタービューで「このアニメーションクリップが設定されているゲームオブジェクト」にアタッチされたスクリプトのメソッドが選択できるプルダウンメニューが表示されます。そこから、先ほど作ったAttack()メソッドを選択してください。

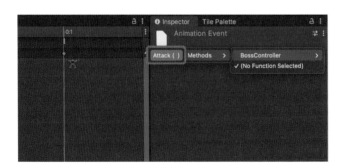

　これで、アニメーションがこのフレームに達したときにAttack()メソッドが呼ばれるようになります。

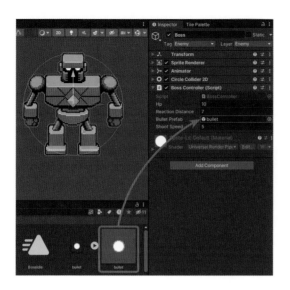

ここまでできたら、Unityエディターに戻って［Bullet Prefab］には弾のプレハブを設定しておいてください。

プレイヤーとUIを追加しよう

これでボスキャラは完成です。シーンにプレイヤーとUIを追加しましょう。

Playerフォルダーからプレイヤーのプレハブをシーンにドラッグ＆ドロップし、CameraManagerスクリプトをMain Cameraにドラッグ＆ドロップします。

UIManagerフォルダーからCanvasをヒエラルキービューにドラッグ＆ドロップします。

Canvasを選択して、CanvasコンポーネントのRender Cameraにヒエラルキービューの

Main Cameraをドラッグ＆ドロップします。続いて、UI Manager(Script) の Retry Scene Name にシーンの名前（BossStage）を設定します。そして最後に、ヒエラルキービューの[+]ボタンからUI→Event System から EventSystem を追加します。

この状態でゲームを実行してみてください。ボスキャラがプレイヤーキャラクターに向かって弾を発射してきます。

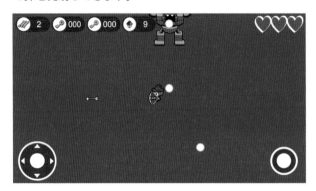

弾の発射頻度はアニメーションの速度で調整できます。

ここまでできたら、ボスキャラをプレハブ化しておいてください。

ボスキャラ戦闘時のカメラワークを調整しよう

現在、Main Camera にアタッチされている CameraManager クラスがカメラの位置を調整して、プレイヤーキャラクターを画面中央に映しています。しかし、このままではボスキャラが見切れてしまい少しプレイしにくいですね。

そこで CameraManager クラスを修正してプレイヤーキャラクターとボスキャラクターの中間地点を映すようにしてみましょう。CameraManager を以下のように修正してください。

```
using System.Collections;
using System.Collections.Generic;
using UnityEngine;

public class CameraManager : MonoBehaviour
{
    public GameObject otherTarget;

    // Start is called before the first frame update
    void Start()
    {
    }

    // Update is called once per frame
    void Update()
```

```
    {
        GameObject player = GameObject.FindGameObjectWithTag("Player");
        if (player != null)
        {
            if(otherTarget != null)
            {
                Vector2 pos = Vector2.Lerp(player.transform.position,
                    otherTarget.transform.position, 0.5f);
                // プレイヤーの位置と連動させる
                transform.position = new Vector3(pos.x, pos.y, -10);
            }
            else
            {
                // プレイヤーの位置と連動させる
                transform.position = new Vector3(
                    player.transform.position.x, player.transform.position.y, -10);
            }
        }
    }
}
```

◆ 変数

　GameObject型のotherTartget変数を1つ追加しています。ここには、後ほどUnityエディター上で、ヒエラルキービューからボスキャラクターのゲームオブジェクトをドラッグ＆ドロップして設定しておいてください。

◆ Update メソッド

　otherTargetがnullではない場合、Vector2のLerpメソッドを使ってotherTarget（ボスキャラクターですね）とプレイヤーキャラクターの中間点を取得しています。

　Lerpメソッドは「第1引数と第2引数で指定された位置を結ぶライン」上の位置を返すメソッドです。第3引数にはその何パーセントに相当する点を返すのか、0.0 ～ 1.0の値で指定します。ここでは0.5を指定しているので、「ちょうど真ん中」を指定しています。

ゲームを実行しよう

　CameraManagerを保存して、ボスステージでゲームを実行してみましょう。

　プレイヤーキャラクターとボスキャラクターの中心位置が画面の中央になり、プレイヤーキャラクターの移動に合わせてカメラが移動するようになります。

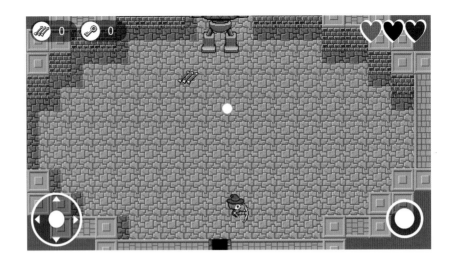

ラスボスステージを作ろう

　それでは、作ったボスキャラを使って、ゲーム最後のラスボスステージを作りましょう。ステージの仕様は以下のようにします。

- ステージ（シーン）に入ると部屋の奥にボスキャラがいる。一度入ると出られない
- ボスキャラの後ろには宝箱（中にはカギを入れておく）が見える
- 部屋の奥にはドアがある

　「ボスキャラを倒して宝箱を開けてカギを取り、部屋から出られればゲームクリア」ということを、配置を見ただけでプレイヤーに悟らせる、というわけですね。

　ラスボスステージの基本は「ボスとプレイヤーとの撃ち合い」です。ボスキャラは無限に弾を発射可能ですが、プレイヤーキャラクターは残数があります。矢を撃ち切ってしまえばそこで詰みとなります。

　これにはいろいろな対応例があるのですが、ここでは「矢の数が0になると矢を自動的に配置する」としましょう。矢の配置位置は数カ所ランダムに設定できるようにしましょう。

　タイルマップを設置してマップを作りましょう。

　サンプルゲーム「DUNGEON SHOOTER」ではこのようなマップになっています。

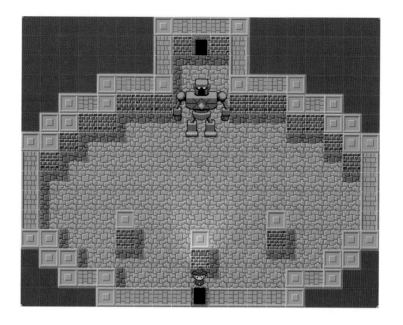

　マップができたら、最後にRoomManagerのプレハブをヒエラルキービューにドラッグ＆
ドロップして追加します。

アイテムを自動配置する仕組みを作ろう

それでは、アイテム（矢）を自動的に配置する仕組みを作っていきます。

難しいことはありません。すべて今までやってきたことの応用で作ることができます。必要な処理をまとめると以下のようになります。

- 矢の数を常にチェックする
- 矢の数がゼロになったならば、矢をランダムな位置に配置する

◆ オブジェクト発生機

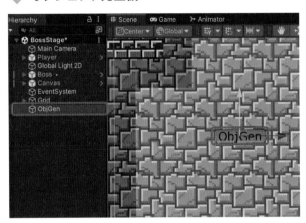

まず、プロジェクトビューから、［＋］ → ［Create Empty］で空のゲームオブジェクトを作り、名前を「ObjGen」としておいてください。これから作る「オブジェクト発生機」には実体となる画像がないため、わかりやすいようにアイコンを設定しておきましょう。

それから、ObjectGenPointスクリプトを作ってObjGenゲームオブジェクトにアタッチしてください。ObjectGenPointスクリプトはシーンに配置する位置とプレハブを設定するスクリプトです。以下がObjectGenPointスクリプトの内容です。

```
using System.Collections;
using System.Collections.Generic;
using UnityEngine;

public class ObjectGenPoint : MonoBehaviour
{
    public GameObject objPrefab;      // 発生させる Prefab データ

    // Start is called before the first frame update
    void Start()
    {

    }

    // Update is called once per frame
```

```
    void Update()
    {

    }

    public void ObjectCreate()
    {
        Vector3 pos = new Vector3(transform.position.x, transform.position.y, -1.0f);
        // Prefab から GameObject を作る
        Instantiate(objPrefab, pos, Quaternion.identity);
    }
}
```

◆ 変数

発生させるゲームオブジェクトのプレハブを持たせる変数が1つあります。

◆ ObjectCreate メソッド

プレハブから現在位置にゲームオブジェクトを作ります。このメソッドは外部から呼べるように public を付けています。

Unity エディターで、[Obj Prefab]に矢のプレハブを設定してください。ここまでできたら、シーンの ObjGen をプレハブ化しておきましょう。

いくつか ObjGen をシーンに配置しましょう。これらが矢を配置する位置になります。大体、全体に10個ほど配置しておきます。

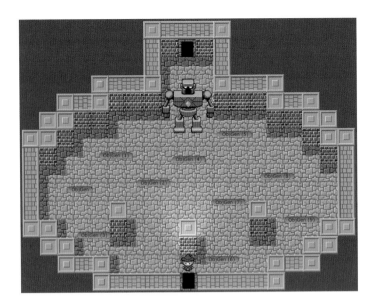

　次に、「先ほど配置したObjectGenPointを取りまとめ、矢の数を監視し、矢が0になれば
配置を行う」ObjectGenManagerスクリプトを作ります。

　ObjectGenManagerスクリプトはヒエラルキービューにある、RoomManagerにアタッ
チしておいてください。プレハブではなく、シーンにあるゲームオブジェクトにアタッチす
ることで、そのシーンだけでスクリプトを有効にできます。以下がObjectGenManagerス
クリプトの内容です。

```
using System.Collections;
using System.Collections.Generic;
using UnityEngine;

public class ObjectGenManager : MonoBehaviour
{
    ObjectGenPoint[] objGens;    // シーンに配置されている ObjectGenPoint の配列

    // Start is called before the first frame update
    void Start()
    {
        objGens = GameObject.FindObjectsOfType<ObjectGenPoint>();
    }

    // Update is called once per frame
    void Update()
    {
        // ItemData を探す
        ItemData[] items = GameObject.FindObjectsOfType<ItemData>();
```

```
// ループを回して矢を探す
for (int i = 0; i < items.Length; i++)
{
    ItemData item = items[i];
    if(item.type == ItemType.arrow)
    {
        return; // 矢があれば何もせずにメソッドを抜ける
    }
}
// プレイヤーの存在と矢の数をチェックする
GameObject player = GameObject.FindGameObjectWithTag("Player");
if (ItemKeeper.hasArrows == 0 && player != null)
{
    // 矢の数が0でプレイヤーがいる
    // 配列の範囲で乱数を作る
    int index = Random.Range(0, objGens.Length);
    ObjectGenPoint objgen = objGens[index];
    objgen.ObjectCreate();    // アイテム配置
    }
  }
}
```

◆ 変数

シーンに配置されている`ObjectGenPoint`を入れておく配列の変数です。`ObjectGenPoint`は`Start`メソッドで取得します。

◆ Start メソッド

`FindObjectsOfType`メソッドは、<型名>で指定したクラスを配列で返すメソッドです。このメソッドでシーン上にある`ObjectGenPoint`を取得しています。

◆ Update メソッド

`FindObjectsOfType`メソッドを使って`ItemData`を配列で取得し、`for`ループでその中に「矢」があるかを調べています。矢があれば何もせずに`return`でメソッドを抜けます。

矢がなければ、`FindGameObjectWithTag`メソッドでプレイヤーを探し、プレイヤーがシーンに存在し、かつ矢の数が0であれば矢をシーンに配置する処理を行います。矢の配置位置は複数ある`ObjGen`からランダムに選びます。ここでは`Random`クラスの`Range`メソッドを使っています。`Range`メソッドは引数で指定した最小値～最大値の範囲の数値を返してくれます。`ObjectGenPoint`が配置されている数を最大値として使っており、例えば配列の数が10だとすると、0～9までの範囲の数が返ります。

このように得られたランダムな値を使って、`ObjectGenPoint`の配列である`objGens`から`ObjectGenPoint`オブジェクトを取り出し、`ObjectGenPoint`クラスの`ObjGen`の

トップビューゲームを仕上げよう

`ObjectCreate`メソッドを呼んで矢を配置しています。

　これですべての仕掛けができました。部屋の一番奥にカギが入った宝箱を配置しましょう。奥の出口はドアでふさぎます。このドアを宝箱の中のカギで開けてゲームクリアとなります。また、宝箱の前にはボスキャラを置きます。その際、当たりが宝箱をふさぐようにしておいてください。

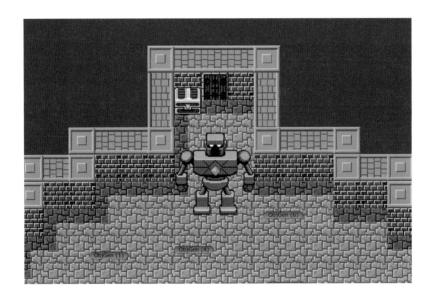

ゲームクリアに対応しよう

　それでは、次はボスステージの最後です。ボスを倒して、カギでドアを開けて部屋から出ると「GAME CLEAR」を表示してゲームを終了させるようにしましょう。ゲームクリア表示は、UIManagerスクリプトで行います。UIManagerスクリプトを以下のように更新してください。

```
using System.Collections;
using System.Collections.Generic;
using UnityEngine;
using UnityEngine.SceneManagement;
using UnityEngine.UI;

public class UIManager : MonoBehaviour
{

    ～　省略　～
```

```
    // ゲームクリア
    public void GameClear()
    {
        // 画像表示
        mainImage.SetActive(true);
        mainImage.GetComponent<Image>().sprite = gameClearSpr; // 「GAME CLEAR」を設定する
        // 操作UI非表示
        inputPanel.SetActive(false);
        // ゲームクリアにする
        PlayerController.gameState = "gameclear";
        // 3秒後にタイトルに戻る
        Invoke("GoToTitle", 3.0f);
    }
    // タイトルに戻る
    void GoToTitle()
    {
        PlayerPrefs.DeleteKey("LastScene"); // 保存シーンを削除
        SceneManager.LoadScene("Title"); // タイトルに戻る
    }
}
```

◆ GameClear メソッド

GameClearメソッドを外部から呼ぶためにpublicを付けています。画像を表示するmainImageをSetActiveメソッドで表示し、画像を入れ替えて「GAME CLEAR」を表示します。操作UIを隠すところはゲームオーバーのときと同じですね。

さらに、ゲームの状態を表すPlayerController.gameStateに"gameclear"を入れることでプレイヤーキャラクターの操作を不可にしています。また、Invokeメソッドで3秒後にGoToTitleメソッドを遅延実行しています。

◆ GoToTitle メソッド

ゲームをクリアしたので、PlayerPrefs.DeleteKeyで途中の保存シーン名を削除して、タイトル画面に移動させます。さらに保存シーン名も削除しておくことで、タイトル画面でCONTINUEボタンが無効化されます。

UIManagerのGameClearメソッドを呼ぶのは、Exitスクリプトからです。

```
public class Exit : MonoBehaviour
{
    ～　省略　～
    private void OnTriggerEnter2D(Collider2D collision)
    {
        if (collision.gameObject.tag == "Player")
        {
            if(doorNumber == 100)
```

10

トップビューゲームを仕上げよう

```
        {
            // ゲームクリアにする
            GameObject.FindObjectOfType<UIManager>().GameClear();
        }
        else
        {
            string nowScene = PlayerPrefs.GetString("LastScene");
            SaveDataManager.SaveArrangeData(nowScene); // 配置データを保存
            RoomManager.ChangeScene(sceneName, doorNumber);
        }
    }
  }
}
```

　doorNumberが100の場合、ゲームクリアとしてUIManagerのGameClearメソッドを呼び
ます。ここで使っているFindObjectOfTypeメソッドは、<型>で指定したクラスを取得し
てくれるメソッドです。100以外の場合は今までどおりの流れです。ボス部屋の奥のドアの
doorNumberを100にしておきましょう。

　これでドアを開けて進めばゲームクリアになり、タイトル画面に戻ります。

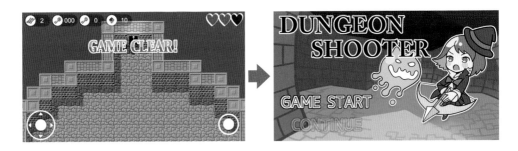

10.4 複数のBGMやSEを鳴らそう

　それでは最後に、各ステージでBGMを再生するようにしていきましょう。

　サイドビューゲームのときはシーンが変わるごとにBGMを最初から再生していました。
今回作っているトップビューシューティングゲームではシーンが変わってもゲームが継続し
ているので、BGMもシーンをまたいで途切れることなく再生されるようにし、タイトル画面
とゲーム中、ボス戦ではBGMを切り替えられるようにしてみましょう。

　またゲームの各所にSE（サウンドエフェクト）を鳴らせるようにしてみましょう。ひとま
ずSEを付ける箇所は「ゲームクリア」「ゲームオーバー」「矢を射る」の3カ所ですが、サン
プルゲームの「DUNGEON SHOOTER」ではその他に「ボタン押し」「ドアを開く」「ドアが

閉まっている」「アイテムゲット」「ダメージを受ける」「敵死亡」「ボス死亡」にもSEを付けています。参考にしてみましょう。

　サウンド関連のデータはSoundManagerフォルダーを作ってその中に保存します。

サウンド再生オブジェクトとスクリプト（SoundManager）を作ろう

　サウンド再生をするゲームオブジェクトとスクリプトを作ります。タイトル画面に作っていくので、「Title」を開きましょう。

　ヒエラルキービューに［＋］→［Create Empty］で空のゲームオブジェクトを作り、名前を「SoundManager」に変更します。さらに、SoundManagerスクリプトを作って、ヒエラルキービューのSoundManagerゲームオブジェクトにアタッチしてください。

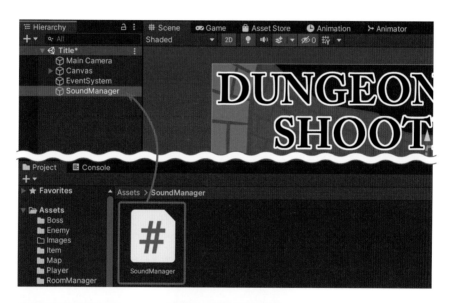

 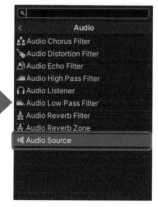

次に、［Add Component］ボタンから［Audio］→［Audio Source］を選択し、サウンドを再生するためのAudio SourceコンポーネントをSoundManagerゲームオブジェクトにアタッチしましょう。

10

トップビューゲームを仕上げよう

参照 「BGM を再生しよう」 243 ページ

続いて Audio Source コンポーネントの設定を行います。[Play On Awake] のチェックボックスをオフに、[Loop]のチェックボックスをオンにしておきます。

BGMの再生はこのあと、スクリプトで行います。そのためサイドビューのときとは違い、Audio Clip は空にしておきましょう。

シーンをまたいで BGM を再生しよう

サウンド再生は SoundManager が行いますが、BGMを途切れさせずに再生するにはシーンが変わっても SoundManager が同じゲームオブジェクトとして存在しているようにしなければいけません。ここからは、その対応を SoundManager スクリプトで行います。以下が SoundManager の内容です。

```
using System.Collections;
using System.Collections.Generic;
using UnityEngine;

// BGM タイプ
public enum BGMType
{
    None,        // なし
    Title,       // タイトル
    InGame,      // ゲーム中
    InBoss,      // ボス戦
}
// SE タイプ
public enum SEType
{
    GameClear,  // ゲームクリア
    GameOver,   // ゲームオーバー
    Shoot,      // 矢を射る
}

public class SoundManager : MonoBehaviour
{
    public AudioClip bgmInTitle;    // タイトル BGM
    public AudioClip bgmInGame;     // ゲーム中
    public AudioClip bgmInBoss;     // ボス戦 BGM
```

```
public AudioClip meGameClear;    // ゲームクリア
public AudioClip meGameOver;     // ゲームオーバー
public AudioClip seShoot;        // 矢を射る

public static SoundManager soundManager;    // 最初の SoundManager を保存する変数

public static BGMType playingBGM = BGMType.None;    // 再生中の BGM

private void Awake()
{
    // BGM 再生
    if (soundManager == null)
    {
        soundManager = this;  // static 変数に自分を保存する
        // シーンが変わってもゲームオブジェクトを破棄しない
        DontDestroyOnLoad(gameObject);
    }
    else
    {
        Destroy(gameObject); // ゲームオブジェクトを破棄
    }
}


// Start is called before the first frame update
void Start()
{
}


// Update is called once per frame
void Update()
{

}


// BGM 設定
public void PlayBgm(BGMType type)
{
    if(type != playingBGM)
    {
        playingBGM = type;
        AudioSource audio = GetComponent<AudioSource>();
        if (type == BGMType.Title)
        {
            audio.clip = bgmInTitle;    // タイトル
        }
        else if (type == BGMType.InGame)
        {
            audio.clip = bgmInGame;    // ゲーム中
        }
```

（縦書き）10 トップビューゲームを仕上げよう

```
            else if (type == BGMType.InBoss)
            {
                audio.clip = bgmInBoss;          // ボス戦
            }
            audio.Play();
        }
    }
    // BGM 停止
    public void StopBgm()
    {
        GetComponent<AudioSource>().Stop();
        playingBGM = BGMType.None;
    }

    // SE 再生
    public void SEPlay(SEType type)
    {
        if (type == SEType.GameClear)
        {
            GetComponent<AudioSource>().PlayOneShot(meGameClear);     // ゲームクリア
        }
        else if (type == SEType.GameOver)
        {
            GetComponent<AudioSource>().PlayOneShot(meGameOver);     // ゲームオーバー
        }
        else if (type == SEType.Shoot)
        {
            GetComponent<AudioSource>().PlayOneShot(seShoot);        // 矢を射る
        }
    }

}
```

◆ 列挙型

BGMTypeとSETypeの2つの列挙型を定義しています。これらはBGMとSEを設定するメソッドの引数として使い、どのサウンドを鳴らすかの区別に使います。

◆ 変数

先頭にあるAudioClip型の変数は再生するサウンドデータを入れておくためのものです。後ほどUnityエディターから該当データを設定しておきます。

BGMType型のplayingBGM変数は現在再生しているBGMを保存しておく変数です。static変数なので、シーンが変わっても値は保持されます。

SoundManager型のsoundManager変数は自分自身を保存しておくための変数です。詳しくはこのあとで説明します。

◆ Awake メソッド

Awake メソッドはゲームオブジェクトがシーンに読み込まれ、アタッチされたスクリプトの Start メソッドが呼ばれるよりも前に、1 回だけ呼ばれるメソッドです。SoundManager クラスは、BGM を再生するために他のクラスの Start メソッドから呼ばれるため、初期化を Start メソッドより先に呼ばれる Awake メソッドで行っています。

通常、ゲームオブジェクトはシーンが変わるごとに破棄されて、新しく作り直されます。シーンをまたいで BGM を再生し続けるには、BGM を再生しているゲームオブジェクトを破棄せずにずっと同じゲームオブジェクトを使う必要があります。そのためには DontDestroyOnLoad メソッドを使います。このメソッドの引数に指定されたゲームオブジェクトはシーンが変わっても破棄されなくなります。

ゲームが起動されて、最初に SoundManager がシーンに読み込まれたとき、soundManager 変数は必ず null です。そのときに DontDestroyOnLoad メソッドを呼んでゲームオブジェクトが破棄されないようにします。さらに soundManager 変数に this（つまり自分自身）を入れて保存します。soundManager 変数は static 変数なので、シーンが変わっても維持されます。

参照▶ 「終了するまで値が保持される static 変数」 135 ページ

SoundManager がシーンに読み込まれるたびに、新しく SoundManager ゲームオブジェクトが作られ、Awake メソッドが呼ばれます。しかし 2 回目以降は soundManager が null ではないので、Destroy メソッドが呼ばれ破棄されます。これで SoundManager は最初に作られたもの 1 つだけが存在し続けることになります。この対応をしておかないとシーンが変わるたびに SoundManager が残り続けて BGM が複数鳴ることになってしまいます。

この唯一の、SoundManager は public を付けた static 変数なので、SoundManager.soundManager でどこからでもアクセスできるようになっています。ゲームの中に同じゲームオブジェクトが常に 1 つだけある、この仕組みを「シングルトン」といいます。

◆ PlayBgm メソッド

PlayBgm メソッドは、引数で指定した BGM を再生するメソッドです。再生中の BGM が違う場合、GetComponent メソッドで AudioSource コンポーネントを取得して、AudioSource コンポーネントの clip に該当する BGM の AudioClip を設定し、Play メソッドで再生しています。

◆ StopBgm メソッド

StopBgm メソッドは再生中のBGMを停止させるメソッドです。GetComponentメソッドで
AudioSourceコンポーネントを取得して、Stopメソッドで停止しています。

そして、playingBGMにBGMType.None を設定して、「再生なし」にします。

◆ SEPlay メソッド

SEPlayメソッドは引数で指定したSEを再生するメソッドです。GetComponentメソッドで
AudioSourceコンポーネントを取得し、PlayOneShotメソッドで該当するAudioClipを「1回
だけ」再生しています。

なお、SoundManagerの各Audio Clipにはこ
のように、Soundsフォルダーのサウンドデータ
を設定しておきましょう。

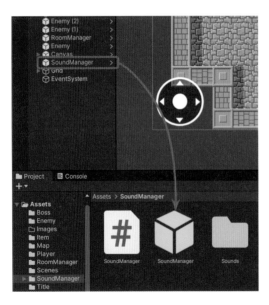

それからヒエラルキービューに戻り、
「SoundManager」 を SoundManager
フォルダーにドラッグ＆ドロップして
プレハブ化し、すべてのシーンのヒエ
ラルキービュー、またはシーンビュー
にドラッグ＆ドロップして配置してお
いてください。

それでは、SoundManagerを使って
ゲーム中でサウンド（BGM ／ SE）を鳴
らしてみましょう。

BGM を再生しよう

BGMは「タイトル画面」「ゲーム中」「ボス戦」の各シーンで別のAudio Clipを再生するよ
うにします。

タイトル画面 BGM

まず、タイトル画面でBGMを再生するのは、TitleManagerスクリプトです。Startメソッドにこのように追記してください。SoundManagerクラスのsoundManager変数は、最初にSoundManagerが読み込まれたときに保存されたstatic変数ですね。これにアクセスすることでSoundManagerクラスのメソッドを呼ぶことができます。BGMType.Title（タイトル画面のBGM）を引数として、PlayBgmメソッドを呼びます。

```
public class TitleManager : MonoBehaviour
{
    public GameObject startButton;      // スタートボタン
    public GameObject continueButton;   // コンティニューボタン

    public string firstSceneName;       // ゲーム開始シーン名

    // Start is called before the first frame update
    void Start()
    {
        string sceneName = PlayerPrefs.GetString("LastScene");     // 保存シーン
        if (sceneName == "")
        {
            continueButton.GetComponent<Button>().interactable = false; // 無効化
        }
        else
        {
            continueButton.GetComponent<Button>().interactable = true; // 有効化
        }

        // タイトル BGM 再生
        SoundManager.soundManager.PlayBgm(BGMType.Title);
    }


    // Update is called once per frame
    void Update()
    {

    }
    // GAME START ボタン押し
    public void StartButtonClicked()
    {
        ～ 省略 ～
    }

    // CONTINUE ボタン押し
    public void ContinueButtonClicked()
    {
        ～ 省略 ～
```

```
        }
    }
```

◆ ゲーム中／ボス戦 BGM

ゲーム中の各シーンの BGM 再生は RoomManager の Start メソッドで行います。保存され
ている現在のシーン名を PlayerPrefs.GetString メソッドで読み込んで、ボスステージの
シーン名かどうかで指定する BGM を切り替えています。

```
public class RoomManager : MonoBehaviour
{
    // static 変数
    public static int doorNumber = 0;    // ドア番号

    // Start is called before the first frame update
    void Start()
    {
        ～ 省略 ～

        // シーン名取得
        string scenename = PlayerPrefs.GetString("LastScene");
        if (scenename == "BossStage")
        {
            // ボス BGM 再生
            SoundManager.soundManager.PlayBgm(BGMType.InBoss);
        }
        else
        {
            // ゲーム中 BGM 再生
            SoundManager.soundManager.PlayBgm(BGMType.InGame);
        }
    }


    // Update is called once per frame
    void Update()
    {

    }

    // シーン移動
    public static void ChangeScene(string scnename, int doornum)
    {
        ～ 省略 ～
    }
}
```

リトライ後の SE

UIManagerクラスのRetryメソッドも以下のように更新しておいてください。SoundManagerのplayingBGMにBGMType.Noneを設定して初期化することで、シーンを読み込んだあとにステージ別（通常ステージかボスステージか）のBGMが正しく再生されるようにします。

```
public class UIManager : MonoBehaviour
{
    ～  省略  ～

    // リトライ
    public void Retry()
    {
        // HP を戻す
        PlayerPrefs.SetInt("PlayerHP", 3);

        // BGM をクリア
        SoundManager.playingBGM = BGMType.None;
        // ゲーム中に戻す
        SceneManager.LoadScene(retrySceneName);    // シーン移動
    }
}
```

SE を再生しよう

次に各SEの再生です。BGMと同じように、SoundManagerクラスのsoundManager変数にアクセスして、SEPlayメソッドを呼ぶことでSEの再生を行います。

ゲームクリア SE

ExitスクリプトのOnTriggerEnter2DメソッドでゲームクリアSEを鳴らします。また、ここではBGMを停止させるために、StopBgmメソッドを呼んでいます。

```
public class Exit : MonoBehaviour
{
    public string sceneName = "";    // 移動先のシーン名
    public int doorNumber = 0;       // ドア番号
    public ExitDirection direction = ExitDirection.down; // ドアの位置

        ～  省略  ～

    private void OnTriggerEnter2D(Collider2D collision)
    {
        if (collision.gameObject.tag == "Player")
```

トップビューゲームを仕上げよう

10

```
        {
            if(doorNumber == 100)
            {
                // BGM 停止
                SoundManager.soundManager.StopBgm();
                // SE 再生（ゲームクリア）
                SoundManager.soundManager.SEPlay(SEType.GameClear);

                // ゲームクリアにする
                GameObject.FindObjectOfType<UIManager>().GameClear();
            }
            else
            {
                ～　省略　～
            }
        }
    }
}
```

◆ ゲームオーバー SE

PlayerController スクリプトの GameOver メソッドでゲームオーバー SE を鳴らします。また、ここでは BGM を停止させるために、StopBgm メソッドを呼んでいます。

```
public class PlayerController : MonoBehaviour
{
    ～　省略　～

    // ゲームオーバー
    void GameOver()
    {
        ～　省略　～

        // BGM 停止
        SoundManager.soundManager.StopBgm();
        // SE 再生（ゲームオーバー）
        SoundManager.soundManager.SEPlay(SEType.GameOver);

    }
}
```

◆ 矢を射る SE

ArrowShootスクリプトのAttackメソッドでゲームオーバー SEを鳴らします。

```
public class ArrowShoot : MonoBehaviour
{
    ～　省略　～

    // 攻撃
    public void Attack()
    {
        // 矢を持っている ＆ 攻撃中ではない
        if (ItemKeeper.hasArrows > 0 && inAttack == false)
        {
            ～　省略　～

            // SE 再生（矢を射る）
            SoundManager.soundManager.SEPlay(SEType.Shoot);

        }
    }

    // 攻撃停止
    public void StopAttack()
    {
        inAttack = false;      // 攻撃フラグ下ろす
    }
}
```

　これでトップビューゲームで必要な仕掛けがひと通りでき上がりました。あとはサンプルゲームを参考にしながら自由にゲームステージを作っていってください。

　サンプルゲームの「DUNGEON SHOOTER」では「ボタン押し」「ドアを開く」「ドアが閉まっている」「アイテムゲット」「ダメージを受ける」「敵死亡」「ボス死亡」にもSEを付けているので確認してみてください。列挙型のSETypeに各SEのタイプを追加して、SEPlayメソッドをそのSEタイプで呼んでいます。

Appendix 付録

ゲームのための三角関数

　ゲームを作るうえで理解していると便利なもの、それは**三角関数**です。三角関数を知っていれば、ゲームでキャラクターを移動させたり、回転させたりするときに役に立ちます。

　とはいえ、ゲームを作るためなら、三角関数を完全に理解する必要はありません。ゲームに必要な部分だけ覚えておけばいいのです。

A.1　三角関数とは？

　三角関数とは「直角三角形の角度から辺の長さの比率を返す関数」です。三角関数といえば「サイン・コサイン・タンジェント」という言葉を聞いたことがあるかもしれません。ここからはそれらについて説明していきます。

　それでは、3つの角の内角（内側の角度）がそれぞれ90°、30°、60°の直角三角形を例に考えましょう。また、そのうち30°の角を左下に、90°の角を右下になるように置いてみましょう。すると、3つの辺をそれぞれ底辺、高さ、斜辺（斜めの辺）と見ることができます。

Tips

三角形の性質

　「三角形の内角を全部足すと180°になる」というのは小学校の算数で習いましたね。また「直角三角形の高さと底辺の長さは斜辺の長さを絶対超えない」というのも、三角形の大事な性質です。

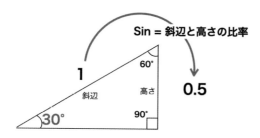

Sin（サイン）とは斜辺に対する高さとの比率です。例の三角形では、斜辺の長さを1とした場合、高さはちょうど0.5になるため、Sinの値も0.5だといえます。

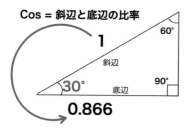

Cos（コサイン）とは斜辺に対する底辺の長さの比率です。例の三角形では、斜辺を1とした場合、高さは約0.866になるため、Cosの値は約0.866だといえます。

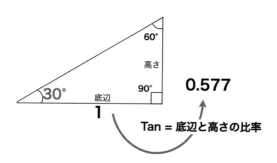

Tan（タンジェント）とは底辺を1とした場合に対する高さの比率です。この場合は約0.577になります。

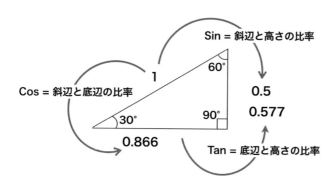

　角度が変わればもちろんこの比率は変わってきます。しかし角度が変わらなければ、たとえ辺の長さが変わっても比率は変わりません。このように変化する角度から各辺の比率を求めることを**三角関数**（厳密には**三角比**）といいます。

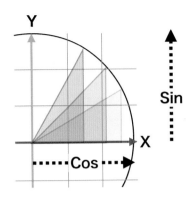

次に、斜辺を円の半径と考えてみましょう。そして、半径を回転させるイメージで直角三角形を変形させてみましょう。すると、直角三角形の底辺（X軸の値）は「Cos × 円の半径」、高さ（Y軸の値）が「Sin × 円の半径」であることがわかります。

半径を1とすると

特に、円の半径を1とすると、CosがX軸の値、SinがY軸の値になります。

このように、三角関数を使うと円の回転とX軸とY軸の比率の変化が表せます。これが、ゲームでの回転や移動の計算に使えるのです。

ここからは、具体的にゲームでの使用を例を見てみましょう。

A.2 角度から座標を求める（SinとCosを使ってベクトルを作る）

トップビューゲームのプレイヤーキャラクターの射撃時や敵キャラの移動の時に以下のようなスクリプトを書きました。

```
float x = Mathf.Cos( 角度 );
float y = Mathf.Sin( 角度 );
Vector3 v = new Vector3(x, y) * shootSpeed;
```

Unityにはさまざまな数学の計算を扱うMathfクラスがあります。このMathfクラスを使うと、Cos（円の半径に対するXの比率）を次のように求めることができます。

```
float cos = Maths.Cos(30 * Mathf.Deg2Rad);
```

同じように Sin（円の半径に対する Y の比率）は、

```
float sin = Maths.Sin(30 * Mathf.Deg2Rad);
```

Tan（X に対する Y の比率）は、

```
float tan = Maths.Tan(30 * Mathf.Deg2Rad);
```

のように求めることができます。

ラジアン（弧度法）

ここで、角度 30（30°）に何か（Mathf.Def2Rad）が掛けられていることに気づきましたか？

実は、三角関数で使う角度の単位は**ラジアン**といい、普段使っている「0 〜 360 で表す角度」（**度数法**）ではありません。ラジアンは**弧度法**といい、度数法の 180°はラジアンでは約 3.14159265358979…になります。この値はそう、円周率（π）ですね。

円周率

円周率とは、円周の長さが直径の何倍になるかの倍率です。

つまり、ラジアンから角度への変換は、以下の式で計算できます。

```
角度 = ラジアン  ×  （180 ÷ 円周率）
```

同じように、角度からラジアンに変換する計算式は次のようになります。

```
ラジアン = 角度  ×  （円周率 ÷ 180）
```

Mathf クラスには度数をラジアンに変換する定数である Mathf.Deg2Rad と、ラジアンを度数に変換する定数 Mathf.Rad2Deg が定義されています。この定数を掛けることで、度数⇔ラジアンを交互に変換することができます。

角度とベクトル

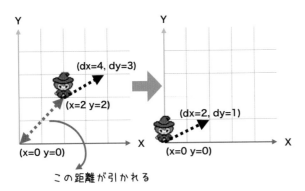

円の半径を1として考えると、CosはX軸、SinはY軸の値に対応しています。そのため、直角三角形の斜辺は、ベクトルとして考えることができます。つまり、Sinをy、Cosをxとすることで、角度からベクトルを求められるわけです。

Chapter 3で、「ベクトルの長さは速度に相当する」と説明しました。SinとCosは1を超えないので、ベクトルにスピード（ベクトルの大きさ）を掛け算してやることで、スピードとして利用できるのです。

参照 ▶ 座標とベクトル　79 ページ

A.3 座標から角度を求める（Atan2メソッドを使う）

トップビューゲームのプレイヤーキャラクターや敵キャラを移動させるのに、以下のようなスクリプトを書きました。p1は現在位置（Vector2型）、p2は目標位置（Vector2型）です。

```
float dx = p2.x - p1.x;
float dy = p2.y - p1.y;
float angle = Mathf.Atan2(dy, dx) * Mathf.Rad2Deg;
```

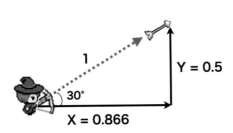

このうち最初の2行は、移動先の位置から自分の位置を引くことで、目標へのベクトルを作っています。これは三角関数を使うにあたり、自分の位置を座標の原点（x = 0, y = 0）にする必要があるからです。図のようなイメージです。

Atan2 メソッド

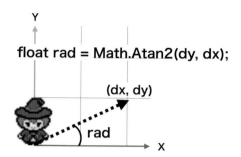

float rad = Math.Atan2(dy, dx);

Mathfクラスの Atan2（アークタンジェント2）メソッドは引数に指定したY座標とX座標への角度を返してくれるメソッドです。返される角度の単位はラジアンなので、Mathf.Rad2Deg を掛け算して度数に変換しています。

三角関数は角度から辺同士の比率を求める関数でした。Atan2 メソッドはその逆、辺の比率から角度を求める関数です。ここでは詳しい説明は省きますが、「YとXの位置から角度を求めたいときは Mathf.Atan2 メソッドを使う」ということだけ覚えていれば大丈夫です。なお、第1引数がY（つまり Sin です）で、第2引数がX（つまり Cos です）であることには気をつけましょう。

A.4 三角関数を使った汎用メソッドの例

ここまでで、「三角関数を使えば角度と座標（ベクトル）を交互に計算できる」ということがわかりました。ここからは、いくつか例として三角関数を使った汎用メソッドを書いてみましょう。

例1：特定のゲームオブジェクトを追跡する

例えば「追跡ミサイル」などを作りたい場合、追跡先のベクトルを求め、FixedUpdate メソッド内で Rigidbody2D の AddForce メソッドを使いますね。以下のメソッドは引数で指定した座標へのベクトルを返します。引数には追跡させる tramsform.position を指定します。

```
Vector2 GetToVector(Vector2 position)
{
    float dx = position.x - transform.position.x;
    float dy = position.y - transform.position.y;
    float rad = Mathf.Atan2(dy, dx);
    // ベクトルを作る
    float x = Mathf.Cos(rad);
    float y = Mathf.Sin(rad);
    Vector2 v = new Vector2(x, y);
```

```
    return v;
}
```

例2：特定のゲームオブジェクトに向かって回転させる

　先ほどの追跡ミサイルでは追跡先のベクトルを求め、それを初速にしていました。発射したミサイルが円形ならいいのですが、細長い場合、ミサイルが移動方向に向いていないとおかしな感じになりますね。以下のメソッドは追跡先の回転角度を返します。fromPtには自分自身のtramsform.positionを、toPtには追跡させたいゲームオブジェクトのtramsform.positionを指定します。

```
float GetAngle(Vector2 fromPt, Vector2 toPt)
{
    float dx = toPt.x - fromPt.x;
    float dy = toPt.y - fromPt.y;
    float rad = Mathf.Atan2(dy, dx);    // ラジアンを求める
    return rad * Mathf.Rad2Deg;         // ラジアンから度に変更
}
```

　このメソッドを使うには、Updateメソッド内で次のように記述します。

```
void Update()
{
    float angel = GetAngle(tramsform.position, <移動先の position>);
    transform.rotation = Quaternion.Euler(0, 0, angel);
}
```

　もう1つ、以下のメソッドは移動速度を回転角度として返します。

```
float velocityToAngle()
{
    float r = 0;
    Rigidbody2D body = GetComponent<Rigidbody2D>();
    if (body != null)
    {
        Vector2 v = body.velocity;
        r = Mathf.Atan2(v.y, v.x) * Mathf.Rad2Deg;
    }
    return r;
}
```

　このメソッドを使うには、Updateメソッド内で次のように記述します。これで、ゲームオブジェクトが常に移動方向に向くように回転します。

```
void Update()
{
    float angel = velocityToAngle();
    transform.rotation = Quaternion.Euler(0, 0, angel);
}
```

ゲームのための三角関数

索引

逆引きインデックス

著者について

STUDIO SHIN (スタジオ シン) プロフィール

1991年から20年間ゲーム制作会社で家庭用ゲームやスマホアプリのデザイナー、プランナー、プログラマーとして開発に携わる。
2011年独立、フリーランスにてゲームや業務アプリ開発、書籍執筆を行う。奈良芸術短期大学、大阪アミューズメントメディア専門学校 講師。

- Webサイト： http://www.studioshin.com/
- Twitter： @studioshin

装丁・本文デザイン	轟木 亜紀子（株式会社 トップスタジオ）
イラスト	青雷アル
DTP	株式会社 トップスタジオ

たのしい2D（つーでぃー）ゲームの作り方 第2版
Unity（ゆにてい）ではじめるゲーム開発入門

2023年 8月 4日 初版第1刷発行
2024年 4月20日 初版第2刷発行

著　者	STUDIO SHIN（スタジオ シン）
発行人	佐々木 幹夫
発行所	株式会社 翔泳社（https://www.shoeisha.co.jp）
印刷・製本	株式会社 シナノ

ISBN978-4-7981-7935-3　　　　　　　　　　　　　　　　　　　Printed in Japan

●本書内容に関するお問い合わせについて

本書に関するご質問や正誤表については、下記のWebサイトをご参照ください。

刊行物Q&A　　https://www.shoeisha.co.jp/book/qa/
正誤表　　　　https://www.shoeisha.co.jp/book/errata/

インターネットをご利用でない場合は、FAXまたは郵便にて、下記 "翔泳社 愛読者サービスセンター" までお問い合わせください。

〒160-0006 東京都新宿区舟町5
FAX番号 03-5362-3818

宛先（株）翔泳社 愛読者サービスセンター

電話でのご質問は、お受けしておりません。

※本書に記載されたURL等は予告なく変更される場合があります。
※本書の出版にあたっては正確な記述につとめましたが、著者や出版社などのいずれも、本書の内容に対してなんらかの保証をするものではなく、内容やサンプルに基づくいかなる運用結果に関しても一切の責任を負いません。
※本書に掲載されているサンプルプログラムやスクリプト、および実行結果を記した画面イメージなどは、特定の設定に基づいた環境にて再現される一例です。
※本書に記載されている会社名、製品名はそれぞれ各社の商標および登録商標です。
※本書では™、®、©は割愛させていただいております。
※本書の内容は2023年6月現在の情報に基づいています。